教育部高等学校文科计算机基础教学指导分委员会立项教材

普通高等学校计算机基础教育"十三五"规划教材·创新系列

Excel 在商务中的应用

朱扬清　林秋明　主　编

罗　平　霍颖瑜　副主编

U0316574

中国铁道出版社

CHINA RAILWAY PUBLISHING HOUSE

内 容 简 介

本书根据 2014 年 3 月教育部高等学校文科计算机基础教学指导分委员会"关于开展文科大学计算机教学改革项目立项的通知"文件精神组织编写。全书共分为三篇，第一篇为案例篇，第二篇为实验篇，第三篇为习题篇。案例篇有 6 章，依次为 Excel 基础知识、Excel 在生产管理中的应用、Excel 在销售管理中的应用、Excel 在人力资源管理中的应用、Excel 在财务管理中的应用、Excel 在国民经济管理中的应用。实验篇和习题篇针对案例篇各章的内容给出上机实验和习题，案例、实验、习题前后呼应紧密、浑然一体。

除第 1 章和第 6 章外，其余各章设计了以"红火星集团"业务经营过程中的生产、销售、人力资源管理、财务管理等流程的案例。通过 Excel 对案例的分析、设计，读者可以快速掌握 Excel 在商务中的应用。

读者可以选择全书进行学习，也可以针对 Excel 在生产管理、销售管理、人力资源管理、财务管理、国民经济管理的应用的某一章进行学习，以快速了解 Excel 在商务中某一个环节的应用。

本书以 Excel 2013 版本进行编写，内容由浅入深、循序渐进、案例丰富、通俗易懂、实用性强，适合作为高等学校经济管理类及其他相关专业的教材，也可作为社会广大工作人员快速学习、掌握 Excel 技术的参考用书。

图书在版编目（CIP）数据

Excel 在商务中的应用 / 朱扬清，林秋明主编. — 北京：
中国铁道出版社，2016.2（2017.8重印）
普通高等学校计算机基础教育"十三五"规划教材. 创新
系列　教育部高等学校文科计算机基础教学指导分委员会
立项教材
ISBN 978-7-113-21160-8

Ⅰ．①E… Ⅱ．①朱… ②林… Ⅲ．①表处理软件－应
用－商务－高等学校－教材 Ⅳ．①TP391.13②F7
中国版本图书馆 CIP 数据核字（2016）第 026264 号

书　　名：	Excel 在商务中的应用
作　　者：	朱扬清　林秋明　主 编

策　　划：	刘丽丽	读者热线：010-63550836
责任编辑：	周 欣	
编辑助理：	李学敏	
封面设计：	刘 颖	
封面制作：	白 雪	
责任校对：	汤淑梅	
责任印制：	郭向伟	

出版发行：	中国铁道出版社（100054，北京市西城区右安门西街 8 号）
网　　址：	http://www.tdpress.com/51eds/
印　　刷：	三河市兴达印务有限公司
版　　次：	2016 年 2 月第 1 版　　2017 年 8 月第 2 次印刷
开　　本：	787mm×1092mm　1/16　印张：19.5　字数：471 千
印　　数：	3 001～4 500册
书　　号：	ISBN 978-7-113-21160-8
定　　价：	45.00 元

2014 年 3 月，教育部高等学校文科计算机基础教学指导分委员会在《关于开展文科大学计算机教学改革项目立项的通知》文件中指出：大学计算机是面向高校非计算机专业的计算机教育体系，科学规划文科大学计算机课程的知识结构和课程体系，探讨文科计算机教育的规律和方法，为培养文科大学生多元化思维探索有效途径，落脚点在于推动高校按照文科不同专业类型以及应用需求开展大学计算机教学改革、课程建设和立体化教材建设。该文件又指出：大学计算机的教学总体目标要求是"服务于学生社会就业及专业本身所需要的计算机的知识、技术及应用能力的培养，以造就更多的创新、创业人才"；教学内容是"以培养学生信息素养与应用能力为主线，开展文科大学计算机教学改革研究，包括了解信息技术应用对经济社会发展所做出的巨大贡献，了解信息技术与人文社科等相互渗透、交叉融合，理解和掌握利用计算思维和计算工具解决专业领域问题的思路和做法"。

当今计算机技术已经应用到社会的各个方面，给人们的工作、学习和生活带来了巨大的便利，促进了社会的进步与文明的提升。作为经济管理类专业的大学生，毕业后将会走向社会的各种企事业单位，他们应该具备先进的计算机知识，并能够把计算机技术与经济、管理工作结合起来，去创造高效的管理和运营模式，为单位带来更大的效益。同时，大学生除了具备到各种企事业单位工作的能力外更要增强自己创业的意识、思维和能力。互联网、移动互联网、云计算、物联网等平台为大学生创业提供了高效、灵活、容易拓展的舞台。大学生学习最新计算机技术基本内容及创新、创业案例，将对提升大学生掌握最新计算机技术知识以及创新、创业的思维和能力提供巨大帮助，为社会进步的提升和面貌的改变带来积极的意义，从而提升整个社会的文明程度。根据这样的思路，结合佛山科学技术学院经济管理学院计算机公共课教学现状，我们进行了课程体系建设，"Excel 在商务中的应用"就是该课程体系中的一门课程。

"Excel 在商务中的应用"课程主要思想是改革过去主要讲解 Excel 中各种工具的做法，结合企业经营业务流程及后续经济管理专业课程的内容，从数据的获取、各种 Excel 的数据分析工具、数据分析结果如何使用以及在经济学和社会学中的意义进行系统分析和讲解，培养学生综合计算能力，使学生对每一个案例都能清楚其数据的意义并知晓如何运用，拓展学生的学习空间和应用空间，为学生今后学习专业课程和走上工作岗位打下坚实的基础。

本课程教学计划学时为 48 学时，24 学时理论，24 学时上机实验，3 个学分。建议读者再增加 24 学时以上的上机实验时间，将理论教材和实验教材中所有案例熟练地掌握。

我们诚恳邀请全国高校从事计算机公共课的教师一起来探讨大学计算机公共课的教学改革，为培养具有创新、创业思维与能力的大学生共做贡献。

本书由朱扬清构思、设计，朱扬清、林秋明任主编，罗平、霍颖瑜任副主编，张勇、何国健、陈美莲、吴建洪参与了编写与资料整理工作。第一篇第 1 章和第 2 章、第二篇实验 1 和实验 2、第三篇第 1 章和第 2 章由林秋明编写，第一篇第 3 章、第二篇实验 3、第三篇第 3 章由罗平编写，第一篇第 4 章和第 6 章、第二篇实验 4 和实验 6、第三篇第 4 章和第 6 章由朱扬清编写，第一篇第 5 章、第二篇实验 5、第三篇第 5 章由霍颖瑜编写，附录 A 由张勇、何国健编写，附录 B 由陈美莲、吴建洪编写。全书由朱扬清、林秋明审稿、定稿。

本书得到了教育部文科大学计算机教学改革项目（2014 年度，出版社合作类）"基于地方院校经济管理专业大学生应用能力培养的计算机公共课教学改革研究(项目编号：2014-B007)"的支持；中国铁道出版社的有关领导、编辑对本书的出版做了大量工作；本书在编写过程中，也得到了我校各级领导，特别是经济管理学院杨望成院长、吕惠聪副院长的大力支持。在此，向他们一并表示最诚挚的感谢。

由于编者水平有限及本书编写时间仓促，书中的疏漏和不当之处在所难免，敬请广大读者和同仁不吝赐教、拨冗指正。

编　者

2015 年 11 月

CONTENTS ◀◀◀ 目 录

第一篇 案 例

第二篇 实 验

第三篇 习 题

附 录

第一篇
案 例

第 1 章　Excel 基础知识

1.1　Excel 2013 概述

1.1.1　Excel 2013 的新功能

Excel 2013 中文版（以下简称 Excel 2013）不仅保留了以前版本的全部优点，还新增和改进了一些功能，使操作更简洁、方便。

1. 界面更简洁

打开 Excel 后，首先进入的是全新的界面，除了打开空白工作簿外，还提供了不同预算、日历、表单和报告的模板，界面更加简洁、实用。

2. 全新功能区取代原来的菜单栏和工具栏

Excel 2013 用功能区代替了菜单栏和工具栏。功能区分为两部分，一是选项卡，如"开始""插入"等；二是不同选项卡下面有不同的命令内容，如"插入"选项卡的"插图""筛选器"等。

3. 新增快速分析工具

Excel 2013 新增快速分析工具，当打开一个 Excel 表格，选定数据表部分单元格区域，这时选定区域的右下角会出现一个快速分析工具的图标。单击该图标将出现"格式""图表""汇总""表""迷你图"的选项界面，如图 1-1-1 所示。选择"格式"，可设置"数据条""色阶""图标集"等格式内容选项；选择"图表"，可插入图表；选择"汇总"，可进行数据的计算和分析功能等。快速分析工具功能比较强大，既可以设置 Excel 单元格格式的常规操作，也可以对单元格进行数据计算和分析。

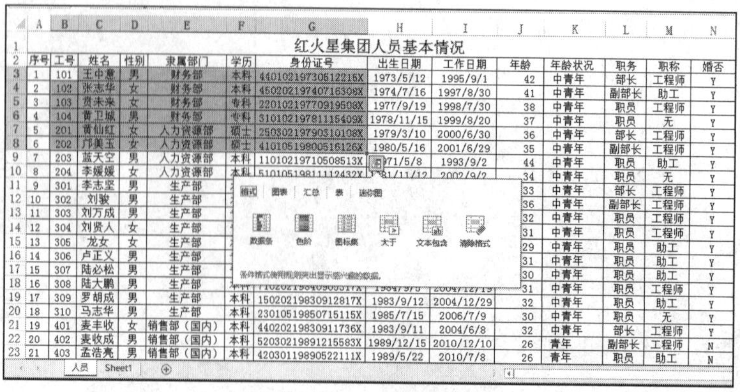

图 1-1-1　Excel 2013 的快速分析工具

4．新增实时预览功能

Excel 2013 新增实时预览功能，如果设置了某单元格区域的格式，只要选定工作表单元格区域，就可以预览到所设定格式的即时效果。

5．更加智能地推荐数据透视表和图表

当你选择了数据，制作数据透视表或图表时，Excel 除了列出所有的数据透视表和图表类型供用户选择外，还可根据选定的数据特点，向用户推荐几种数据透视表或图表的类型，尤其是数据透视表，有时候用户不知道要创建怎样的数据透视表，Excel 2013 就会列出几种数据透视表供用户选择。

6．增强数据透视表的功能

Excel 2013 还新增了数据透视表的筛选功能，通过数据透视表的"插入切片器""插入日程表"，按条件筛选出指定数据。

7．强大的网络联机功能

Excel 2013 在新建 Excel 工作簿的时候，除了提供新建空白工作簿和六大类别的工作簿模板外，还提供了联机搜索模板的功能，选择要搜索的类型，即可搜索出更多的模板，如图 1-1-2 所示。

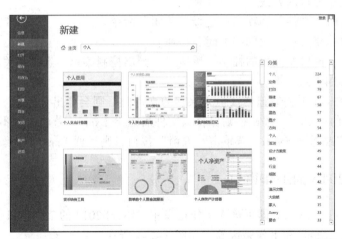

图 1-1-2　Excel 2013 联机搜索模板

此外，Excel 2013 还提供搜索网络上的图片和保存文件到微软网盘的功能。

1.1.2　Excel 2013 的启动与退出

1. Excel 2013 的启动

在使用 Excel 2013 之前，首先需要启动 Excel 程序，使 Excel 处于工作状态。启动 Excel 的方法主要有以下两种：

（1）在 Windows 7 操作环境下，单击桌面左下角的"开始"按钮，在弹出的"开始"菜单中选择"所有程序"→"Microsoft Office 2013"→"Excel 2013"命令。

启动 Excel 2013 之后，系统将自动到达智能选择界面，如图 1-1-3 所示。选择"空白工作簿"，系统会创建一个名为"工作簿 1.xlsx"的新工作簿。在 Excel 中创建的文件就是工作簿，它的扩展名为.xlsx，默认工作簿的名字为"工作簿 1.xlsx"。

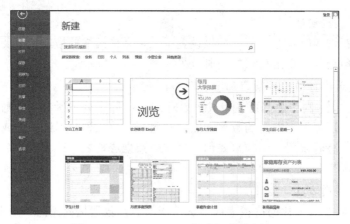

图 1-1-3　Excel 2013 新建工作簿界面

（2）双击任何一个扩展名为.xlsx 的文件，系统则自动启动 Excel。

Excel 2013 可以同时打开多个工作簿，每个工作簿对应一个窗口。

2．Excel 2013 的退出

退出 Excel 工作窗口的方法有以下 4 种。

（1）在 Excel 的"文件"选项卡中选择"关闭"命令。

（2）单击 Excel 窗口右上角的"关闭"按钮。

（3）双击 Excel 窗口左上角的控制菜单按钮，弹出控制菜单，选择"关闭"命令。

（4）按【Alt+F4】组合键。

如果在退出 Excel 时尚有已修改但未保存的文件时，则会弹出"保存"对话框。若单击"保存"对话框中的"保存"按钮，则保存该文件后退出 Excel，若单击"不保存"按钮，则不保存该文件的修改退出 Excel，若单击"取消"按钮，则返回 Excel 状态。

1.1.3　Excel 2013 的工作窗口

成功启动 Excel 2013 后，即可进入工作窗口中。Excel 2013 的工作窗口主要包括标题栏、功能区、状态栏、编辑栏和工作表区等，如图 1-1-4 所示。

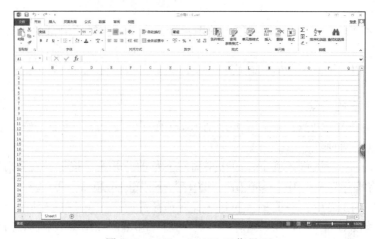

图 1-1-4　Excel 2013 工作界面

1. 标题栏

标题栏位于工作窗口最上端，用于标识所打开的程序及文件名称，标题栏最左端是 Excel 2013 窗口的控制图标 ，单击该图标会弹出 Excel 窗口控制菜单，如图 1-1-5 所示，利用该控制菜单可以还原窗口、移动窗口、最小化窗口、最大化窗口、关闭打开的 Excel 文件并退出 Excel 程序等操作，其中具体命令说明如下：

（1）"还原"命令：选择该命令可将最大化的窗口还原为最大化之前的窗口大小。

图 1-1-5 窗口控制菜单

（2）"移动"命令：选择该命令可用鼠标指针指向窗口的标题栏移动窗口（此命令在窗口最大化时不可用）。

（3）"大小"命令：选择该命令可用鼠标指针指向窗口的边框或者四个角中的任意顶点，当鼠标指针变成双向箭头形状时，拖动鼠标即可改变窗口大小。

（4）"最小化"命令：选择该命令可使窗口缩减至最小，以图标的形式显示在桌面任务栏中。

（5）"最大化"命令：选择该命令可将窗口最大化，占满整个屏幕（此命令在窗口最大化时不可用）。

（6）"关闭"命令：选择该命令可关闭 Excel 窗口，退出该程序。

2. 功能区

Excel 2013 的功能区代替了原来的菜单栏和工具栏，在功能区选择不同选项卡，将进入不同的命令内容。功能区分为两部分，一是选项卡，如"开始""插入"等，二是不同选项卡下面有不同的命令内容。如"插入"选项卡有几种命令组：图表命令组、筛选器命令组等，命令组下还设置了相关命令，单击可执行。如有下拉按钮，说明下面还有更多的命令选项可供选择（见图 1-1-6）。

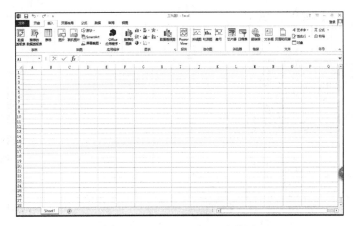

图 1-1-6 Excel 2013 功能区

Excel 2013 还提供了自定义功能区的功能，右击选项卡区域，从弹出的快捷菜单中选择自定义功能区（见图 1-1-7），即弹出自定义功能区设置的选项卡（见图 1-1-8），如要新增一个选项卡，那就单击"新建选项卡"按钮，如只是想在当前选项卡里面增加功能，只需单击相应的选项卡，再单击"新建组"按钮即可。如果要自定义一个新选项卡，然后在新选项卡中增加功能，则要单击新选项卡，然后在新选项卡中增加新功能。新建选项卡和新建组均可以进行重命名，并设置图标。

3. 状态栏

状态栏位于 Excel 窗口的底部，用来显示当前工作表的状态。在大多数情况下，状态栏的最左端显示"就绪"字样，表明工作表正准备接受新的数据，在单元格中输入数据时，则显示"输入"字样。

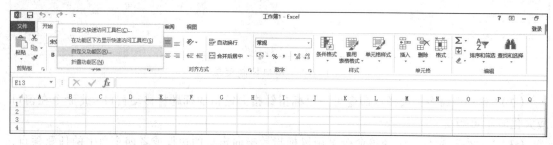

图 1-1-7　自定义功能区

4. 编辑栏

编辑栏用于显示当前单元格中的内容。如果用户要想在单元格中输入、编辑数据或公式时，可先选定单元格，然后直接在编辑栏中输入数据，再按【Enter】键确认。

5. 工作表区

工作表区是由方格组成的用于记录数据的区域，每个方格称为一个单元格。工作表区是屏幕中最大的区域，所输入的信息都存储在其中。

图 1-1-8　自定义功能区的设置

1.2 工作簿的操作

工作簿是管理工作表的"文件夹",它以文件夹的方式存储,一个工作簿可以由多个工作表组成,如可以建立名为"销售表""工资表"等的工作表,以存放不同的内容,它们共同存放在一个工作簿中,工作簿的扩展名为.xlsx。

1.2.1 Excel工作簿的组成

组成Excel文档的三要素是工作簿、工作表、单元格。

1. 工作簿

由若干个工作表组成一个Excel工作簿文档,通常保存的Excel文档其实就是一个工作簿文件。

新建一个工作簿文档,系统默认只有一张空白工作表,但用户可以根据需要增加工作表。一个工作簿文档所含的工作表数量,从理论上讲,仅受计算机容量的限制,但一个工作簿中包含太多的工作表,文档运行速度则会减慢,且容易出错。

2. 工作表

工作表用于对数据进行组织和分析。最常用的工作表由排成行和列的单元格组成,称作电子表格;另外一种常用的工作表称为图表工作表,其中只包含图表。图表工作表与其他的工作表数据相链接,并随工作表数据更改而更新。

一个工作簿默认由一个工作表组成,它的默认名称为Sheet1。当然,用户可以根据需求,自己增加或减少工作表的数量。当打开某一工作簿时,它包含的所有工作表也同时被打开,工作表名均出现在Excel工作簿窗口下面的工作表标签栏里。

对于工作簿和工作表的关系,可以把工作簿视作活页夹,把每一工作表视作活页夹的一页。对工作表的操作主要有以下几个方面:

(1)选择工作表。要对某一个工作表进行操作,必须先选中(或称激活)它,使其成为当前工作表。方法:单击工作簿底部的工作表标签即可。

(2)工作表的重命名。在实际应用中,一般不使用Excel默认工作表名称,而是要给工作表重命名,实际工作中通过工作表标签定位工作表。方法:右击工作表标签,从快捷菜单中选择"重命名"命令,或者直接双击工作表标签,然后输入新的工作表名称(可以是中文,也可以是英文,如"人员基本情况表"等),如图1-1-9所示。

图1-1-9 重命名工作表名称

（3）插入工作表。单击工作表标签右侧的加号⊕，即可把一个新的工作表插入在当前工作表的前面，并成为新的当前工作表。

（4）删除工作表。鼠标指向工作表标签并右击，从快捷菜单中选择"删除"命令。

（5）移动或复制工作表。工作表可以在工作簿内或工作簿之间进行移动或复制。在同一个工作簿内移动和复制工作表，可以直接使用鼠标拖动工作表标签实现工作表的移动；按住【Ctrl】键并拖动工作表标签，则可以实现复制。

在不同的工作簿间移动或复制工作表时，鼠标指向工作表标签并右击，从快捷菜单中选择"移动或复制工作表"命令，然后在弹出的"移动或复制工作表"对话框的"工作簿"列表中选择目的工作簿即可。

在实际应用中，工作表的移动和复制用途很大。例如，常常要派出多人采集数据，每个人采集的数据都使用 Excel 输入，并生成单独的工作簿文件。如果要把多人采集的数据汇总到一个工作簿文件中，这时就可以依次打开并将相应的工作表复制到汇总的工作簿文件中，方便进行数据处理。

3. 单元格

Excel 工作表的基本元素是单元格，单元格内可以包含文字、数字或公式。在工作表内每行、每列的交点就是一个单元格。在 Excel 2013 中，一个工作表总共有 16 384 列、1 048 576 行，列名用字母及字母组合 A～Z，AA～AZ，BA～BZ……AAA～XFD 表示，行名用自然数 1～1 048 576 表示。所以，一个工作表中最多可以有 16 384 × 1 048 576 个单元格。

（1）单元格地址

单元格在工作表中的位置用地址标识。即由它所在列的列标和所在行的行号组成该单元格的地址，其中列标在前，行号在后。例如，第 C 列和第 4 行交点的那个单元格的地址就是 C4。一个单元格的地址，如 C4，也称为该单元格的引用。

单元格地址的表示有三种方法：

相对地址：直接用列标和行号组成，如 A1，IV25 等。

绝对地址：在列标和行号前都加上$符号，如$B$2、$B$2:$B$8 等。

混合地址：在列标或行号前加上$符号，如$B2、E$8 等。

这三种不同形式的地址在公式复制的时候，产生的结果可能是完全不同的，具体情形在后面详细介绍。

单元格地址还有另外一种表示方法。如第 3 行和第 4 列交点的那个单元格可以表示为 R3C4，其中 R 表示 Row（行），C 表示 Column（列）。这种形式可通过单击选项卡"文件"→"选项"中的"公式"选项卡界面进行设置。

一个完整的单元格地址除了列标、行号外，还要加上工作簿名和工作表名。其中工作簿名用方括号"[ ]"括起来，工作表名与单元格地址之间用感叹号"!"隔开。如：[Sales.xlsx]Sheet1!C3 表示工作簿 Sales.xlsx 中 Sheet1 工作表的 C3 单元格。而 Sheet2!B8 则表示工作表 Sheet2 的 B8 单元格。这种加上工作簿名称和工作表名称的单元格地址的表示方法，是为了方便用户在不同工作簿的多个工作表之间进行数据处理。在同一工作簿内进行操作，工作簿名是可以省略的；同理，在同一工作表内进行操作，工作表名也是可以省略的。

（2）单元格区域

单元格区域是指由工作表中一个或多个单元格组成的矩形区域。区域的地址由矩形对角的两个单元格的地址组成，中间用冒号"："相连。如 B2:E8 表示从左上角是 B2 的单元格到右下角是 E8 单元格的一个连续区域。区域地址前同样也可以加上工作表名和工作簿名以进行多工作表之间的操作。如 Sheet5!A1:C8。

（3）单元格和区域的选择及命名

在 Excel 中，许多操作都是和区域直接相关的。一般来说，在进行操作（如输入数据、设置格式、复制等）之前，预先选择好单元格或区域，被选中的单元格或区域称为当前单元格或当前区域。

用鼠标单击某单元格，即选中该单元格；用鼠标单击行名或列标，即选中该行或列。选择区域的方法则有多种：

① 在所要选择的区域的任意一个角单击并拖动到区域的对角，释放鼠标左键。如在 A1 单元格单击后，拖动到 D8，则选择了区域 A1:D8。

② 在所要选择区域的任意一个角单击，然后释放鼠标，再把鼠标指向区域的对角，按住【Shift】键的同时单击。如在 A1 单元格单击后，释放鼠标，然后让鼠标指向 D8 单元格，按住【Shift】键的同时单击，则选择了区域 A1:D8。

③ 在编辑栏的"名称"框中直接输入 A1:D8，即可选中区域 A1:D8。如果要选择若干个连续的列或行，也可直接在"名称"框中输入。如输入 A:BB 表示选中 A 列到 BB 列；输入 1:30 表示选中第 1 行到第 30 行。

④ 如果要选择多个不连续的单元格、行、列或区域，可以在选择一个区域后，按住【Ctrl】键的同时，再选取第 2 个区域。

（4）单元格或区域的命名

选择了某个单元格或区域后，可以为某个单元格或区域赋一个名称。赋一个有意义的名称可以使得单元格或区域变得直观明了，容易记忆和被引用。命名的方法有如下两种：

① 选中要命名的单元格或区域，然后单击编辑栏中的"名称"框，在"名称"框内输入一个名称，并按【Enter】键。注意，名称中不能包含空格。

② 选中要命名的单元格或区域并右击，从快捷菜单中选择"定义名称"命令，弹出"新建名称"对话框，如图 1-1-10 所示。在图 1-1-10 的"名称"文本框中输入该区域要定义的名称，即可给选定的区域命名。

定义了名称后，单击编辑栏中的"名称"框的下拉按钮，选中所需的名称，即可利用名称快速定位（或选中）该名称所对应的单元格或区域。

定义了名称后，凡是可输入单元格或区域地址的地方，都可以使用其对应的名称，效果一样。在一个工作簿中，名称是唯一的。也就是说，定义了一个名称后，该名称在工作簿的各个工作表中均可共享。

图 1-1-10　单元格区域"新建名称"对话框

1.2.2　工作簿的创建、打开与保存

1. 创建工作簿

在由"开始"菜单方式启动 Excel 时，系统会进入到空白工作簿和工作簿模板的选择界

面（当有一个 Excel 工作簿处于打开状态时，系统会自动打开空白工作簿）。此外，还可按【Ctrl+N】组合键快速创建新的空白工作簿。

2. 打开已有的工作簿

打开已有工作簿的方法很简单，可以通过以下方法操作：

（1）选择"文件"→"打开"命令，输入文件名或在文件列表中单击文件。

（2）双击工作簿文档图标，也可直接打开工作簿。

3. 保存工作簿

保存工作簿的方法也很简单，可以通过以下方法操作：

（1）选择"文件"→"保存"或"另存为"命令。

（2）单击快捷访问工具栏中的"保存"按钮 。

（3）按【Ctrl+S】组合键。

要注意的是，新建工作簿如果没有重命名，则系统将自动默认以"工作簿 1.xlsx"作为该工作簿的名称。

1.3　编辑工作表

1.3.1　输入数据

在单元格中可以输入各种类型的数据，如数字、文字、日期和时间、逻辑值等。可以使用以下方法对单元格进行数据输入。

单击要输入数据的单元格，然后直接输入。也可以单击要输入数据的单元格，然后单击编辑栏，在编辑栏中输入、编辑或修改单元格的数据。

输入过程中发现有错误，可按【Backspace】键删除。按【Enter】键或单击编辑栏中的"√"符号完成输入。若要取消，可直接按【Esc】键或单击编辑栏中的"×"符号。

Excel 能够识别两种形式的内容输入：常量和公式。

1. 输入数字（数值）

简单数字直接输入即可，但必须是一个数字的正确表示。表 1-1-1 给出了数字输入时允许的字符。

表 1-1-1　数字输入时允许的字符

字　符	功　　能
0~9	数字的任意组合
+	当与 E 在一起时表示指数，如 1.25E+8
–	表示负数，如–96.76
（　）	表示负数，如（123）表示–123
，（逗号）	千位分隔符，如 123,456,000
/	表示分数（分数时前面是一个空格，如 4 1/2）或日期分隔符
$	金额表示符

续表

字　符	功　能
%	百分比表示符
.（点号）	小数点
E 和 e	科学记数法中指数表示符
:	时间分隔符
（一个空格）	整数和分数分隔符（如 4 1/2），日期和时间分隔符（如 2008/5/4 15:30）

注：连线符号"–"和有些字母也可解释为日期或时间项的一部分，如 5–Jul 和 8:45 AM。

2．日期和时间

Excel 对于日期和时间的输入非常灵活，可接受多种格式的输入。

（1）输入日期

对于我国用户来讲，输入日期时，可在年、月、日之间用"/"或"–"连接。例如，要输入 2015 年 5 月 4 日，可输入 2015/5/4 或 2015–5–4。为了避免产生歧义，在输入日期时，年份不用两位数表示，而应该用四位数，整个日期格式则用 YYYY–MM–DD（如 2015–5–4）的形式，并且不必设置原来工作表中的日期格式。

日期如果只输入了月和日，则 Excel 就会自动取计算机内部时钟的年份作为该单元格日期数据的年份。如输入"10–1"，如果计算机时钟的年份为 2015 年，那么，该单元格实际的值是 2015 年 10 月 1 日，当选中这个单元格时，这个值便显示在编辑栏中。

（2）输入时间

时间数据由时、分、秒组成。输入时，时、分、秒之间用冒号分隔，如 8:45:30 表示 8 点 45 分 30 秒，如 8:45，表示 8 点 45 分。Excel 也能识别仅输入的小时数，如输入 8:（要加上冒号），Excel 会自动把它转换成 8:00。

Excel 中的时间是以 24 小时制表示的，如果要按 12 小时制输入时间，须在时间后留一空格，并输入 AM 或 PM（或 A 或 P）分别表示上午或下午。如果输入 3:00 而不是 3:00PM，将被表示为 3:00AM。

（3）同时输入日期和时间

如果要在同一单元格中输入日期和时间，须在中间用空格分离。如输入"2015 年 5 月 4 日下午 4:30"，则可输入 2015–5–4 16:30（时间部分要用 24 小时制）。

Excel 对用户输入的数据能作一定程度的自动识别。例如输入"10–1"，Excel 会将它解释成日期，并显示为 10 月 1 日或 1–Oct。如果 Excel 不能识别用户所输入的日期或时间格式，则输入的内容将被视作文本。

3．把数字作为文本输入

在某些特定的场合，需要把纯数字的数据作为文本来处理，如产品的代码、邮政编码、电话号码等。输入时，在第一个字母前用单引号"'"。如输入"'123"，单元格中显示左对齐方式的 123，则该 123 是文本而非数字，虽然表面上看起来是数字。

总之，对于初学者来说，不要被单元格中所显示的数据所迷惑而忽略了本来的值。如果想完全了解某一个单元格中的数据的"真相"，最简单有效的方法是选中该单元格，查看其在编辑栏中显示的内容，编辑栏中显示的内容才是该单元格的"本质"。

4. 输入文本

输入任何数据，只要系统不认为它是数值（包括日期和时间）和逻辑值，它就是文本型数据。如果想把任何一串字符（如数字、逻辑值、公式等）当作文本输入，只要输入时，在第一个字母前加单引号"'"。如输入"'TRUE"，则单元格中显示的 TRUE 是一个文本，而不是一个逻辑值。需要强调的是，如果在单元格中没有输入任何内容，则称该单元格是空的，而如果输入了一个空格后，该单元格就不为空，它的值是一个空格（虽然看不见）。所以，在输入数据的时候，无论是数字、逻辑值或文本一定不要多加空格，否则很容易产生错误，并且不容易查找和改正。

5. 输入批注

批注的输入可通过右键快捷菜单中的"插入批注"命令完成。单元格一旦有批注后，在单元格的右上角就出现一个红色的小三角，表示该单元格有批注信息。当光标移动到单元格时就会在单元格的旁边显示批注的内容。

6. 输入公式

一个公式是由运算对象和运算符组成的一个序列。它由等号开始，公式中可以包含运算符以及运算对象常量、单元格引用（地址）和函数等。Excel 有数百个内置的公式，称为函数。这些函数也可以实现相应的计算。一个 Excel 的公式最多可以包含 1024 个字符。

Excel 中的公式有下列基本特性：

（1）全部公式以等号开始。

（2）输入公式后，其计算结果显示在单元格中。

（3）当选定了一个含有公式的单元格后，该单元格的公式就显示在编辑栏中。

要向一个单元格中输入公式，选中单元格后就可以输入。例如，假定单元格 B1 和 B2 中已分别输入"1"和"2"，选定单元格 A1 并输入"=B1+B2"，按【Enter】键，则在 A1 中就出现计算结果 3。这时，如果再选定单元格 A1 时，在编辑栏中则显示其公式"=B1+B2"。

编辑公式与编辑数据相同，可以在编辑栏中，也可以在单元格中。双击一个含有公式的单元格，该公式就在单元格中显示。如果想要同时看到工作表中的所有公式，可按【Ctrl+`（感叹号左边的那个键）】组合键，可以在工作表上交替显示公式和数值。

注意，当编辑一个含有单元格引用（特别是区域引用）的公式时，在编辑没有完成之前就移动光标，可能会产生意想不到的错误结果。

1.3.2 数据的查找与替换

如果在工作表中输入的数据出现错误，就可以利用"查找和替换"功能查找整个工作表中的错误并可以对出现的错误做一次性的替换，而不需要逐一查找修改。

单击"开始"→"编辑"组→"查找和选择"下拉菜单→"替换"命令，弹出"查找和替换"对话框，在该对话框输入查找的内容，再输入替换的内容，如图 1-1-11 所示，即可实现数据的查找与替换。

如果要为查找或替换指定格式，单击选项卡中的"选项"按钮，然后单击"格式"按钮，即可对查找或替换的内容设置格式。

图 1-1-11 "查找和替换"对话框

在"范围"下拉列表框中有"工作表"或"工作簿"两种选择，用来确定是在工作表中还是在整个工作簿中进行搜索。在"搜索"下拉列表框中分为按行和按列两种选择，用来确定是按行还是按列查找。在"查找范围"下拉列表框中有公式、值和批注三种选择，用来确定查找范围。用户还可以根据需要设置查找是否区分大小写、单元格匹配和区分全角/半角等。

单击"查找全部"和"查找下一个"按钮可进行查找；单击"全部替换"或"替换"按钮，即可进行替换；若要中断查找或替换的过程，可按【Esc】键。

1.3.3 数据的移动和复制

对单元格中的内容进行编辑时，有时可能出现某些单元格中的内容相同或单元格的位置需要变动的情况，这时候如果利用 Excel 提供的移动与复制数据的功能，可提高用户的工作效率。

对单元格中内容进行移动或复制操作时，可以利用 Excel 提供的两种方法进行。一是利用鼠标直接进行操作，但只适用于在同一张工作表中进行。另一种是利用剪切或复制和粘贴命令，这种方法不但可以在同一张工作表中进行，还可以在不同工作表中进行。

用鼠标进行数据移动或复制操作的方法如下：

（1）移动鼠标指针到要进行移动或复制的数据所在单元格或单元格区域的边框上。

（2）当鼠标指针变成"十"字形状时，按住鼠标左键不放；若复制单元格数据则同时按下【Ctrl】键和鼠标左键。

（3）拖动鼠标到目标单元格或单元格区域中，则单元格中的数据被移动或复制。

当用剪切或复制和粘贴命令进行数据移动或复制时，方法如下：

（1）选定要进行移动或复制的单元格或单元格区域的内容。

（2）单击选项卡"开始"→"剪贴板"组中的剪切或复制命令，将内容放在剪切板中。

（3）选定要移动或复制数据的目标单元格或单元格区域。

（4）单击粘贴命令，即可将剪切板的内容粘贴在目标区域中。

1.3.4 公式的移动和复制

1. 移动公式

当公式被移动时，引用地址还是原来的地址。例如，C1 中有公式"=A1+B1"，若把单元格 C1 移动到 D8，则 D8 中的公式仍然是"=A1+B1"。

2. 复制公式

复制公式与复制数据的操作方法相同。但当公式中含有单元格或区域引用时，根据单元格区域地址形式的不同，计算结果将有所不同。当一个公式从一个位置复制到另一个位置时，Excel 能对公式中的引用地址进行调整。

（1）公式中引用的单元格地址是相对地址

当公式中引用的地址是相对地址时，公式按相对寻址进行调整。例如 A3 中的公式"=A1+A2"，复制到 B3 中会自动调整为"=B1+B2"。

公式中的单元格地址是相对地址时，调整规则为：

新行地址 = 原行地址 + 行地址偏移量

新列地址 = 原列地址 + 列地址偏移量

（2）公式中引用的单元格地址是绝对地址

不管把公式复制到哪儿，引用地址被锁定，这种寻址称作绝对寻址。如 A3 中的公式"=$A$1+$A$2"复制到 B3 中，仍然是"=$A$1+$A$2"。

公式中的单元格地址是绝对地址时进行绝对寻址。

（3）公式中的引用的单元格地址是混合地址

在复制过程中，如果地址的一部分固定（行或列），其他部分（列或行）是变化的，则这种寻址称为混合寻址。如 A3 中的公式"=$A1+A$2"复制到 B4 中，则变为"=$A2+B$3"，其中，列固定，行变化（变换规则和相对寻址相同）。

公式中的单元格地址是混合地址时进行混合寻址。

（4）被引用单元格的移动

当公式中引用的单元格或区域被移动时，因原地址的数据已不复存在。Excel 根据它移动的方式及地点，将会出现不同的后果。

不管公式中引用的是相对地址、绝对地址或混合地址，当被引用的单元格或区域移动后，公式的引用地址都将调整为移动后的地址。即使被移动到另外一个工作表也不例外。例如，A1 中有公式"=$B6*C8"，把 B6 移动到 D8，把 C8 移动到 Sheet2 的 A7，则 A1 中的公式变为"=$D8*Sheet2!A7"。

1.3.5 管理工作表

Excel 工作簿是包含一个或多个工作表的文件，该文件可用来组织各种相关信息。可在多张工作表中输入并编辑数据，并且可以对多张工作表的数据进行汇总计算。在创建图表时，即可将其置于原数据所在的工作表上，也可将其放置在单独的图表工作表上。

图 1-1-12　工作表快捷菜单

通过右击工作簿窗口底部的工作表标签，从弹出的快捷菜单中可以移动或复制工作表，还可以用不同颜色来标记工作表标签，方便识别。活动工作表的标签将按所选颜色加上下画线，非活动工作表的标签按所设置的颜色显示。

工作表的插入、删除、移动或复制、重命名、标签颜色设置以及隐藏和显示均可通过右击工作簿底部工作标签，从弹出的快捷菜单中设置，如图 1-1-12 所示。

1.3.6 拆分和冻结工作表

1. 拆分工作表

拆分窗口是把工作表当前活动窗口拆分成窗格，并且在每个窗格中都可通过滚动条显示出工作表的每一部分，目的是同时查看工作表的不同部分。用户可以按垂直方式、水平方式、水平和垂直混合方式分隔一个工作簿窗口，用户可以把拆分的各个部分当成分开的窗口使用。拆分窗口的方法是：

单击选项卡"视图"→"窗口"组→"拆分"命令，即可在选定单元格处将工作表拆分为 4 个独立窗口，如图 1-1-13。如需要取消拆分，再单击"拆分"命令按钮 □拆分 即可。

2. 冻结工作表

在使用滚动条滚动查看数据量较大的电子表格时，滚动屏幕后由于表头的滚动而无法根据表头来查看每一项数据的含义，从而影响数据的核对，这时可以使用工作表窗口的冻结功能，以保持工作表的某一部分在其他部分滚动时始终可以看见。冻结工作表的方法是：单击选项卡"视图"→"窗口"组→"冻结窗格"命令，如图 1-1-14 所示。

图 1-1-13　拆分窗口

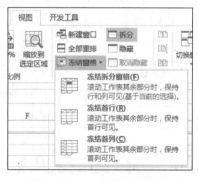

图 1-1-14　冻结窗格命令

冻结窗格有 3 个选项：

① 冻结拆分窗格。

② 冻结首行。

③ 冻结首列。

1.4　数据类型与运算符号

1.4.1 数据类型简介

单元格中数据的类型有三种：文本、数字、逻辑值。

1. 数字

数字只能包含正号（+）、负号（–）、小数点、0～9 的数字、百分号（%）、千分位号（,）等符号，它是正确表示数值的字符组合。

当单元格容纳不下一个未经格式化的数字时，就用科学记数法显示它（如 3.45E+12）；当单元格容纳不下一个格式化的数字时，就用若干个"#"号代替。

2. 文本

单元格中的文本可包括任何字母、数字和其他符号。每个单元格可包含 32 000 个字符（早期版本的 Excel 只有 255 个）。以左对齐方式显示。如果单元格的宽度容纳不下文本串，可占相邻单元格的显示位置（相邻单元格本身并没有被占据），如果相邻单元格已经有数据，就截断显示。

3. 逻辑值

单元格中可输入逻辑值 TRUE（真）和 FALSE（假）。逻辑值常常由公式产生，并用作条件。

1.4.2　运算符的优先级简介

Excel 中公式按特定次序计算数值。如果公式中同时用到多个运算符，Excel 将按表 1-1-2 所列的顺序进行运算。如果公式中包含相同优先级的运算符，例如，公式中同时含乘法和除法运算，则 Excel 将从左到右进行计算。

表 1-1-2　运算符优先级列表

运算符	说明	运算符	说明
:（冒号），（逗号）　（空格）	引用运算符	*和/	乘和除
–	负号（如–1）	+和–	加和减
%	百分比	&	文本运算符
^	幂指数	＝　＜　＞　＜＝　＞＝　＜＞	比较运算符

如果要改变运算顺序，可利用圆括号将公式中需要先计算的部分括起来。

1.5　设置工作表格式

在单元格中输入数据后，为了美化表格还需要对表格样式进行设置，例如，设置字体、字号、数字格式、对齐方式和边框底纹等。

1.5.1　设置字体格式

设置字体的格式可以通过"开始"选项卡的字体命令组设置，如图 1-1-15 所示。如设置表格标题字体隶书、蓝色，22 号字；正文字体楷体，黑色，12 号字等。

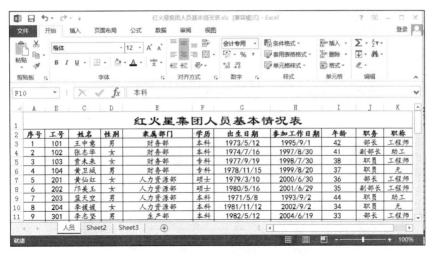

图 1-1-15 字体命令组设置

1.5.2 设置数字格式

在财务管理中涉及很多数字的格式，如分数、百分数、货币形式、科学计数等。Excel
提供了多种数据格式，设置方法有如下两种：

（1）利用选项卡"开始"中的"数字"命令组，可以直接利用快捷命令设置，如会计数
据格式 、百分比样式 、千位分割样式 、增加或减少小数位数 等，如图 1-1-16
所示。

如果快捷命令没有，可以从数字下拉列表框中选择设置，如图 1-1-17 所示；还可以单
击"数字"右侧的数字格式按钮 ，在弹出的对话框中进行设置，如图 1-1-18 所示。

图 1-1-16 "数字"　　图 1-1-17 "数字格式"　　图 1-1-18 "设置单元格格式"对话框
　　命令组　　　　　下拉列表　　　　　　　的"数字"选项卡

（2）单击选项卡"开始"→"样式"命令组→"单元格样式"命令，在弹出的样式选项
卡中选择数字格式，进行设置，如图 1-1-19 所示。

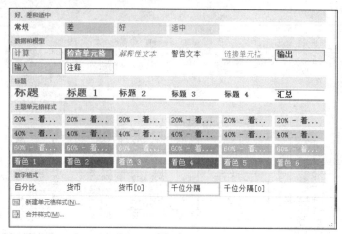

图 1-1-19 "单元格样式"选项卡

1.5.3 调整行高和列宽

工作表中的行高和列宽是有固定的高度和宽度的，但如果用户在单元格中录入的内容过多，就会导致无法全部显示，此时需要调整行高和列宽，调整行高和列宽的方法有两种，一是通过鼠标拖动的方式调整；另一种是通过选项卡精确设置。

利用鼠标拖动的方法来调整工作表的行高和列宽时，只需要将鼠标指向列头右方的列边界或行的下边界处，当鼠标变为"十"字形状时，将鼠标拖动到所需的行高和列宽处即可。

通过选项卡精确设置则需选中列或行后右击，在弹出的快捷菜单中选择"列宽"或"行高"命令，在弹出的"列宽"或"行高"对话框中可精确设置列宽或行高，如图 1-1-20 所示。

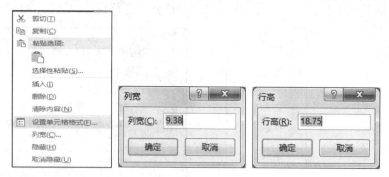

图 1-1-20 精确设置"列宽"和"行高"

1.5.4 设置边框和填充颜色

除了对表格的数据进行美化外，还可以对表格的外观进行美化，使表格看起来更美观、清晰。

1. 添加表格边框

Excel 中单元格之间的网格线在默认情况下是不能被打印输出的，要使打印出的表格有边框，用户可以通过"边框"按钮 田 ▼ 或"设置单元格格式"对话框的"边框"选项卡为单元格区域添加边框，如图 1-1-21 所示。可在"样式""颜色"和"边框"中选择所需的选项。

2. 添加表格底纹

为了提升表格的感染力和增强美观效果，可以为单元格区域填充适当的颜色。为单元格区域填充颜色可以通过"填充颜色"按钮  和"设置单元格格式"对话框的"填充"选项卡来完成，如图 1-1-22 所示。在"填充"选项卡中可选择填充的背景色和填充效果，也可选择填充图案的颜色和图案的样式。

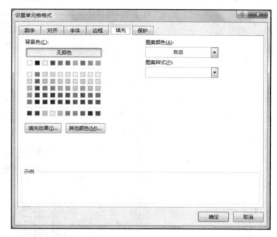

图 1-1-21 "设置单元格格式"对话框的 "边框"选项卡 　　图 1-1-22 "设置单元格格式"对话框的 "填充"选项卡

1.6 打 印

Excel 工作簿的打印分成三种情形：打印活动工作表、某个选定区域或整个工作簿。单击"文件"→"打印"命令，弹出"打印"对话框，如图 1-1-23 所示。用户可以设置打印机、打印范围（利用"设置"下拉列表可以设置打印活动工作表、打印工作簿和打印选定区域）、打印纸张等内容。单击"打印"按钮可在打印机上输出。

图 1-1-23 "打印"选项卡

1.6.1　页面设置

页面设置包括页眉页脚、页边距、打印质量、比例、是否打印网格线以及是否要设置打印标题等。单击图 1-1-23 右下角的"页面设置"按钮；或者选择"页面布局"选项卡，单击"页面设置"组右下角按钮，都可进入"页面设置"对话框，如图 1-1-24 所示。

图 1-1-24　"页面设置"对话框

其中，打印标题的设置对于打印较长文档时很有用。例如，一个数据库有几百条记录，放在一个工作表中，其中第一行作为数据库的字段名行，当需要打印输出这些记录时，希望每张纸的第一行都显示字段名行，这时就需要设置顶端标题行了。具体的方法是，在图 1-1-24 的"页面设置"对话框中，单击"工作表"选项卡，然后在"顶端标题行"栏中输入"$1:$1"即可，也可使用鼠标选择第一行。

在"页面设置"对话框的"页面"选项卡中可以设置纸张、缩放比例、打印方向；在"页边距"选项卡中可以设置上、下、左、右的页边距；在"页眉/页脚"选项卡中可以设置页眉、页脚及自定义页眉、页脚。

1.6.2　打印预览

在打印工作簿之前，建议一定要使用"打印预览"功能查看打印效果，包括本次打印的总页数、单元格是否有边框、是否越界等。单击"页面设置"对话框中的"打印预览"按钮，便可进入"打印预览"窗口，2010 后的版本选择"打印"也可以进入预览状态。必要时还可以在"打印预览"窗口中对打印效果再次进行页面设置。

1.7 帮 助

在 Excel 2013 中，系统为用户提供了许多帮助方法，如对 Excel 内置函数的使用、图表制作、数据透视表（图）制作，都有推荐的图表和相关的向导来帮助用户完成操作。对于其他方面，当用户遇到难题时，按下【F1】功能键，可以弹出联机"Excel 帮助"窗口，如图 1-1-25 所示，在"搜索"文本框里输入需要查找的问题，按【Enter】键，即可得到帮助信息。

图 1-1-25 Excel 2013 帮助窗口

第 2 章　Excel 在生产管理中的应用

"Excel 在生产管理中的应用"包括的内容很多，如订单管理、生产计划、物料配制、环境管理、现场管理、工艺管理、缺陷管理、设备效率管理、仓储管理以及出入货管理等内容。

学习本课程前，很多学生还未学习专业知识，所以本章选取生产计划表的创建、使用公式管理生产计划表单、生产作业管理表单的制作、生产作业分析图表、产品信息管理等内容作为本章的内容，既让同学们对生产管理的部分内容有所了解和掌握，为今后学习专业课和走上工作岗位打下基础，又使大家能花较少的时间理解专业问题，从而高效地掌握本章的内容。

2.1　生产计划表的创建

2.1.1　设计思路

生产计划是关于企业生产运作系统总体方面的计划，是企业在计划期应达到产品品种、产量、产值等生产任务的计划和对产品进度的安排，是指导企业生产活动纲领性的文件。生产计划是指一方面为满足客户要求的三要素"交货期、品质、成本"而计划；另一方面又使企业获得适当利益，而对生产的三要素"材料、人员、机器设备"的确切准备、分配及使用计划。

一个优化的生产计划必须具备以下 3 个特征：

（1）有利于充分利用销售机会，满足市场需求。

（2）有利于充分利用盈利的机会，实现生产成本最低化。

（3）有利于充分利用生产资源，最大限度地减少生产资源的闲置和浪费。

生产计划表内容包括生产产品的名称和零件、生产的数量、生产的部门、生产的完成时间等。

生产计划表的种类按不同性质，有不同分类方法：

按时间周期分，可分为大日程、中日程、小日程，如表 1-2-1 所示。

表 1-2-1 生产计划表的分类

划分种类		对象	期间	期别
大日程（长期）	长期生产计划	产品群	2～3 年	季
	年度生产计划	产品群	1 年	月
中日程（中期）	中日程（中期）	产品别	季、半年	周、月
	月份生产计划	产品别、零件别	周	日
小日程（短期）	周生产计划	产品别、零件别	周	日
	日生产计划	产品别、零件别	日	小时

　　按计划层级和作用层级分，可分为主生产计划（Master Production Schedule，MPS）和次生产计划（次 MPS）。此种分类常见于实际应用，尤其是在有实体工厂的公司。无论主、次生产计划，其表现实体均是某个工序的计划安排，并选取其中最能体现公司经营运作和控制重点的工序作为其 MPS（主 MPS）的体现方式。一般制造业，均采用最后组装工序作为其 MPS（主 MPS）。

　　主生产计划（MPS）是按时间分段方法，计划企业将生产的最终产品的数量和交货期。主生产计划是一种先期生产计划，它给出了特定的项目或产品在每个计划周期的生产数量。一个有效的主生产计划是生产对客户需求的一种承诺，它充分利用企业资源，协调生产与市场，实现生产计划中所表达的企业经营目标。主生产计划在计划管理中起"龙头"作用，它决定了后续的所有计划及制造行为的目标。在短期内作为物料需求计划、零件生产计划、订货优先级和短期能力需求计划的依据。在长期内作为估计本厂生产能力、仓储能力、技术人员、资金等资源需求的依据。从图 1-2-1 可以看到主生产计划的地位，其设计流程如图 1-2-2 所示。本章主要讲解运用 Excel 编制各类生产计划表。

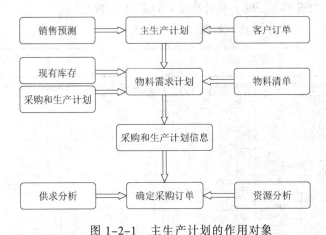

图 1-2-1 主生产计划的作用对象

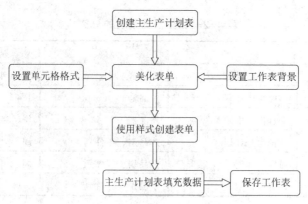

图 1-2-2　主生产计划设计流程图

2.1.2　长期生产计划表

长期生产计划表是企业根据市场需要和顾客的要求，确定在什么时间生产什么产品，由哪个车间生产以及如何生产的总体计划。企业的生产计划是根据销售计划制定的。长期生产计划表包括部门、生产项目、生产数量、预计日程、人力、工时、预计产值、预计成本和毛利等内容。

根据上述内容建立一个生产计划表，图 1-2-3 所示为某企业2015 年笔记本式计算机的预计需求量，据此制定其年度生产计划表及其相关的生产计划表。

1．制定生产计划表

生产计划表包括产品代码、产品型号、生产数量、预计完成时间、原材料成本、人力成本、工时、预计产值、产品成本和毛利等，根据上述内容建立生产计划表，如图 1-2-4 所示。

产品型号	中国市场	海外市场	预计需求量
ROGA 2131	1090000	1303000	2393000
ROGA 2132	1200000	1500000	2700000
ROGA 2111	1090000	1260000	2350000
ROGA 2112	1041000	1190000	2231000
ROGA 2113	1033000	1480000	2513000
ELEX 2141	1180000	1250000	2430000
ELEX 2142	1178000	1379000	2557000
NIIX 2100	1437000	1518000	2955000
NIIX 2800	1396000	1478000	2874000
R50-70AM1	1084000	1301000	2385000
R50-70AM2	1196000	1455500	2651500
R40-70AT1	1245000	1325000	2570000
R40-70AT2	1195000	1335000	2530000
F4401	1210000	1260000	2470000
F4402	1115000	1445000	2560000
F4403	1208000	1331000	2539000
F4404	1015000	1335000	2350000
F4405	1250000	1320000	2570000
F4406	1340000	1295000	2635000
F4407	1341000	1169000	2510000

笔记本电脑2015年预计需求量

图 1-2-3　计划需求量表

	A	B	C	D	E	F	G	H	I
1					生产计划表				
2	产品代码	产品型号	生产数量(台)	预计完成时间	预计成本(万元)		成本合计(万元)	预计产值(万元)	毛利(万元)
3					原料成本	人力成本			
4	0301	ROGA 2131	2393000	2014/9/30	¥226,138.50	¥90,455.40	¥316,593.90	¥452,277.00	
5	0302	ROGA 2132	2700000	2014/12/25	¥303,264.00	¥101,088.00	¥404,352.00	¥505,440.00	
6	0303	ROGA 2111	2350000	2014/9/30	¥255,492.00	¥85,164.00	¥340,656.00	¥425,820.00	
7	0304	ROGA 2112	2231000	2014/12/25	¥273,074.40	¥91,024.80	¥364,099.20	¥455,124.00	
8	0305	ROGA 2113	2513000	2014/12/25	¥230,693.40	¥76,897.80	¥307,591.20	¥384,489.00	
9	0306	ELEX 2141	2430000	2014/6/30	¥258,940.80	¥86,313.60	¥345,254.40	¥431,568.00	
10	0307	ELEX 2142	2557000	2014/12/25	¥289,963.80	¥96,654.60	¥386,618.40	¥483,273.00	
11	0308	NIIX 2100	2955000	2014/12/25	¥372,330.00	¥124,110.00	¥496,440.00	¥620,550.00	
12	0309	NIIX 2800	2874000	2014/12/25	¥346,604.40	¥115,534.80	¥462,139.20	¥577,674.00	
13	0310	R50-70AM1	2385000	2014/12/25	¥300,510.00	¥100,170.00	¥400,680.00	¥500,850.00	
14	0311	R50-70AM2	2651500	2014/12/25	¥343,634.40	¥114,544.80	¥458,179.20	¥572,724.00	
15	0312	R40-70AT1	2570000	2014/9/30	¥331,221.60	¥110,407.20	¥441,628.80	¥552,036.00	
16	0313	R40-70AT2	2530000	2014/12/25	¥302,385.60	¥100,795.20	¥403,180.80	¥503,976.00	
17	0314	F4401	2470000	2014/6/30	¥264,981.60	¥88,327.20	¥353,308.80	¥441,636.00	
18	0315	F4402	2560000	2014/8/30	¥278,323.20	¥92,774.40	¥371,097.60	¥463,872.00	
19	0316	F4403	2539000	2014/12/25	¥310,773.60	¥103,591.20	¥414,364.80	¥517,956.00	
20	0317	F4404	2350000	2014/12/25	¥285,948.00	¥95,316.00	¥381,264.00	¥476,580.00	
21	0318	F4405	2570000	2014/12/25	¥310,867.20	¥103,622.40	¥414,489.60	¥518,112.00	
22	0319	F4406	2635000	2014/12/25	¥311,140.80	¥103,713.60	¥414,854.40	¥518,568.00	
23	0320	F4407	2510000	2014/12/25	¥298,188.00	¥99,396.00	¥397,584.00	¥496,980.00	

图 1-2-4　生产计划表

（1）新建"生产计划表.xlsx"空白工作簿

启动 Excel 2013 程序，选择"空白工作簿"，系统自动创建一个默认文件名为"工作簿1.xlsx"的工作簿文件，单击"文件"→"另存为"命令保存在相应位置，如图 1-2-5 所示。

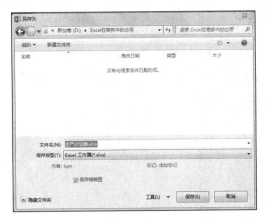

图 1-2-5 "另存为"对话框

（2）输入表头

单击 A1 单元格，这时在工作表下方的状态栏中会显示"就绪"，说明可以在单元格中输入文字和数据。在 A1 单元格中输入"生产计划表"，状态栏显示"输入"状态，然后按【Enter】键即可完成数据输入；同样在 A2～J2 单元格中分别输入"产品代码"、"产品型号"、"生产数量（台）"、"预计完成时间"、"预计成本（万元）"、"成本合计（万元）"、"预计产值"、"毛利（万元）"等，在 E3 单元格中输入"原料成本"，在 F3 单元格中输入"人力成本"，如图 1-2-6 所示。

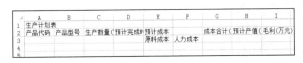

图 1-2-6 输入表头后的工作表

（3）调整列宽、合并单元格

图 1-2-6 中可以看到 C2、D2、G2、H2 单元格的文字不能完全显示，需要将多列的列宽调整到最合适的列宽，具体操作是：选择 C 列～I 列，然后将光标移动到当中任何一列的列标边界上，当指针变成"十"字形状时，双击鼠标即可同时调整多列列宽。

若要调整某一列的列宽，还可以将鼠标移动到列标的右边界，当鼠标变成"十"字形状时，拖动鼠标调整单元格的列宽。另一种就是精确设置列宽，前面已有叙述。

将 A2～A3、B2～B3、C2～C3、D2～D3、E2～F2、G2～G3、H2～H3、I2～I3 合并单元格，具体操作是：选择上述某个单元格区域，选择"对齐方式"命令组中的"合并居中"命令，即可完成选中单元格区域的合并居中，如图 1-2-7 所示。

图 1-2-7 调整合适列宽和合并单元格后的表头

（4）输入数据并使用序列自动填充数据

如图 1-2-4 所示，产品代码首位是 0，属于文本型数据，输入时数据前要加英文半角状态下的单引号"'"，如图 1-2-8 所示，输入完成后按【Enter】键即可。

从产品代码看，这是一个递增的等差序列，可使用自动填充数据，具体操作是：

① 将指针移动到单元格 A4 右下角的填充柄上，当鼠标指针变成黑色的"十"字形状时，按下鼠标左键并拖动到单元格 A23。

② 释放鼠标左键，在填充单元格区域的右下角出现"自动填充选项"按钮，单击下拉按钮即可展开其下拉列表，如图 1-2-9 所示。

图 1-2-8　文本型数据的输入

图 1-2-9　填充序列

③ 在下拉列表中选择"填充序列"单选按钮，选中的区域以序列递增的方式填充数据。

在填充数字时，若要使数字按升序排列，则按照由上而下或由左到右的顺序填充；若按降序排列，则要按照由下而上或由右到左的顺序填充。

（5）复制单元格数据

根据预计需求量表，将相关产品型号和预计生产数量复制到生产计划表中。

打开"预计需求量表.xlsx"，选择 B3～B22 单元格并右击，在弹出的快捷菜单中选择"复制"命令；选择"生产计划表.xlsx"为当前工作表，选择 B4 单元格并右击，在弹出的快捷菜单中选择"粘贴选项"→"粘贴"命令，即可将"预计需求量表.xlsx"中"产品型号"的数据复制到"生产计划表.xlsx"中，如图 1-2-10 所示。"复制""粘贴"命令还可以用快捷键来操作，【Ctrl+C】组合键是复制，【Ctrl+V】组合键是粘贴。

在"粘贴选项"命令中，有六个选项："粘贴""值""公式""转置""格式""粘贴链接"。

粘贴：直接粘贴，包括内容和格式等。

值：只粘贴文本，单元格的内容如果是计算公式，只粘贴计算结果，不改变目标单元格的格式。

公式：只粘贴文本和公式，不粘贴字体、格式、边框、注释、内容等。当复制公式时，单元格引用将根据所用引用类型而变化，使单元格引用保证不变，就使用绝对引用。

转置：被复制数据的列变成行、行变成列。原数据区域的顶行将位于目标区域的最左列，而原数据区域的最左列将显示于目标区域的顶行。

图 1-2-10　粘贴选项

格式：仅粘贴源单元格格式，但不能粘贴单元格的有效性，粘贴格式包括字体、对齐方式、文字方向、边框、底纹等，不改变目标单元格的文字内容。功能相当于格式刷。

粘贴链接：将被粘贴数据链接到活动工作表。粘贴后的单元格将显示公式。如将 A1 单元格复制后，通过"粘贴链接"选项粘贴到 D8 单元格，则 D8 单元格的公式为"=$A$1"。目标单元格插入的是"=源单元格"这样的公式，不是值。如果更新源单元格的值，目标单元格的内容也会同时更新。

　　"生产数量"是根据"预计需求量表.xlsx"中的预计需求量确定的，在"预计需求量表.xlsx"文档中，预计需求量是通过公式计算得出的，这时候就不能简单地选择"粘贴"选项，而要选择"值"选项。

　　复制"预计需求量表.xlsx"中 E3～E22 单元格，选择"生产计划表.xlsx"为当前工作表，选择 C4 单元格并右击，在弹出的快捷菜单中选择"粘贴选项"→"值"命令，即可将"预计需求量"复制到"生产计划表.xlsx"文档的"生产数量"中。

　　（6）设置单元格对齐方式

　　在"开始"选项卡→"对齐方式"命令组中可以直接设置对齐方式，如图 1-2-11 所示。

　　另外，单击"对齐方式"右侧的按钮 ，在弹出的"设置单元格格式"对话框中也可设置对齐方式，如图 1-2-12 所示。

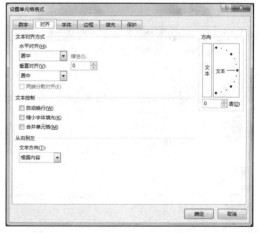

图 1-2-11　"对齐方式"命令组　　　　　　图 1-2-12　"设置单元格格式"对话框

　　"设置单元格格式"对话框提供了对单元格"数字""对齐""字体""边框""填充"及"保护"的设置。

　　也可以利用"开始"选项卡"对齐方式"命令组中的"合并居中"按钮 合并后居中 设置合并居中。对表格标题设置合并居中，最简单的方法是选择 A1～J1 单元格，直接单击"对齐方式"命令组中的"合并居中"按钮，即可实现表格标题的跨列居中，如图 1-2-13 所示。

图 1-2-13　单元格的合并居中设置

（7）设置日期及货币格式

如果设置日期的格式是 YYYY/MM/DD，货币符号为"￥"，设置方法如下：

在"设置单元格格式"对话框中选择"数字"选项卡，如图1-2-14所示。

在"分类"中选择"日期"选项，然后在"类型"中选择需要的类型，如果"类型"里没有适合的格式，还可以在自定义中进一步设置。设置日期的格式会在示例中显示。

货币的设置与日期的设置方法相同。

（8）设置字体格式

字体可以通过"开始"选项卡中的"字体"命令组设置，也可以在"设置单元格格式"对话框的"字体"选项卡中设置。如：设置表标题"生产计划表"为黑体、18号字；表头宋体、加粗、11号字，正文宋体、10号字。

（9）设置表格边框

边框可通过"开始"选项卡中的"字体"命令组的"边框"选项设置，如果需要设置线条的样式和颜色的，则需要在"设置单元格格式"对话框的"边框"选项卡中设置，如图1-2-15所示。如设置该表格内边框为细实线，外边框为粗实线，则可直接通过"字体"命令组的"边框"选项设置。

图1-2-14 日期格式的设置

图1-2-15 边框的设置

（10）保护工作表

为了保护工作表的内容，可以设置工作表保护，工作表保护后，任何人都不能对工作表的数据进行修改，要进行表格的编辑必须先解除工作表的保护状态。

具体操作方法如下：

选择"审阅"选项卡，单击"保护工作表"按钮，弹出"保护工作表"对话框，在"取消工作表保护时使用的密码"文本框中输入设置的密码，如图1-2-16所示，单击"确定"按钮，弹出"确认密码"对话框，如图1-2-17所示，再次输入密码，即可对工作表进行保护。

工作表的基本操作，如行高、列宽的调整，行、列、工作表的显示/隐藏，组织工作表以及工作表的保护，均可在"开始"→"单元格"命令组中的"格式"下拉菜单中设置，如图1-2-18所示。

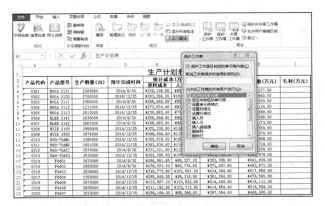

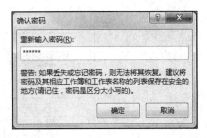

图 1-2-16 "保护工作表"对话框 　　　　　图 1-2-17 "确认密码"对话框

在制定生产计划时，通常根据市场需求量来制订，也会在前一年产销量的基础上制订新一年的生产计划，当然市场需求是主要的，市场份额的占有量，也是计划制订者必须考虑的。

2．制订综合生产计划表

综合生产计划表又称生产大纲，是根据市场需求预测和企业拥有的生产资源，对企业计划期内生产的产品型号、生产数量以及为保证产品的生产所需的劳动力水平、库存等措施所做的决策性描述。综合计划是企业的整体计划，计划时间通常是年，有些企业也把综合计划称为年度生产计划或年度生产大纲。计划期内的时间是月、双月或季。

企业综合生产计划规定企业在计划期内各项生产指标，如品种、质量、数量、产值、进度等应达到的水平和应增长的幅度，以及为保证达到这些指标的措施。

图 1-2-19 所示为综合生产计划表。该表是某一产品在生产计划中每个季度的计划生产量，用 Excel 设计难度不高，只涉及数据的输入、简单的格式设置和边框设置。

图 1-2-18 格式下拉列表

综合生产计划表					
产品代码	0301		产品型号	ROGA2131	
	总计	一季度	二季度	三季度	四季度
需求量	2393000	598000	1040000	755000	
计划生产量	2393000	610000	1009000	774000	
正常生产	2300000	600000	1000000	700000	
加班生产	93000	40000	30000	23000	
库存量		3000	2000		

图 1-2-19 综合生产计划表

3．工业产值和产量年度计划表

工业产值和产量年度计划表应包括项目、单位、单价（元）、2014 年预计、2015 年计划及各季度分配、2015 年计划为 2014 年预计的百分比等方面的内容。

图 1-2-20 所示为工业产值和产量年度计划表。该表是生产计划中的主计划表，制作时，A2～A3、B2～B3、C2～C3、D2～D3、E2～E3、F2～I2、J2～J3 以及 B6～B11 需要合并单元格。

工业产值和产量年度计划表									
项目	单位	单价(元)	2014年预计	2015年计划	各季度分配				2015年计划为2014年预计的%
					一季	二季	三季	四季	
总产值（按不变价格计算）	万元								
商品价格（按现行价格计算）	万元								
主要产品产量	台								
ROGA 2131									
ROGA 2132									
ROGA 2111									
ROGA 2112									
ROGA 2113									
维修备件	件								
工业性作业	万元								
自制设备	台								
新产品试验	台								
工业净产值	万元								

图 1-2-20 工业产值和产量年度计划表

4. 各部门生产计划安排表

各部门生产计划安排表包括产品名称、生产数量、各部门的人力及起止日期等方面内容，如图 1-2-21 所示。该表制作过程涉及单元格的合并，其他参照“生产计划表.xlsx”的制作。

各部门生产计划安排表												
月份								页次				
产品名称	生产数量											备注
		人力	起止时间	人力	起止时间	人力	起止时间	人力	起止时间	人力	起止时间	

图 1-2-21 各部门生产计划安排表

5. 产销计划表

产销计划表应包括产品名称、规格、售价及产销计划中对每年旺季、淡季每月数量和金额的说明等方面的内容，如图 1-2-22 所示。该表制作过程参照“生产计划表.xlsx”的制作。

产销计划表												
产品名称												
配置												
售价												
产销计划		说明	数量	金额	数量	金额	数量	金额	数量	金额	数量	金额
		全年										
		旺季每月										
		淡季每月										
		设计产量										
		全年										
		旺季每月										
		淡季每月										
		设计产量										
		全年										
		旺季每月										
		淡季每月										
		设计产量										
		全年										
		旺季每月										
		淡季每月										
		设计产量										

图 1-2-22 产销计划表

6．产销计划拟定表

产销计划拟定表应包括产品名称、单价、销售数量、销售金额、生产数量、生产金额、存货数量、存货金额、本月材料成本、本月人工费用、生产费用预计、销售费用预计、利润等方面内容，如图 1-2-23 所示。

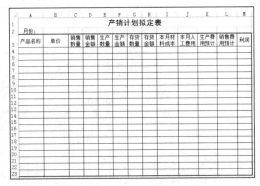

图 1-2-23　产销计划拟定表

2.1.3　短期生产计划表单（月计划表）

短期生产计划表单主要介绍以下 6 种。

1．季度产销计划表

季度产销计划表应包括月份、日期、产品名称型号、每月期初存量、预期产量、预计销售量、期末存量等方面内容，如图 1-2-24 所示。

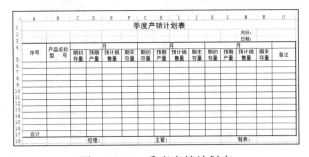

图 1-2-24　季度产销计划表

2．月份生产计划表

月份生产计划表应包括本月份预定工作日数、生产批号、产品型号、制造单位、制造日程、需要工时、估计成本、预计生产目标等方面的内容，如图 1-2-25 所示。

3．周生产计划及实绩报告表

周生产计划及实绩报告表应包括各部门往来客户、主顾信息及每日的计划等，如图 1-2-26 所示。

4．日生产计划管理表

日生产计划管理表应包括部门、起止时间、产品编号、计划、实绩、差异等方面内容，如图 1-2-27 所示。

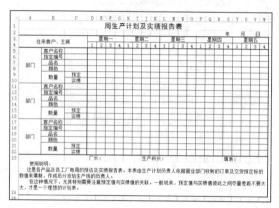

月份生产计划表												
本月份预定工作日数： 日												
生产批号	产品型号	数量	单价	制造单位	制造日期		需要工时	估计成本			附加值	备注
					起	讫		原料	物料	工资		
配合单位工时	预计生产目标		估计毛利				审核：			计划：		
准备组	产值		附加值									
质检组	总工时		制造费用									
包装组	每工时产值											

图 1-2-25 月份生产计划表

周生产计划及实绩报告表																						
																		年		月		日
往来客户、主顾			星期一				星期二				星期三				星期四				星期五			
			1	2	3	4	1	2	3	4	1	2	3	4	1	2	3	4	1	2	3	4
部门	客户名称																					
	指定编号																					
	品名																					
	颜色																					
	数量	预定																				
		实绩																				
部门	客户名称																					
	指定编号																					
	品名																					
	颜色																					
	数量	预定																				
		实绩																				
部门	客户名称																					
	指定编号																					
	品名																					
	颜色																					
	数量	预定																				
		实绩																				
			厂长：								生产科长：								填表：			

使用说明：

这是各产品及各工厂每周的预估及实绩报告表。本表由生产计划负责人依据营业部门收到的订单及交货预定标的数值来填制，作成后分发给生产线的负责人。

在这种情况下，尤其特别需要注意预定值与实绩值的关联。一般说来，预定值与实绩值彼此之间尽量差距不要太大，才是一个理想的计划表。

图 1-2-26 周生产计划及实绩报告

日生产计划管理表				
部门：			年 月 日	
起止时间	产品编号	计划	实绩	差异
—				
—				
—				
—				
—				
—				
—				
—				
—				
—				
—				
—				

图 1-2-27 日生产计划管理表

5. 订单安排表

订单安排表应包括序号、产品名称、产品编号、规格、订单编号、接单日期、型号配置说明、数量、交货期、合并记录、制造批号、完工记录等，如图 1-2-28 所示。

订单安排表								
序号	产品名称			产品编号		规格		
	订单编号	接单日期	型号配置说明	数量	交货期	合并记录	制造批号	完工记录

图 1-2-28 订单安排表

6. 生产计划变更通知单

生产计划变更通知单应包括受文单位、日期、工令号码、生产线别、原计划、变更、备注等内容，如图 1-2-29 所示。

图 1-2-29　生产计划变更通知单

2.1.4　生产计划表的管理

这里统一对前面建立的 12 个表进行统一管理：将长期生产计划表和短期生产计划表分别放在 2 个工作簿中。

1. 建立长期生产计划工作簿

（1）首先将 6 个长期生产计划表逐个打开，将其中一个另存为"长期生产计划表.xslx"，如将"生产计划表.xslx"另存为"长期生产计划表.xslx"。

（2）将"生产计划表"所在的工作表标签重命名为"生产计划表"并保存。

（3）选择"工业产值和产量年度计划表.xslx"为当前工作表，同样将工作表标签重命名为"工业产值和产量年度计划表"。选择当前工作表标签并右击，弹出图 1-2-30 所示的快捷菜单，选择"移动或复制"命令，弹出"移动或复制工作表"对话框，如图 1-2-31 所示。

图 1-2-30　管理工作表快捷菜单

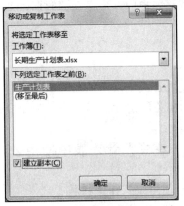

图 1-2-31　"移动或复制工作表"对话框

（4）在"工作簿"下拉列表框中选择"长期生产计划表.xslx"，并选中"建立副本"复选框，单击"确定"按钮，"工业产值和产量年度计划表"就复制到"长期生产计划表.xslx"工作簿中，如图 1-2-32 所示。

图 1-2-32 "移动复制"工作表

（5）使用同样的方法将其他 4 个工作簿里面的工作表复制到"长期生产计划表.xslx"工作簿中，如图 1-2-33 所示。

图 1-2-33 含 6 个工作表的"长期生产计划表"工作簿

2. 建立短期生产计划工作簿

按照同样的方法建立"短期生产计划.xslx"工作簿。

2.2 使用公式管理生产计划表

使用公式可以快速地对电子表格中的数据进行计算和分析，但使用公式必须遵守 Excel 公式的相关约定，否则无法正确完成数据计算。

2.2.1 在生产计划表中使用公式

1. 使用公式计算利润

计算生产计划表中的毛利，根据已有的某产品的产值、原料成本和人力成本，可以计算出该产品的利润。

选中 I4 单元格，在其中输入公式"=H4-E4-F4"，这时可看到编辑栏也同步显示 I4 输入公式的内容，按【Enter】键即可看到在单元格 I4 中显示的计算结果，如图 1-2-34 所示。

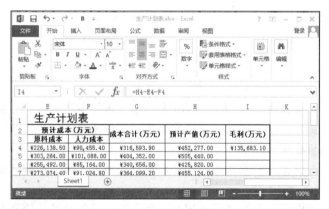

图 1-2-34　计算毛利

2. 使用公式计算工时

现生产 F4403 型号的笔记本式计算机 10 000 台，生产时间从 2014 年 3 月 23 日开始，到 2014 年 4 月 8 日完成，用了多少工时？

在 I5 单元格中输入公式 "=H5-G5"，按【Enter】键即可看到单元格 I5 中显示的计算结果，如图 1-2-35 所示。

图 1-2-35　计算需要工时

从图 1-2-35 中看到，I5 单元格中显示的是工时的数量，工时是按小时计算的，每天按 8 小时计算，因此实际上所需工时正确的计算公式是 "=(H5-G5)*8"，计算结果是 128 小时，如图 1-2-36 所示。

图 1-2-36　重新计算后的工时结果

2.2.2　利用函数创建公式

除了利用自己编制的公式计算表格中的数据外，还可以使用 Excel 中集成的函数来快速计算表格中的特定数据,其实函数就是一类特定的公式,Excel 将常用的一些运算设计成函数,用户只需要插入函数后设置相应的参数即可。

一个完整的函数具有特定的结构，通常函数的结构分为 3 部分：等号、函数名以及在括号里用逗号隔开的计算参数，一般形式为：=函数名(参数 1,参数 2,...)

$$= \underline{\text{SUM}} \quad \underline{\text{(C4:C23,1000)}}$$

↓	↓	↓	↓
等号	函数名	参数1	参数2

根据函数功能的不同，Excel 将其分为 13 种类型，包括财务函数、日期与时间函数、统计函数、查找与引用函数、数据库函数、文本函数、逻辑函数、信息函数、工程函数、多维数据集函数、兼容性函数和 Web 函数。在插入函数时，可首先确定插入函数的类别，然后再选中需要插入的函数，设置其参数，而对于已经熟悉的函数，可直接输入函数名称，然后选择函数参数即可。

在生产计划和管理中常用的函数有日期与时间函数、统计函数、查找与引用函数、文本函数、逻辑函数等。

（1）日期与时间函数：用于分析或操作公式中与日期和时间有关的值，如返回和转换日期和时间，如 date、day、month、year、now 等。

（2）统计函数：用于对一定范围内的数据进行统计分析，如计算平均值、最大值、最小值、标准偏差、概率和方差等。

（3）查找与引用函数：用于在表格中快速查找特定的值，如 address、choose、lookup 等。

（4）文本函数：用于处理公式中的文本字符串。如在某个字符中抽取固定位置上的字符：left、mid、right 等，复制指定的文本和改变英文大小写状态等。

（5）逻辑函数：这是一类通过设置的条件实现逻辑判断的函数，如 and、not、or、if、true、false 等，其中 if 函数使用非常广泛。

1. 利用函数求出笔记本式计算机的总产量

求笔记本式计算机的总产量时使用数学函数 SUM，SUM 函数是用来计算某一单元格区域中所有数字总和的函数。下面对笔记本式计算机的总产量进行求和计算。

打开"生产计划表.xlsx"，在 23 行后增加一行，在 A24 单元格中输入合计，选择 C24，单击编辑栏左侧的插入函数按钮 f_x，弹出"插入函数"对话框，如图 1-2-37 所示，在"或选择类别"下拉列表框中选择"常用函数"，在"选择函数"列表框中选择 SUM 函数，弹出"函数参数"对话框，如图 1-2-38 所示，系统会自动选择一个区域，通常是选择结果存放单元格的上方连续区域或左侧连续区域，如果系统选择的区域正确，则按【Enter】键得出结果。

图 1-2-37 "插入函数"对话框

图 1-2-38 "函数参数"对话框

如果系统选择的区域有误，单击图 1-2-38 中参数输入框右侧的按钮▦，弹出函数参数输入框，如图 1-2-39 所示。重新选择正确的区域，再单击图 1-2-39 输入框右侧的按钮▦，系统返回图 1-2-38。

如果是熟悉的函数，可以直接在 C24 单元格输入 "=SUM(C4:C23)"（注意：括号和标点符号均在英文半角状态下输入），当用户输入第一个括号后，系统会提示这个函数的参数，如图 1-2-40 所示。

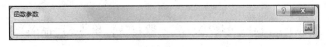

图 1-2-39 "函数参数"输入框

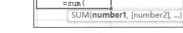

图 1-2-40 输入函数参数提示

如果用户不清楚用哪种函数计算，系统还提供了"搜索函数"，如图 1-2-37，在"搜索函数"下方的文本框中输入一条简短说明，单击"转到"按钮，系统会弹出一些函数供用户选择。

2．利用函数求出成本产量最高的笔记本式计算机

求生产产量最高的笔记本式计算机时使用统计函数 Max，Max 函数是用来从指定的单元格区域中返回其中最大值的函数。下面对笔记本式计算机的生产成本的最大值进行计算，计算结果存放在 L3 单元格中。选择 L3 单元格，单击"插入函数"按钮 *f*，弹出"函数参数"对话框，在 Number1 文本框中输入 C4:C23，或直接在工作表中用鼠标选择 C4:C23 单元格区域，结果如图 1-2-41 所示。单击"确定"按钮即可得到计算结果。

图 1-2-41 "函数参数"对话框

2.3 生产作业管理表的制作

生产作业控制是指在生产作业计划执行过程中，对有关产品（零部件）的数量和生产进度进行控制，通过控制，可以采取有效措施预防或防止可能发生的脱离计划的偏差，保证计划如期实现。

实施生产作业控制是为了保证在生产实施过程中有关产品的数量、质量、进度按计划进行，从而保证企业的经济效益。

生产过程控制管理模块中包括各类表单制作、绘制各类图形、使生产控制过程简洁、明了，方便生产过程中的数据收集与分析。

生产作业管理表分为作业管理表、生产效率管理表、作业指令及作业报表三类，本节列举部分管理表，通过使用 Excel 制作生产作业管理表而对生产作业管理过程有一个大致的了解。

2.3.1 作业进度管理表

此处列举两种与作业进度管理有关的表。

1. 生产进度管理表

生产过程的进度监控是必不可少的，生产过程的进度管理表一般包括订单号、产品名称、生产数量、出货日期，单位别等，如图 1-2-42 所示。

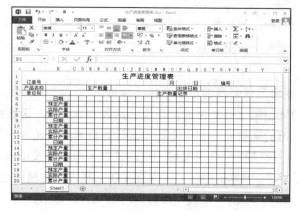

图 1-2-42 生产进度管理表

该表的制作过程中须注意：

（1）B5:B8 单元格区域的内容在 B9:B12、B13:B16、B17:B20 单元格区域中重复用到，只需输入一次即可，其他通过选择 B5:B8 复制，然后粘贴相关单元格。

（2）C3:X3 等列宽的设置，可以通过前面介绍过的方法：选择 C3:X3，当鼠标变成双箭头时，在其中一列的边界上拖动到合适的列宽，这样可以快捷地将 C3:X3 设置为等列宽。

2. 产量分析表

产量分析表一般包括产品名称、型号、预计销售量、设计产量、作业效率、每月工作日、每日产量、每件时间等，如图 1-2-43 所示。

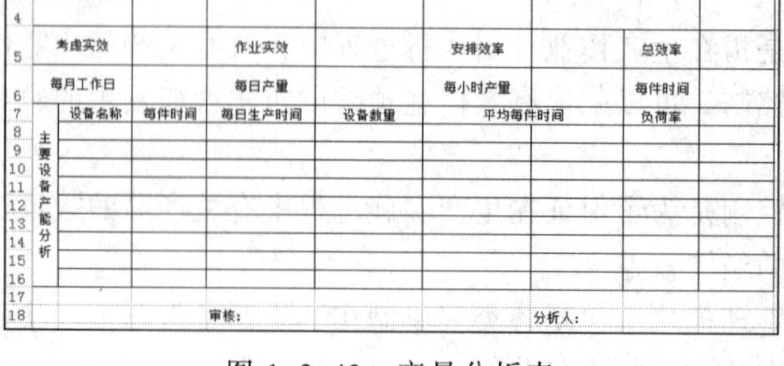

图 1-2-43 产量分析表

产量分析表看似表格内容多，比较复杂，文字较多，实际上建表时先按图 1-2-44 所示内容输入文字，然后再作进一步调整设置。

	A	B	C	D	E	F	G	H	I
1	产量分析表								
2	产品名称								
3	预计销售量		每年最低	最高	旺季每月量	每月最高	正常每月量		设计产量
4									
5	考虑实效			作业实效		安排效率		总效率	
6	每月工作日			每日产量		每小时产量		每件时间	
7	主要设备产	设备名称	每件时间	每日生产时	设备数量	平均每件时间		负荷率	
8									
9									
10									

图 1-2-44 产量分析表的文字内容

根据具体情况合并单元格，A7:A16 单元格区域的文字是竖排的，具体的设置方法是：在“设置单元格格式”对话框中选择“对齐”选项卡，在“方向”选项组中文本方向选择竖排，或者在“开始”选项卡“对齐方式”命令组中单击方向按钮 ，在弹出的下拉列表中选择“竖排文字”。

2.3.2 生产效率管理表

此外列举两种与生产效率管理有关的表。

1. 生产效率日报表

生产效率日报表包括生产项目的实际工时、产量、标准工时等，如图 1-2-45 所示。

	A	B	C	D	E	F	G	H	I	J	K	L	M	N	O	P	Q
1	生产效率日报表																
2		月 日															
3–4	编号	生产项目	实际工时	产量	标准工时	实际工时	产量	标准工时	实际工时	产量	标准工时	实际工时	产量	标准工时	实际工时	标准工时	备注
5																	
6																	
7																	
8																	
9																	
10																	
11																	
12																	
13																	
14																	
15																	
16		合计															
17		效率															
18	备注																

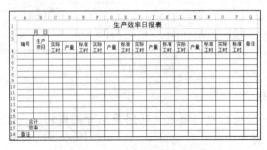

图 1-2-45 生产效率日报表

2. 生产效率分析表

生产效率分析表一般包括每月的预计产量、实际产量、预计产值、实际产值、部门效率、差异原因分析及预计实际产值比较图等，如图 1-2-46 所示。

	A	B–C	D–E	F–G	H–I	J–N	O
1	生产效率分析表						
2	月份	预计产量	实际产量	预计产值	实际产值	部门效率	差异原因分析
3	一月						
4	二月						
5	三月						
6	四月						
7	五月						
8	六月						
9	七月						
10	八月						
11	九月						
12	十月						
13	十一月						
14	十二月						
15	合计						
16–21	产量	预计实际产值比较图				100 80 60 40 20	说明：实际 计划
22		1月 2月	3月 4月	5月 6月	7月 8月	9月 10月 11月 12月	

图 1-2-46 生产效率分析表

生产效率分析表的月份数据用序列填充的方法完成，N16:O22 可采取不填充边框的方法实现。

2.3.3 作业指令及作业报表

作业指令及作业报表涉及的报表较多，也较复杂，不同生产行业差异较大，同一行业也会因管理者的不同而不同，这里列举两种。

1. 生产月报表

生产月报表应一般包括各种产品的订单号，生产数、完成率等，如图 1-2-47 所示。

	A	B	C	D	E	F	G	H
1	生产月报表							
2								年 月
3	产品型号					(日	数	日)
4	订单号	生产数	次品数	完成数	完成率	工数的成果		
5						总工数		
6						总时间		
7						每一人	生产数	
8							完成数	
9						每一时	生产数	
10							完成数	
11						生产记号	生产数	
12							完成数	
13								
14								
15								
16								
17	产品型号					(日	数	日)
18	订单号	生产数	次品数	完成数	完成率	工数的成果		
19						总工数		
20						总时间		
21						每一人	生产数	
22							完成数	
23						每一时	生产数	
24							完成数	
25						生产记号	生产数	
26							完成数	
27								
28								
29								
30								

图 1-2-47 生产月报表

2. 部门生产日报表

部门生产日报表一般包括原料领入、耗用及结存的资料、人工情况、产品用料、设备效率等，如图 1-2-48 所示。

	A	B	C	D	E	F	G	H	I	J	K	L	M	N	O	P	Q	R	S
1	部门生产日报表																		
2		月	日																
3				领入					耗用			结存	领入积累						
4		名称		本日领入		昨日结存		合计	本日耗用	损坏	合计		本月领入		上月结存		合计	人工：正班___人 加班____时	
5	原料																		
6																			
7																			
8																			
9																			
10																			
11	批号	产品		批量	本日生产		主料耗用			产品缴库		设备效率使用							
12		名称	规格		产量	累积	名称	数量	累积	数量	累积	项目		时间	%	时间	%	时间	%
13												故障							
14												停车							
15												保养							
16																			
17																			
18																			
19																			
20																			
21												开动率							
22												负荷率							
23												设备使用率							

图 1-2-48 部门生产日报表

在表格制作过程中，可以使用一些技巧以提高工作效率，如单元格内容相同可采取复制的方法，涉及多个单元格区域要合并时可按住【Ctrl】键的同时选中多个单元格区域再单击"合并单元格"按钮。

2.4 生产作业分析图表

图表是 Excel 中重要的数据分析工具，它具有很好的视觉效果，可直观地表现较为抽象的数据，使数据更清楚、更容易理解。图表中包含很多元素，比如数据系列和坐标轴等，默认情况下只显示部分元素，而其他元素则可根据需要添加。图表元素主要包括图表区、图表标题、图例、绘图区等。

Excel 图表有 10 种类型，如柱形图、折线图、饼图等，每一种类型还有若干子类型。无论哪种类型的图表，其组成部分几乎都相同，下面介绍图表的主要组成部分：

（1）图表区：图表区就是整个图表的背景区域，包括所有的数据库信息以及图表辅助的说明信息。

（2）图表标题：图表标题是对本图内容的一个概括，说明本图的中心内容。

（3）图例：用色块表示图表中各种颜色所代表的含义。

（4）绘图区：图表中描绘图形的区域，其形状是根据表格数据形象化转化而来。绘图区包括数据系列、坐标轴和网格线。

① 数据系列：数据系列是根据用户指定的图表类型以系列方式显示在图表中的可视化数据，在分类轴上每一个分类都对应一个或多个数据，并以此构成数据系列。

② 坐标轴：分为横坐标和纵坐标。一般说来横坐标（即 X 轴）是分类轴，其作用是对项目进行分类；纵坐标（即 Y 轴）是数据轴，其作用是对项目进行描述。

③ 网格线：配合数据轴对数据系列进行度量的线，网格线之间是等距离的间隔，此间隔可以根据需要设置。

图 1-2-49 显示了图表组成的情况。

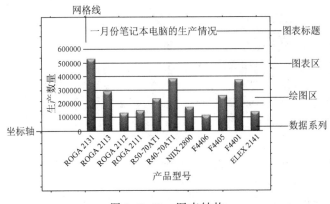

图 1-2-49　图表结构

按照图表和工作表之间的相对位置，可以将图表分为嵌入式图表和图表工作表两种。嵌入式图表是将图表放在数据区域所在的工作表，图表工作表是将图表放在新的工作表中。

2.4.1 产品生产数据图表

1. 创建产品生产数据表

要创建产品生产数据图表首先要有生产数据，这里用"一月份笔记本电脑的生产情况表"中的数据作为图表的数据源，如图 1-2-50 所示。

2. 产品生产数据图表

创建图表之前首先选择创建图表所需要的数据，选择 B2:C13 单元格区域，单击"插入"选项卡→"图表"命令组→"推荐的图表"命令，在弹出的"插入图表"对话框中可以看到系统推荐的簇状柱形图，如图 1-2-51 所示。如果适合，则可单击"确定"按钮；如果不适合，可单击"所有图表"选项卡，选择其中合适的图表，然后单击"确定"按钮，系统在当前工作表中嵌入图表，如图 1-2-52 所示。

图 1-2-50 笔记本生产情况表

图 1-2-51 "插入图表"对话框

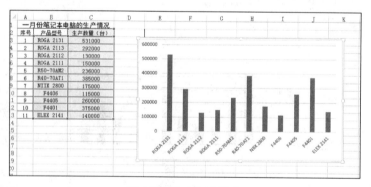

图 1-2-52 生成图表

3. 添加图表标题与坐标轴

在工作表中创建图表后，默认的样式没有图表名称，此时可根据需要进行添加。图表的标题主要用于说明图表中数据信息对应的内容，使图表更容易理解，图表标题和坐标轴添加的方法相同。

单击图表区，选择"设计"选项卡→"图表布局"命令组→"添加图表元素"→"图表标题"→"图表上方"，如图 1-2-53 所示。

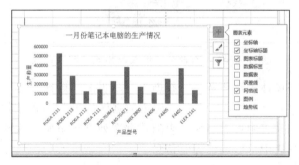

图 1-2-53　"设计"选项卡

此时在图表上部将显示"图表标题"文本框，在其中输入所需标题文本，这里输入"一月份笔记本电脑的生产情况"，完成输入后按【Esc】键或单击图表其他区域退出编辑状态。

设置坐标轴标题的方法基本相同：选择"添加图表元素"→"轴标题"→"主要横坐标轴"，如图 1-2-53 所示，此时在图表中会显示一个横排文本框，输入坐标轴名称即可。

Excel 2013 还新增快捷工具，单击图表区，在图表右侧弹出 3 个快捷按钮："图表元素"、"样式、颜色"、"图表筛选器"，在"图表元素"下拉列表中也可以设置图表标题和坐标轴，如图 1-2-54 所示。

图 1-2-54　"图表元素"下拉列表

在"图表元素"下拉列表中还可以设置显示、隐藏图表元素，即当某些选项被选中，这些元素在图表上就显示，如果没有被选中，则在图表上不显示。

4. 更改图表类型

Excel 包含多种不同的图表类型，如果第一次创建的图表无法清晰地表达出数据的含义，则可以在原有基础上更改图表类型。

选中图表区，单击"设计"选项卡"类型"命令组中的"更改图表类型"按钮，弹出"更改图表类型"对话框，在"所有图表"选项卡中选择"饼图"中的"三维饼图"图表类型，如图 1-2-55 所示，单击"确定"按钮，图表类型更改完毕，同时"图表样式"显示"三维饼图"的图表样式，如图 1-2-56 所示。

5. 修改图表数据范围

利用表格中的数据创建图表后，图表中的数据与表格中的数据是动态联系的，即修改表格中的数据，图表中的相应数据系列也会随之发生变化，而在修改图表中的数据源时，表格中所选的单元格区域也会发生改变。

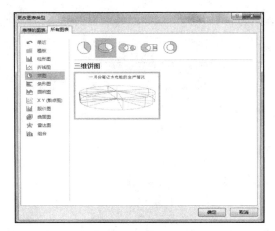

图 1-2-55 "更改图表类型"对话框

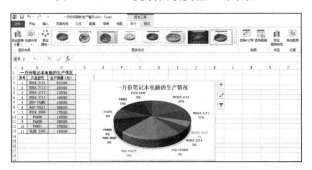

图 1-2-56 图表类型更改及相关"图表样式"组

选中图表,单击"设计"选项卡→"数据"命令组→"选择数据"按钮,弹出"选择数据源"对话框,如图 1-2-57 所示。单击"图表数据区域(D)"右侧按钮，可以重新选择数据区域。在"图例项"列表中可对当前图表的数据系列进行添加、编辑、删除操作;在"水平(分类)轴标签"列表中可以编辑标签信息。

图 1-2-57 "选择数据源"对话框

6. 美化图表

（1）设置图表元素格式

设置图表元素格式包括对图表标题、数据系列、图例,以及网格线等部分的格式进行设置,如字体、填充效果等。通过对各部分元素的格式设置,让图表更美观。

以图表标题为例说明图表元素格式的设置。选中标题文字,再选择"格式"选项卡,展开"当前所选内容""插入形状""形式""艺术字样式""排列""大小"命令组。单击"预设样式"框右侧的下拉按钮，弹出系统预设的"艺术字样式"下拉列表，如选择"渐变填充-金色，着色 4，轮廓着色 4"，设置后的效果如图 1-2-58 所示，预设样式右侧的下拉列表可以对标题文本艺术字进一步设置文本填充、文本轮廓、文字效果等。

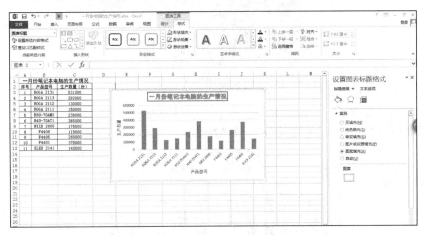

图 1-2-58　设置"艺术字"格式

如果要进一步设置标题文本的"阴影""映像""发光""柔化边缘""三维格式"和"三维旋转"效果，可单击"艺术字样式"命令组右侧的按钮，在弹出的"设置图表标题格式"任务窗格中设置，如图 1-2-59 所示。

选中图表的某个元素（如图表标题），单击"格式"选项卡→"当前所选内容"命令组上方下拉列表框右侧的下拉按钮，弹出图表元素的下拉列表，如图 1-2-60 所示，可以选择其他图表元素进行设置。如为图表区填充"水滴"纹理，操作是：在图 1-2-60 所示的下拉列表中选择"图表区"，然后选择"形状样式"→"形状填充"→"纹理"→"水滴"命令，设置后的效果如图 1-2-61 所示。

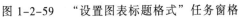

图 1-2-59　"设置图表标题格式"任务窗格　　　图 1-2-60　"图表元素"下拉选项

（2）更改图表样式

图表样式是指图表中图形外观，不同的图形外观适用于不同的表格风格。不同外观具有不同的视觉效果，如颜色、发光、阴影、渐变等。设置图表样式可通过使用选项卡快速设置。

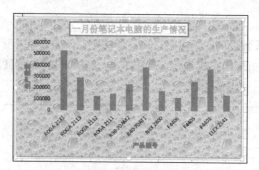

图 1-2-61 图表区设置"水滴"纹理的效果

选择"设计"选项卡→"图表样式"命令组中预设的样式。单击右下角的按钮，在弹出的下拉列表中选择"样式 16"，如图 1-2-62 所示。

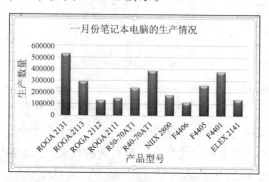

图 1-2-62 更改"图形样式"后的效果

（3）更改图表布局和行列的切换

图表布局指图表整体布局，更改图表布局包括图表大小调整、网格线的更改、坐标轴更改等。选中图表，选择"设计"选项卡→"图表布局"命令组，如图 1-2-63 所示，在"图表布局"组中有 2 个下拉列表，"添加图表元素"可以对图元元素进行修改或添加；"快速布局"预设了 11 种布局，可快速选择其中一个作为图表的布局，如图 1-2-64 所示。

图 1-2-63 "图表布局"组

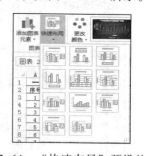

图 1-2-64 "快速布局"预设的样式

图表行和列的切换是指图表横纵坐标转换，可以利用"设计"选项卡→"数据"命令组→"切换行/列"命令转换。

2.4.2 生产进度坐标图

为了直观地了解企业的生产进度和控制计划执行，在对材料进行记录和汇总的基础上，可使用折线图将其直观地表现出来，以便生产者进行分析对比，作为衡量生产作业的依据。

1. 创建生产进度坐标图

打开"生产计划和生产进度表.xlsx"，选择 A3:L6 单元格区域，单击"插入"选项卡→"图表"命令组→"插入折线图"按钮 ，选择"二维折线图"→"带数据标记的折线图"，在"图表样式"命令组选择"样式 11"，可得折线图，给图表添加图表标题、坐标轴名称，即得图 1-2-65 所示的生产进度坐标图。从图中可以直观地看到计划日产量和实际日常产量比较接近，计划累计和实际累计也比较接近，说明计划和生产进度基本相符。

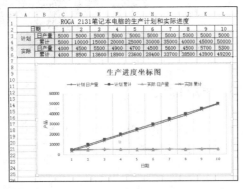

图 1-2-65　生产进度坐标图

2. 将图表另存为模板

如果还需创建与当前图表相似的图表样式，则可以将制作好的图表另存为模板，作为其他类似图表的基础。

将图表另存为模板的方法是：单击要另存为模板的图表并右击，在弹出的快捷菜单中选择"另存为模板"命令，弹出"保存图表模板"对话框，在"文件名"文本框中输入所需名称，单击"保存"按钮，如图 1-2-66 所示。

图 1-2-66　"保存图表模板"对话框

2.5　产品信息管理

产品信息管理是在生产过程中必然会涉及的问题，产品信息管理是指对产品的各类详细情况进行记录、保存、分析，便于查询和使用。

2.5.1 创建产品信息表

产品信息表是记录产品品牌、产品型号、生产日期、质量、技术特征等内容的表格，会因产品不同而信息内容不同，图 1-2-67 是某厂家笔记本式计算机的产品信息。

	A	B	C	D
1		产品信息表		
2	编号	20140310	检验编号	C0310
3	品牌	红火星	产品型号	ROGA 2131
4	生产日期	2014年8月23日	主板	IEM Thinkpad S230 U
5	处理器	酷睿TM Haswell 双核处理器i3-4030U	操作系统	Windows 8.1中文版
6	内存	4GB DDR3L	硬盘	500G Hybrid硬盘）
7	厚度	12.8mm	质量	1.28KG
8	显示屏	13.3"	分辨率	3200X1800
9	使用说明	注意防潮.防水.避免高温.输入220伏		

图 1-2-67 某厂家笔记本式计算机产品信息表

2.5.2 在产品信息表中使用批注

批注是对单元格的注释，添加批注的单元格右上角会出现一个红色的小三角，当鼠标移动到该单元格时批注的内容就会显示出来。

1．添加批注

选中要添加批注的单元格，如 B8，然后右击，在弹出的快捷菜单中选择"插入批注"命令，弹出批注框，在批注框中输入相关内容，文本输入完成后可根据文字内容调整批注框的大小，如图 1-2-68 所示。

	A	B	C	D
1		产品信息表		
2	编号	20140310	检验编号	C0310
3	品牌	红火星	产品型号	ROGA 2131
4	生产日期	2014年8月23日	主板	IEM Thinkpad S230 U
5	处理器	酷睿TM Haswell 双核处理器i3-4030U	操作系统	Windows 8.1中文版
6	内存	4GB DDR3L	硬盘	500G Hybrid硬盘）
7	厚度	12.8mm		1.28KG
8	显示屏	13.3"	1qm:该显示屏为IPS广视角炫彩屏，支持十点触控。	X1800
9	使用说明	注意防潮.防水.避免高		

图 1-2-68 输入内容后的批注框

默认情况下，添加的批注内容是隐藏的，只能看到该单元格右上角有一个红色的小三角，只有当鼠标移动到该单元格时其内容才显示，如果希望批注的内容一直可以显示，将鼠标移动到该单元格，如 B8，右击并在弹出的快捷菜单中选择"显示/隐藏批注"命令，或选择"审阅"选项卡→"批注"命令组→"显示/隐藏批注"命令，批注框的内容就会一直显示在工作表中。

另外，选择"审阅"选项卡→"批注"命令组→"新建批注"命令，也可对单元格添加批注。

2．复制批注

有时候需要在很多表格中添加相同的批注，就需要对批注进行复制，具体操作是：

选中单元格 B8，右击并在弹出的快捷菜单中选择"复制"命令；或者直接选择"开始"选项卡→"剪贴板"命令组，单击"复制"按钮 ⎙。然后选定目标单元格并右击，在弹出的快捷菜单中选择"选择性粘贴"→"批注"命令；或者单击"开始"选项卡→"粘贴"下方的小三角，如图 1-2-69 所示，选择"选择性粘贴"命令，在弹出的"选择性粘贴"对话框中选择"批注"复选框，如图 1-2-70 所示，单击"确定"按钮完成批注的复制。

图 1-2-69 "粘贴"下拉列表

图 1-2-70 "选择性粘贴"对话框

3. 删除批注

选择要删除批注的单元格，如单元格 B8，右击并在弹出的快捷菜单中选择"删除批注"命令即可将该单元格的批注删除。

亦可选择"审阅"选项卡→"批注"命令组→"删除批注"命令，删除批注。

4. 设置批注格式

在单元格中添加批注后，批注内的文本格式采用的是系统默认的格式。用户也可以根据需要自行设置批注格式。

选中批注框并右击，在弹出的快捷菜单中选择"设置批注格式"命令，弹出"设置批注格式"对话框，如图 1-2-71 所示，选择"字体"选项卡，设置字体为"楷体"，字号为 10；选择"颜色与线条"选项卡，设置"填充颜色"为"浅黄"，"线条颜色"为"绿色"。单击"确定"按钮。

图 1-2-71 "设置批注格式"对话框

5. 查看批注

使用"审阅"选项卡→"批注"命令组可很方便地查看工作表的批注，单击"批注"命令组中"下一条"命令，可从所选单元格开始按顺序查看下一批注，如果要以相反的顺序查看批注，则单击"上一条"命令。单击"显示所有批注"命令，则显示全部批注。

第 3 章　Excel 在销售管理中的应用

企业销售业务是企业管理中的重要环节，企业通过销售产品获取利润，因此，销售管理是现代企业的生命线。利用 Excel 可方便地对销售过程中的大量数据进行统计、分析和预测，为企业管理者提供决策依据。

本章将介绍 Excel 的 SUMIF、SUMIFS、SUMPRODUCT、SUBTOTAL 数学函数，IF 逻辑函数，DSUM 数据库函数，DAYS 日期函数，VLOOKUP、INDIRECT 查找与引用函数，ISERROR 信息函数，MEDIAN 统计函数等的使用。

3.1　红火星集团销售业务简介

红火星集团是一家主要研发、生产和销售 IT 产品的国际公司，其产品质量好，品种繁多，主要包括台式计算机、笔记本式计算机、服务器、智能手机和打印机等。

Excel 作为一种高效的电子数据处理软件，非常适用于销售管理，通过制作各种销售数据表单，对每日、每月、每季度和每年的销售数据进行系统管理和汇总，并对数据进行数据透视分析，从多个角度查看、分析和统计，及时了解企业销售状况。通过收集市场信息，进行市场预测分析，并及时调整产品的营销策略，以满足多变的市场需求。采用销售数据的信息管理手段，加快了信息分析统计，提高了对市场的快速反应能力。

图 1-3-1 是“红火星集团 2014 年部分产品销售情况.xlsx”工作簿中的中国区销售表，以下将此工作簿简称为“销售簿”，本章中的例题将以此数据为基础进行相关操作。

红火星集团2014年中国区部分产品销售情况

序号	销售员	产品型号	产品类别	数量	单价	销售金额	销售日期	季度
1	唐卓志	K415	台式机	75000	¥2,148	¥161,100,000	2014/1/4	一季度
2	麦丰收	ROGA 2131	笔记本	225000	¥2,190	¥492,750,000	2014/1/4	一季度
3	王中意	F4406	笔记本	115000	¥2,268	¥260,820,000	2014/1/5	一季度
4	潘冬至	ROGA 2112	笔记本	130000	¥2,340	¥304,200,000	2014/1/6	一季度
5	麦收成	X701	台式机	85000	¥1,938	¥164,730,000	2014/1/8	一季度
6	麦收成	QTB4360	台式机	105000	¥2,028	¥212,940,000	2014/1/9	一季度
7	麦收成	R40-70AT1	笔记本	165000	¥2,448	¥403,920,000	2014/1/9	一季度
8	潘冬至	F4401	笔记本	220000	¥2,088	¥459,360,000	2014/1/9	一季度
9	王太玉	F4405	笔记本	260000	¥2,316	¥602,160,000	2014/1/11	一季度
10	邱大致	ROGA 2113	笔记本	175000	¥1,830	¥320,250,000	2014/1/11	一季度
11	孟浩亮	QTB4370	台式机	125000	¥2,220	¥277,500,000	2014/1/14	一季度
12	王中意	NIIX 2800	笔记本	175000	¥2,310	¥404,250,000	2014/1/16	一季度
13	麦丰收	R50-70AM2	笔记本	236000	¥2,460	¥580,560,000	2014/1/20	一季度
14	邱大致	ROGA 2113	笔记本	117000	¥1,830	¥214,110,000	2014/1/20	一季度
15	吴鹏志	JYS515	台式机	130000	¥2,376	¥308,880,000	2014/1/21	一季度
16	王人杰	H520	台式机	115000	¥2,376	¥273,240,000	2014/1/22	一季度
17	麦收成	QTB4360	台式机	100000	¥2,028	¥202,800,000	2014/1/22	一季度
18	麦丰收	QTB4550	台式机	120000	¥2,028	¥243,360,000	2014/1/23	一季度
19	麦收成	QTB4360	台式机	120000	¥2,028	¥243,360,000	2014/1/23	一季度
20	潘冬至	QTB4580	台式机	145000	¥2,220	¥321,900,000	2014/1/24	一季度
21	唐卓志	ELEX 2141	笔记本	140000	¥2,076	¥290,640,000	2014/1/25	一季度
22	麦丰收	ROGA 2131	笔记本	135000	¥2,190	¥295,650,000	2014/1/25	一季度
23	邱大致	K450	台式机	120000	¥2,220	¥266,400,000	2014/1/26	一季度

图 1-3-1　集团 2014 中国区部分产品销售情况表

3.2 各种销售表单制作

3.2.1 销售统计表的制作

销售统计表是一种常用的销售数据统计表格，它将一定时间段内（例如一个月、一个季度、半年或全年等）完成的销售额进行统计，则及时掌握产品销售情况，了解每位销售员的工作业绩。

【例 3-1】制作一份统计每位销售员 2014 年销售情况统计表，如图 1-3-2 所示。

	A	B	C	D	E	F	G	H
1	2014年中国区销售情况统计表							(单位：万元)
2	序号	销售员	第一季	第二季	第三季	第四季	全年合计	排名
3	1	麦丰收						
4	2	麦收成						
5	3	孟浩亮						
6	4	潘冬至						
7	5	邱大致						
8	6	唐卓志						
9	7	王人杰						
10	8	王太玉						
11	9	王中意						
12	10	吴鹏志						
13	总　计							

图 1-3-2　2014 年销售统计表

该表按季度统计每位销售员完成全年产品销售金额情况，并根据销售金额从大到小排名。要求当表格没有数据输入时，使用公式的单元格显示空白，不显示“0”。另外，为了便于查看统计数据结果，表格的 G3:H12 单元格区域和 C13:F13 单元格区域均设置了填充色，表格的外边框和统计区域均设置了边框线。

1. 建立表格和输入数据

（1）创建工作表。打开“销售簿.xlsx”，新建工作表，并命名为“按季度统计表”。

（2）数据输入。

① 在 A1 单元格输入标题“2014 年中国区销售情况统计表”，在 H1 单元格中输入“(单位：万元)”。

② 在 A2～H2 单元格中分别输入：“序号”“销售员”“第一季”“第二季”“第三季”“第四季”“全年合计”和“排名”字段，其中 C2～F2 单元格的内容可由序列填充，具体操作是：在 C2 单元格输入“第一季”，然后向右拖动填充柄至 F2 单元格。

③ 在 A3:A12 单元格区域输入数字 1～10，也可用填充的方法，具体操作为：在 A3 单元格输入“1”，然后按【Ctrl】键，同时向下拖动填充柄至 A12 单元格。

④ 按图 1-3-2 所示在 B3～B12 单元格输入销售员姓名。

⑤ 在 A13 单元格输入“总计”。

经过上述操作后，表格如图 1-3-3 所示。

2. 表格的格式设定

（1）合并单元格。选取 A1:G1 单元格区域，单击“开始”选项卡→“对齐方式”命令组→“合并后居中”按钮，A1:G1 单元格区域合并居中。同理，将“总计”所在的 A13:B13 单元格区域也进行合并居中操作。

图 1-3-3　数据输入后的销售统计表

（2）设置字体格式。将表格标题文字设为宋体，大小为 20 号，加粗。"单位：万元"文字设置为宋体，大小为 9 号。表格中其余部分设置为宋体，大小为 10 号，将 A2:H2 单元格区域和 A13 单元格设置文字加粗效果。最后将 A2:H13 单元格区域的对齐方式设置为居中对齐。

（3）添加边框线。选择 A2:H13 单元格区域，单击"开始"选项卡→"字体"命令组→"边框"下拉按钮→"其他边框"命令，在"设置单元格格式"对话框的"边框"选项卡中将外边框设置为粗线，内边框设置为细线。然后，再依次设定 G2:H13 单元格区域和 A13:H13 单元格区域外边框为粗线。

（4）设置填充色。同时选取 G2:H13 单元格区域和 C13:F13 单元格区域，单击"开始"选项卡→"字体"命令组→"填充颜色"下拉按钮，选择"白色,背景 1,深色 25%"即可。

3. 表格中公式输入

（1）全年合计公式。计算员工全年销售额，首先在 G3 单元格输入公式：

$$=SUM(C3:F3)$$

然后选中 G3 单元格并拖动填充柄至 G12 单元格。

（2）排名计算公式。计算员工全年销售额排名，首先在 H3 单元格输入公式：

$$=RANK(G3,\$G\$3:\$G\$11)$$

然后选中 H3 单元格并拖动填充柄至 H12 单元格。

（3）"总计"计算公式。计算每个季度销售金额的总计，首先在 C13 单元格输入公式：

$$=SUM(C3:C12)$$

然后选中 C13 单元格并拖动填充柄至 G13 单元格，结果如图 1-3-4 所示。

图 1-3-4　输入公式后的销售统计表

（4）表格美化。

① 清除无意义的数字"0"。在单元格中，"0"会影响表格美观，因此，可用如下方法不显示数字"0"：选取 C3:G13 单元格区域，单击"开始"选项卡→"数字"命令组右侧的

扩展按钮，弹出"设置单元格格式"对话框→"数字"选项卡→"自定义"选项，在"类型"编辑框中输入"¥#,##0;-¥#,##0;"即可。

② 清除排名单元格区域中无意义的数字"1"。单元格在没有数据输入的情况下，将"1"隐藏不显示，隐藏方法是将 H3 单元格中的排名公式改变为：

$$=IF(SUM(\$C\$3:\$F\$12)=0,"",RANK(G3,\$G\$3:\$G\$11))$$

然后选中 H3 单元格并拖动填充柄至 H12 单元格。IF 函数对公式中的条件进行先期判断：当 C3:F12 单元格区域内没有数据时，即 SUM(C3:F12)=0，则无须进行排序操作，H3 单元格的值设置为空，即"";而当 C3:F12 单元格区域中有数据时，使用 RANK 函数进行排序。

至此，"按季度统计表"建立完成。

3.2.2 商品订货单的制作

商品订货单是买卖双方因商品交易意向达成而签订的一种依据或凭证，是企业销售业务中常用表格之一，用于记录客户方相关的数据信息，包括客户基本通信资料、购买商品的名称、型号、数量、单价、金额等详细的交易数据。现在通过一种简易的商品订货单的制作，学习利用 Excel 实现多级选择输入，利用 VLOOKUP 函数实现订货单中单价的自动输入。

【例 3-2】制作一个红火星集团公司商品订货单，如图 1-3-5 所示。要求订货单能选择输入产品名称，根据不同的产品名称，选择产品型号，并根据所选产品型号，自动输入单价，在输入数量后，并自动计算出金额，当所有商品输入完成后，自动计算出货款小计，税收（5%）和金额总计。

红火星集团公司商品订货单

订单编号		订单日期		客户代码	
客户名称				邮政编码	
通信地址				传真	
联系人		办公电话		移动电话	
序号	产品名称	产品型号	数量	单价	金额
1					
2					
3					
4					
5					
6					
7					
8					
备注：				货款小计	
				税收(5%)	
				金额总计	
销售员签字：		收货人签字：		审核人签字：	

图 1-3-5 商品订货单

该表格的格式设置比较有特点，表格上部为客户资料，设置细实线为内边框线；中间的商品明细区域，设置虚线作为内边框线，单价和金额部分设置公式和相应的显示格式，在没有数据输入时均不显示"0"值；表格底部的备注区域和金额合计区域设置填充色，在没有数据时也不显示"0"值。

1. 关键技术

（1）多级选择输入数据技术。要实现多级选择输入数据技术，首先要定义相关的名称，然后再利用 INDIRECT 函数定义数据有效性来完成。

① 单元区域命名。在销售簿中可以建立一个基本数据表，如图 1-3-6 所示。

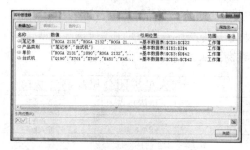

图 1-3-6　基本数据表

利用该表建立相应的区域命名,将"基本数据表"中 C3:C22 单元格区域命名为"笔记本",具体操作为:选中 C3:C22 单元格区域,单击"公式"选项卡→"定义的名称"命令组→"定义名称"按钮,在弹出的"新建名称"对话框中"名称"文本框输入"笔记本"单击"确定"即可。以同样的方法将 C23:C42 单元格区域命名为"台式机",将 C3:D42 单元格区域命名为"单价",将 I3:I4 单元格区域命名为"产品类别"。单击"定义的名称"命令组的"名称管理器"按钮,弹出"名称管理器"对话框,如图 1-3-7 所示。

图 1-3-7　"名称管理器"对话框

② INDIRECT 函数。

格式:INDIRECT(ref_text, [a1])

功能:返回由文本字符串指定的引用。

参数说明:

ref_text(必选):表示对单元格的引用,此单元格包含 A1 样式的引用、R1C1 样式的引用、定义为引用的名称或对作为文本字符串的单元格的引用。如果 ref_text 不是合法的单元格引用,则 INDIRECT 返回错误值#REF!。

a1(可选):一个逻辑值,用于指定包含在单元格 ref_text 中的引用的类型。如果 a1 为 TRUE 或省略,ref_text 被解释为 A1-样式的引用。如果 a1 为 FALSE,则将 ref_text 解释为 R1C1 样式的引用。

例如,A2 单元格的值是字符串 B2,B2 单元格的值是 5,在 C2 单元格使用函数 =INDIRECT(A2),INDIRECT(A2)的结果是 B2,C2 中的公式是"=B2",结果为 5。

(2)自动单价输入技术。要实现单价的自动输入,首先选定产品和单价区域或定义该区的名称,然后再利用 VLOOKUP 函数查找对应的价格,实现单价自动输入。

① 单元格区域命名:将基本数据表中区域 D3:D42 命名为"单价"。

② VLOOKUP 函数。

格式：VLOOKUP(lookup_value, table_array, col_index_num, [range_lookup])

功能：搜索某个单元格区域的第一列，然后返回该区域相同行上指定单元格中的值。

参数说明：

lookup_value（必选），在指定区域的第一列中搜索的值，该参数可以是值或引用。

table_array（必选）：查找的单元格区域。

col_index_num（必选）：表示在区域中要返回的匹配值的列号。为 1 时，返回第一列中的值； 为 2 时，返回第二列中的值，依此类推。

range_lookup（可选）： 一个逻辑值，指定希望 VLOOKUP 查找精确匹配值还是近似匹配值。为 TURE 或省略时，模糊查找；为 FALSE 时，精确查找。

例如：如图 1-3-8 所示，A 列为产品型号，B 列对应单价，要在 D2 单元格显示产品型号为“ROGA 2111”的单价，可以使用公式：

=VLOOKUP(A4,A$1:B$7,2,0)

	A	B	C	D	E
1	产品型号	单价		公式	结果
2	ROGA 2131	1890		=VLOOKUP(A4,A$1:B$7,2,0)	1812
3	ROGA 2132	1872			
4	ROGA 2111	1812			
5	ROGA 2112	2040			
6	ROGA 2113	1530			
7	ELEX 2141	1776			

图 1-3-8 VLOOKUP 使用示例

函数 VLOOKUP 是在 A1:B7 范围中按列查找 A4 单元格内容，返回其所在行对应第 2 列的值，其结果是 1812。公式中的查找内容也可以是字符串，如上述公式也可以改写成：

=VLOOKUP("ROGA 2111",A$1:B$7,2,0)

2. 建立表格和输入数据

（1）创建工作表。打开“销售簿.xlsx”，新建工作表，并命名为“商品订货单”。

（2）数据输入。

① 空白 A 列和第 1 行，在 B2 单元格输入标题“红火星集团公司商品订货单”，设置为宋体，20 号，加粗和双下画线。

② 表格框架建立和数据的输入。按照图 1-3-9 所示，在相应位置输入内容，注意调整第 3 行的行高。表格中所有文字大小均设置为 10 号，字段加粗，输入的数据均不加粗；表格下部的签字字段大小为 9 号；并将单价（F9:F16 单元格）和金额（G9:G16 单元格）区域用货币方式显示。

	A	B	C	D	E	F	G
1							
2		红火星集团公司商品订货单					
3							
4		订单编号		订单日期		客户代码	
5		客户名称				邮政编码	
6		通信地址				传真	
7		联系人		办公电话		移动电话	
8		序号	产品名称	产品型号	数量	单价	金额
9		1					
10		2					
11		3					
12		4					
13		5					
14		6					
15		7					
16		8					
17		备注：				货款小计	
18						税收（5%）	
19						金额总计	
20		销售员签字：		收货人签字：		审核人签字：	

图 1-3-9 商品订货单

③ 合并单元格及居中对齐。在 B2:G2 单元格区域、C4:E4 单元格区域、C5:E5 单元格区域和 B16:E18 单元格区域进行"合并"操作。除客户名称、通信地址和备注的输入单元格设置为左对齐，其余单元格对齐方式为居中对齐。

④ 添加边框线。为表格上部的客户资料区域添加边框线，外部边框设置粗实线，内部边框设置细实线；为中间的商品明细区域添加边框线，外部边框设置粗实线，内边框线设置虚线；为最下面的备注区域和金额合计区域添加边框线，外部边框设置粗实线，内部边框设置细实线，并添加"白色,背景 1,深色 25%"的填充色。

⑤ 取消显示表格网格线。工作表中的网格线如果影响表格的显示效果，可以将网格线隐藏。其操作为：单击"视图"选项卡→"显示"命令组→取消选中"网格线"复选框。

3. 表格中输入有效性设置及公式

（1）"产品名称"有效性设置。选中 C9:C16 单元格区域，单击"数据"选项卡→"数据工具"命令组→"数据验证"按钮，弹出"数据验证"对话框，单击"设置"选项卡，在"允许"下拉列表中选"序列"选项，在"来源"输入框中输入"笔记本,台式机"（这里只对这两种产品进行操作），最后单击"确定"按钮。设置成功后，在 C9～C16 单元格输入数据时，就会出现列表框可选输入，如图 1-3-10 所示。

（2）"产品型号"有效性设置。与上同理，先选中 D9:D16 单元格区域，然后打开"数据验证"对话框，在"设置"选项卡"允许"下拉列表中选"序列"选项，在"来源"输入框中输入公式"=INDIRECT(C9)"，最后单击"确定"按钮。设置成功后，在 D9～D16 单元格输入数据时，就会出现列表框可选输入，如图 1-3-11 所示。

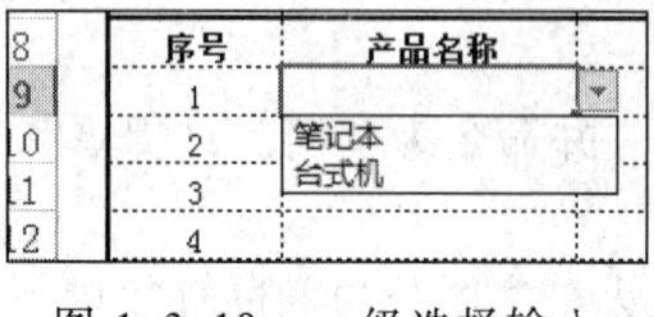

图 1-3-10 一级选择输入

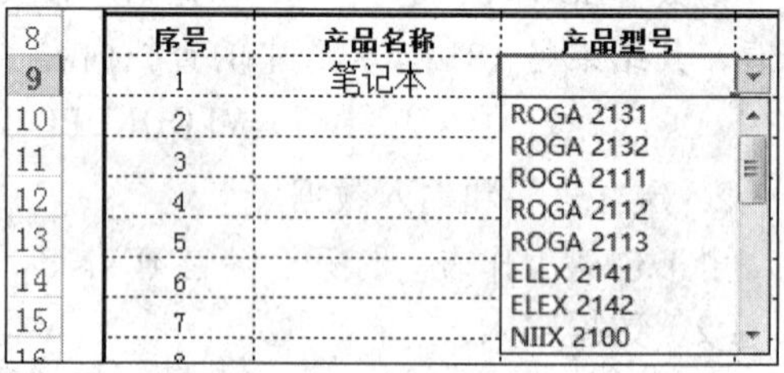

图 1-3-11 二级选择输入

（3）单价的计算公式。根据产品型号不同，用 VLOOKUP 函数在名称"单价"中查找对应的价格，实现单价数据的自动输入，在 F9 单元格中输入公式：

=IF(D9<>"",VLOOKUP(D9,单价,2,0),"")

其中"单价"名称对应"基本数据表！$C$3:$D$42"区域，IF 函数用于判断 D9 单元格是否有数据，有数据则执行 VLOOKUP 函数，找出对应单价数据，没数据时，则 F9 单元格显示空。然后向下拖动 F9 单元格的填充柄至 F16 单元格，返回对应商品的单价。

（4）金额的计算公式。在 G9 单元中输入公式：

=IF(D9="","",E9*F9)

计算第一种商品的销售金额，同样的用 IF 函数处理了空白显示问题，然后向下拖动 G9 单元格的填充柄至 G16 单元格，计算出其他商品的金额。

（5）货款小计的计算公式。在 G17 单元格中输入公式：

=SUM(G9:G16)

（6）税金计算。在 G18 单元格中输入公式：

$$=G17*5\%$$

（7）金额总计的计算。在 G19 单元格中输入公式：

$$=SUM(G17:G18)$$

（8）清除 G17：G19 单元格区域中无意义的数字 0。选中 G17：G19 单元格区域，利用数字格式中自定义格式，定义为"¥#,##0;-¥#,##0;"，则数字 0 不显示。

4. 表格保护

订货单制作完成后，除了需手动输入数据的单元格之外，其他单元格都需要保护起来，以免不必要的修改。按住【Ctrl】键，依次选择数据单元格 C4、E4、G4、C5、G5、C6、G6、C7、E7、G7 和 C9:E16 单元格区域，然后单击"开始"选项卡→"单元格"命令组→"格式"下拉按钮→"设置单元格格式"命令，在弹出的"设置单元格格式"对话框的"保护"选项卡中，取消"锁定"复选框，单击"确定"按钮，输入单元格都设置为不锁定。对整张表格进行保护，单击"开始"选项卡→"单元格"命令组→"格式"下拉按钮→"保护工作表"命令，在弹出的"保护工作表"对话框中选择前两项（即默认状态），保护密码可以设置也可以不设置，单击"确定"按钮。至此，除了没锁定的单元格，订货单中其他单元格区域被保护，有效防止表中公式和其他信息被无意更改。

5. 订货单使用效果

订货单制作完成，当输入商品明细数据后，效果如图 1-3-12 所示。

		红火星集团公司商品订货单				
订单编号	20150115001		订单日期	2015/1/15	客户代码	A108
客户名称	佛山大运电子有限公司				邮政编码	528000
通信地址	佛山市禅城区江湾南路18号				传真	82988***
联系人	罗先生		办公电话	82988***	移动电话	1369025***
序号	产品名称	产品型号		数量	单价	金额
1	笔记本	ROGA 2131		200	¥1,890.00	¥378,000.00
2	台式机	X701		300	¥1,638.00	¥491,400.00
3	笔记本	ROGA 2112		500	¥2,040.00	¥1,020,000.00
4	台式机	YTT5000		150	¥1,956.00	¥293,400.00
5						
6						
7						
8						
备注：					货款小计	¥2,182,800.00
					税收(5%)	¥109,140.00
					金额总计	¥2,291,940.00
销售员签字：		收货人签字：			审核人签字：	

图 1-3-12　商品明细数据输入后效果

思考：如果销售数据表中有相关的客户资料，只要输入客户代码，客户其他资料数据均能自动输入完成，则订货单表中上部的客户资料数据输入将变得十分轻松，

3.2.3　销售费用管理相关单据的制作

销售费用管理是企业信息化重要组成部分，销售费用支出是企业财务支出主要支出之一，只有通过规范各种销售费用支出和使用，才能做好"开源节流"，控制销售企业支出成本，因此，对销售部门的差旅费、办公费、交通费、接待费等支出费用进行全面有效的管理，销售人员积极配合企业财务部门，共同做好销售费用的管理和使用，控制企业支出费用。

差旅费报销单是销售人员经常接触和使用的一种表格单据，下面将利用 Excel 制作差旅费报销单。

【例 3-3】制作红火星集团公司差旅费报销单，如图 1-3-13 所示。制作完成后，可以打印后手工填写，也可以直接使用电子版进行填报。

图 1-3-13　差旅费报销单

表格中的天数由出差的结束日期减去起始日期得出；根据职务不同，假设补贴标准有 120 元/天、180 元/天、300 元/天、450 元/天 4 种，用餐标准也有 30 元/天、45 元/天、60 元/天、80 元/天 4 种，这两项均采用选择输入；出差补贴由补贴标准乘天数自动计算；用餐补助由用餐标准乘天数自动计算；报销金额合计、原借款金额和应退/补金额不仅以货币格式显示，还使用中文大写方式显示。

1. 表格的建立和输入数据

（1）创建工作表。打开"销售簿.xlsx"，新建工作表，并命名为"差旅费报销单"。

（2）数据输入。按照图 1-3-14 所示，在对应的单元格区域中输入基本数据。

（图 1-3-14 基本数据输入后的差旅费报销单）

图 1-3-14　基本数据输入后的差旅费报销单

（3）设置表格标题格式。选定标题所在 B1 单元格，将字体设置为宋体、大小 20 号、加粗、双下画线的效果。

（4）合并单元格。参照图 1-3-13 所示将表中相应的单元格进行合并，将 B1:I1 单元格区域合并居中；将 B5:B11 单元格区域合并居中，并设置单元格文字方向为竖排；将 F6:F11 单元格区域合并居中，并设置单元格对齐方式中"文本控制"，选中"自动换行"复选框，也可用【Alt+Enter】组合键换行，将一行文字分成两行；将 G6:I11 单元格区域合并居中；同理，将 B12:C12 到 B14:C14、D5:E5 到 D14:E14 单元格区域两两合并居中，将 G12:I12 到 G14:I14 单元格区域合并，然后左对齐。

（5）设置字体大小和对齐方式。将 B2:C2 单元格区域、I2 单元格、B15:I15 单元格区域中文字大小设置为 9 号，水平居中对齐；将 B3:I14 单元格区域中文字大小设置为 10 号，水平居中对齐，并重新选中表格项目中的文字，设置加粗，但填写单元格区域的文字不加粗；设置 F5 单元格、H5 单元格中的"（元/天）"大小为 9 号，不加粗。

（6）添加边框线。选中 B3:I14 单元格区域，单击"开始"选项卡→"单元格"命令组→"格式"下拉按钮→"设置单元格格式"命令，在"设置单元格格式"对话框的"边框"选项卡，将外边框设置粗实线、内部设置细实线，设置完单击"确定"按钮退出；其余表格内部的粗实线请参考图 1-3-13 所示进行设置，设置完成后，可适当调整各列列宽，以满足单元格数据显示要求。最后，设置 D12:G14 单元格区域内部边框样式为"无"，得到如图 1-3-13 所示的差旅费报销单。

2. 输入有效性设置和公式设置

（1）输入有效性设置。选中 G5 单元格，单击"数据"选项卡→"数据验证"按钮，打开"数据验证"对话框，选中"设置"选项卡，在"允许"下拉列表中选"序列"选项，在"来源"输入框中输入"120,180,300,450"；同理，选择 I5 单元格，设置有效性，输入值为"30,45,60,80"。

（2）出差天数的计算公式。在 I4 单元格输入公式：

$$=IF(G4="","",IF(DAYS(G4,E4)=0,1,(DAYS(G4,E4))))$$

其中函数 DAYS(G4,E4) 是用来计算两个日期之间的天数，起始日期和结束日期为同一天，则出差天数计 1 天。

（3）出差补贴的计算公式。在 D10 单元格输入公式：

$$=IF(G5="","",G5*I4)$$

（4）用餐补贴的计算公式。在 D11 单元格输入公式：

$$=IF(I5="","",I5*I4)$$

（5）报销金额合计的公式。在 D12 单元格输入公式：

$$=IF(SUM(D5:D11)=0,"",SUM(D5:D11))$$

（6）应退/补金额的公式。在 D13 单元格输入公式：

$$=IF(D12="","",D13-D12)$$

（7）其余的计算公式。在 G12 单元格输入"=D12"；在 G13 单元格输入"=D13"；在 G14 单元格输入"=D14"。

3. 优化设置

（1）在 C2、E4 和 G4 单元格中设置日期显示格式为"yyyy-m-d"。操作方法为：选中 C2 单元格，单击"开始"选项卡→"数字格式"命令组右侧的扩展按钮，弹出"设置单元格格式"对话框，选择"数字"选项卡"自定义"选项，在"类型"输入框中输入"yyyy-m-d"数字格式，单击"确定"按钮。同理，设置 E4 和 G4 单元格。

（2）在输入和计算结果为金额的单元格，需要将数字格式设置成货币格式，货币符号选择人民币符号，负数由括号包括，字体颜色为红色。

（3）对 G12:G14 单元格区域中的数字，设置中文大写显示格式。操作方法为：选定 G12:G14 单元格区域并右击，弹出快捷菜单，选中"设置单元格格式"命令，弹出"设置单元格格式"对话框，选择"数字"选项卡中"特殊"分类，在"类型"列表中选择"中文大写数字"并单击"确定"按钮即可。

（4）中文大写数字的自定义格式设置。Excel 中的"中文大写数字"格式虽然能显示中文大写数字，但显示金额时有缺陷，如 123 元，Excel 显示"壹佰贰拾叁"，而中文习惯是"壹佰贰拾叁元整"，因此，须按中文习惯来重新自定义格式。操作方法为：选定 G12:G14 单元格区域并右击，弹出快捷菜单，选中"设置单元格格式"命令，弹出"设置单元格格式"对话框，选择"数字"选项卡中"自定义"选项，在"类型"的自定义代码框的原有代码后添加""元整""，即"[DBNum2][$-804]G/通用格式"元整""，然后单击"确定"按钮。

（5）考虑到表单使用过程中报销人能方便识别出输入单元格区域和表格其他区域，往往对表单中非输入区域设置背景色，以区别输入单元格区域，因此，对差旅费报销单中非输入区域（包括公式区域）设置背景色，选中 B3:B11 单元格区域，单击"填充颜色"按钮的扩展按钮，在"主题颜色"中选择"白色,背景 1,深色 25%"填充单元格，以同样的方法设置其余非输入区域的单元格背景。

最后，调整表格的总体布局，如图 1-3-15 所示。

图 1-3-15　制作完成的差旅费报销单

4. 表格保护

表单制作完成后，除了需手动输入数据的单元格，其他单元格都要保护起来，以免不必要的修改。操作方法为：按住【Ctrl】键，依次选择 C2 单元格、C3:C4 单元格区域、E3:E4 单元格区域、G3:G4 单元格区域、I3 单元格、D5:D9 单元格区域、G5 单元格和 D13 单元格输入数据，在"设置单元格格式"对话框的"保护"选项卡中，"锁定"复选框不勾选，输入单元格都设置为不锁定。对整张表格保护，单击"审阅"→"更改"命令组→"保护工作表"命令，至此，除了没锁定的单元格，表单中其他区域被保护起来，这样能有效防止表中公式和其他信息被无意更改。

5. 差旅费的填报

按顺序输入内容，当输入了起始日期和结束日期时，出差天数会自动计算出来；当输入补贴标准和用餐标准后，出差补贴和用餐补助会自动计算出来；报销金额合计和应退/补金额以及相应的中文大写金额都会发生变化，原借款金额是预先支付的金额，当所有单元格内容输入完成后，表格如图 1-3-16 所示，其中 D14 单元格计算结果为负，显示为红字并加括号，表示需要为报销人补给相应的金额。

6. 报销单的打印

打印报销单时，由于不希望将单据的背景色也打印出来，因此，打印时需要设置打印参数，将背景色忽略掉。操作方法是：单击"文件"按钮→"打印"命令→"页面设置"按钮

→“工作表”选项卡→“单色打印”复选框→“确定”按钮。

红火星集团公司差旅费报销单							
报销日期:	2015-3-5						单位: 元
姓名	孟浩亮	所属部门	销售部	职务	职员	附件张数	5
出差地点	佛山	起始日期	2015-2-10	结束日期	2015-2-15	天数	5
费用类别	机票费	¥1,500.00		补贴标准(元/天)	¥120.00	用餐标准(元/天)	¥30.00
	车船费	¥900.00		出差事由及备注	前往广东佛山市参与全国动力无限电子产品推介会。		
	市内交通费	¥120.00					
	住宿费用	¥750.00					
	其他费用	¥500.00					
	出差补贴	¥600.00					
	用餐补助	¥150.00					
报销金额合计		¥4,520.00		人民币(大写):	肆仟伍佰贰拾元整		
原借款金额		¥4,000.00		人民币(大写):	肆仟元整		
应退/补金额		(¥520.00)		人民币(大写):	-伍佰贰拾元整		
领导审批:		财务/审核:		部门主管:		报销人:	

图 1-3-16　差旅费填报后效果

3.2.4　产品目录清单的制作

产品目录清单是企业销售工作中用于产品宣传、促进产品销售的一种清单，它将企业所生产的主要产品和提供的服务，通过精心设计的表格形式，形成规范一个的产品目录清单，利用对外宣传和信息发布等手段，让消费者及时了解企业的产品与服务，最终达到促进产品与服务销售的目标。

产品目录清单的格式设计要求美观大方，内容要丰富真实，突出产品的自身特点和性能，并且尽可能满足不同宣传渠道的需求，通过平面媒体打印形式和网络页面发布的形式，多渠道宣传和推销企业的产品和服务。

下面以企业产品的目录清单为例，制作一个既能满足打印格式要求，又能在网站中发布的网页格式的目录清单。

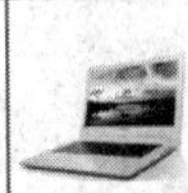

【例 3-4】红火星公司有部分新上市的笔记本式计算机，需制作一个新品推介的产品目录清单。清单要求保存为两种文件形式：Excel 工作簿的文件格式（用于打印后派发给客户，如图 1-3-17 所示）和 HTML 网页格式（用于网上宣传，如图 1-3-18 所示）。

红火星集团笔记本电脑产品目录清单

序号	名称/机型	图片	主机参数		价格(元)
1	ROGA 2131		◆主板：IEM Thinkpad S230 U ◆处理器：智能英特尔®酷睿TM Haswell 双核处理器i3-4030U ◆显示屏：13.3"全高清(1920×1080)，IPS广视角炫彩屏，支持十点触控 ◆硬盘：500G Hybrid硬盘(内置8G SSD高速缓存) ◆显卡：英特尔核心显卡 ◆电池：Jianglang roga 2131 ◆光驱：DVD-ROM SATA光驱II	◆内存：4GB DDR3L ◆操作系统：Windows 8.1中文版 32位 ◆颜色：日光橙/皓月银 ◆鼠标：红火星	¥1,890.00
2	ROGA 2112		◆主板：IEM Thinkpad S430 ◆处理器：智能英特尔®酷睿TM Haswell 双核处理器i5-4202Y ◆显示屏：11.6"全高清(1920×1080)，IPS广视角炫彩屏，支持十点触控 ◆硬盘：500G Hybrid硬盘（内置10G SSD高速缓存）5400rpm ◆显卡：英特尔核心显卡 ◆电池：Jianglang roga 2112 ◆光驱：DVD-ROM SATA光驱II	◆内存：4GB DDR3L ◆操作系统：Windows 8.1中文版 32位 ◆颜色：日光橙/皓月银 ◆鼠标：红火星	¥2,040.00
3	NIIX 2100		◆主板：ldeapad Y260 ◆处理器：智能英特尔® BayTrail-T 四核处理器Z3745 ◆显示屏：10.1"全高清(1920×1200)，IPS广视角炫彩屏，支持十点触控 ◆硬盘：64G EMMC 内嵌式硬盘 ◆显卡：英特尔核心显卡 ◆电池：Taijidian NIIX 2100 ◆光驱：DVD-ROM SATA光驱II	◆内存：2GB LPDDR3 ◆操作系统：Windows 8.1中文版 32位 ◆颜色：日光橙/皓月银 ◆鼠标：红火星	¥2,100.00
4	ROGA 2113		◆主板：ldeapad U360 ◆处理器：智能英特尔®奔腾 Baytrail M四核处理器N3530 ◆显示屏：11.6"全高清(1366×768)，IPS广视角炫彩屏，支持十点触控 ◆硬盘：500G Hybrid硬盘(内置8G SSD高速缓存) ◆显卡：英特尔核心显卡 ◆电池：Jianglang roga 2113 ◆光驱：DVD-ROM SATA光驱II	◆内存：4GB DDR3L ◆操作系统：Windows 8.1中文版 32位 ◆颜色：日光橙/皓月银 ◆鼠标：红火星	¥1,530.00

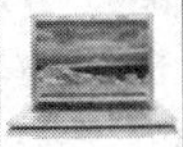

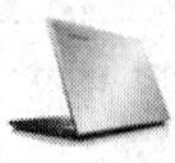

图 1-3-17　产品目录清单打印版的效果

该例针对两种不同的使用环境要求制作两种版本的表格：Excel 工作簿格式的文件主要用于纸质打印，做成宣传单，打印时颜色使用黑白打印效果即可。网页格式的文件，主要用于网页显示，格式和色彩都可以设置的比较清晰和丰富。

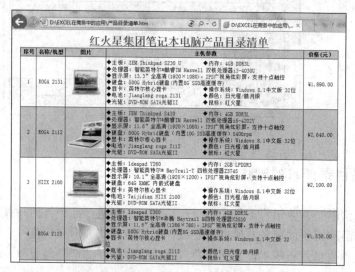

图 1-3-18　产品目录清单网页版的效果

1. 建立表格和输入数据

　　（1）创建工作表。打开"销售簿.xlsx"，新建工作表，并命名为"产品目录清单"。

　　（2）数据输入。按照图 1-3-19 所示，在对应的单元格区域中输入基本数据。其中"主机参数"列，每行单元格的文字内容较多（分为 7 行），所以需要调整单元格行高。单元格中内容换行可以用【Alt+Enter】组合键换行，特殊符号"◆"的输入，可以单击"插入"选项卡→"符号"命令组→"符号"按钮，在弹出的"符号"对话框中选择输入，单击"插入"按钮即可。

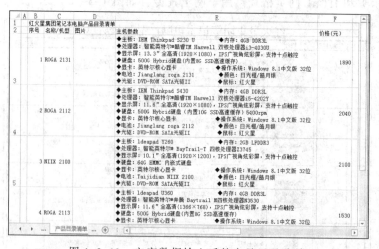

图 1-3-19　文字数据输入后的产品目录清单

　　（3）设置格式。标题文字字体设置为宋体、大小 20 号、加粗、红色、双下画线，并设置合并居中的效果；表格中字体大小为 10 号；将表格首行字段名加粗，并填充背景色"深蓝，文字 2，淡色 80%"；表格隔行填充该背景色；价格列设为货币格式；表格中，除主机参数列的内容为左对齐，其余均设为居中对齐；表格的外边框为粗实线，内部为细实线。设置完成后的效果如图 1-3-20 所示。

2. 图形的插入与编辑

（1）准备图片。利用摄影设备为产品拍照，并将照片文件保存在相应文件夹中，利用 PS 进行处理，以产品名称命名，文件大小要求不超过 20 KB。

（2）添加图片。首先为第一款笔记本产品添加图片，选中 D3 单元格，单击"插入"选项卡→"插图"命令组→"图片"按钮，弹出"插入图片"对话框，如图 1-3-21 所示，找到相关图片文件，单击"插入"按钮即可将图片插入单元格中。

序号	名称/机型	图片	主机参数	价格(元)
			红火星集团笔记本电脑产品目录清单	
1	ROGA 2131		◆主板：IEM Thinkpad S230 U ◆内存：4GB DDR3L ◆处理器：智能英特尔®酷睿TM Haswell 双核处理器i3-4030U ◆显示器：13.3"全高清(1920×1080)，IPS广视角炫彩屏，支持十点触控 ◆硬盘：500G Hybrid硬盘(内置8G SSD高速缓存) ◆显卡：英特尔核心显卡 ◆操作系统：Windows 8.1中文版 32位 ◆电池：Jianglang roga 2131 ◆颜色：日光橙/皓月银 ◆光驱：DVD-ROM SATA光驱II ◆鼠标：红火星	￥1,890.00
2	ROGA 2112		◆主板：IEM Thinkpad S430 ◆内存：4GB DDR3L ◆处理器：智能英特尔®酷睿TM Haswell 双核处理器i5-4202Y ◆显示器：11.6"全高清(1920×1080)，IPS广视角炫彩屏，支持十点触控 ◆硬盘：500G Hybrid硬盘(内置10G SSD高速缓存)5400rpm ◆显卡：英特尔核心显卡 ◆操作系统：Windows 8.1中文版 32位 ◆电池：Jianglang roga 2112 ◆颜色：日光橙/皓月银 ◆光驱：DVD-ROM SATA光驱II ◆鼠标：红火星	￥2,040.00
3	NIIX 2100		◆主板：ldeapad Y260 ◆内存：2GB LPDDR3 ◆处理器：智能英特尔® BayTrail-T 四核处理器Z3745 ◆显示器：10.1"全高清(1920×1200)，IPS广视角炫彩屏，支持十点触控 ◆硬盘：64G EMMC 内嵌式硬盘 ◆显卡：英特尔核心显卡 ◆操作系统：Windows 8.1中文版 32位 ◆电池：Taijidian NIIX 2100 ◆颜色：日光橙/皓月银 ◆光驱：DVD-ROM SATA光驱II ◆鼠标：红火星	￥2,100.00
4	ROGA 2113		◆主板：ldeapad U360 ◆内存：4GB DDR3L ◆处理器：智能英特尔®奔腾 Baytrail M四核处理器N3530 ◆显示器：11.6"全高清(1366×768)，IPS广视角炫彩屏，支持十点触控 ◆硬盘：500G Hybrid硬盘(内置8G SSD高速缓存) ◆显卡：英特尔核心显卡 ◆操作系统：Windows 8.1中文版 32位 ◆电池：Jianglang roga 2113 ◆颜色：日光橙/皓月银 ◆光驱：DVD-ROM SATA光驱II ◆鼠标：红火星	￥1,530.00

图 1-3-20 格式完成后的产品目录清单效果

图 1-3-21 "插入图片"对话框

（3）编辑图片。如果插入图片大小、位置及背景不合适，就需要调整：直接拖动图片可以调整其位置，或用键盘方向键微调；拖动图片四周的八个控制点即可调整其大小；图片中的背景色与单元格的背景色不协调时，可以将图片中的背景色设置为透明色，先选中图片，然后选择"调整"命令组→"颜色"按钮→"设置透明色"选项，再单击图片的背景，即可删除，这种方法只适合背景颜色单一的图片，如果背景颜色组成复杂，则无法完全清除背景。

（4）重复（2）（3）的操作，添加其余的图片到相关单元格的位置。完成后的效果如图 1-3-22 所示。

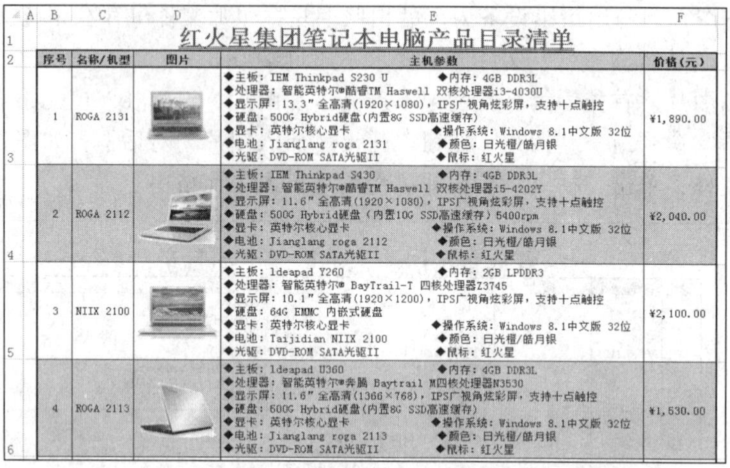

图 1-3-22　插入所有图片后的效果

3. 打印设置

（1）切换到页面布局选项卡。单击"视图"选项卡→"工作簿视图"命令组，单击"页面布局"选项卡→"页面设置"命令组→"纸张方向"→"横向"，将表格内容全部显示在A4 纸张范围内，调整左右边距，使表格内容尽可能居中；再调整上下边距，使纵向能容纳 5行产品信息，如图 1-3-23 所示。

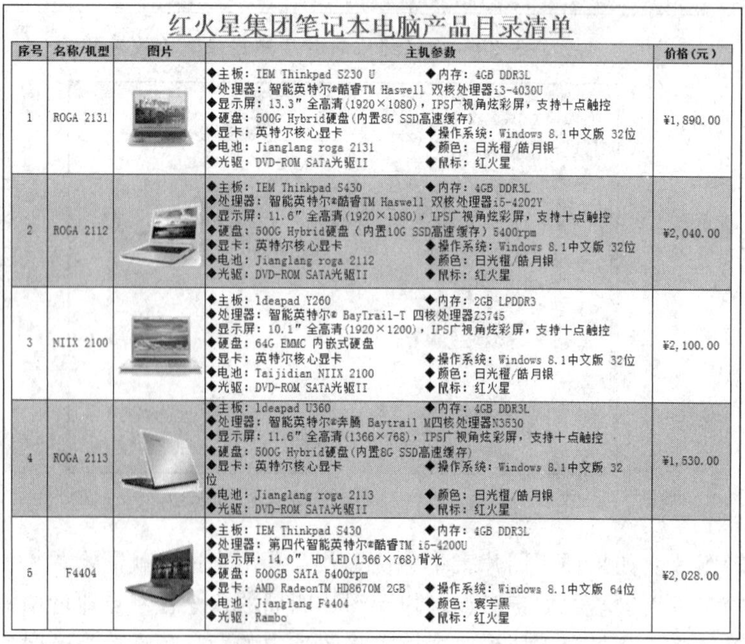

图 1-3-23　页面布局设置后的效果

（2）单色打印。产品目录清单中虽然设置了文字颜色、背景颜色和彩色图片，但在打印输出时，需要在页面设置中勾选"单色打印"复选框，打印出黑白的效果，如图 1-3-17 所示。

4. 保存为网页文件并浏览

单击"文件"选项卡→"另存为"命令→"计算机"选项，在弹出的"另存为"对话框中，在"保存类型"列表中选择"网页"，选中"选择（E）:工作表"选项，单击"保存"按钮，完成对"产品目录清单"工作表网页格式文件的保存。在保存的文件夹下双击"产品目录清单.htm"，即可用浏览器查看网页格式的产品目录清单，如图 1-3-18 所示。

3.3 销售数据汇总

在企业信息化管理中，对数量庞大的销售数据进行统计和汇总，是一项非常重要的工作。及时、准确的数据统计和分析，能为企业的管理者和决策者提供真实的产品销售情况，并及时采取应对措施，安排好下一步工作，提高科学管理和决策的水平。

利用 Excel，可以对销售数据进行数据汇总的方法很多，常用的方法有条件汇总、特定情形汇总、分类汇总、多表汇总等。

3.3.1 按指定条件进行销售数据汇总

Excel 中提供了 SUM 函数进行无条件求和汇总，同时还提供 SUMIF、SUMIFS、DSUM、SUMPRODUCT 等带条件的汇总函数。

1. 使用 SUMIF 函数实现条件汇总

格式：SUMIF(range, criteria, [SUM_range])

功能：对区域中符合指定条件的值求和。

参数说明：

range（必选）：用于条件计算的单元格区域。

criteria（必选）：用于确定对哪些单元格求和的条件，其形式可以为数字、表达式、单元格引用、文本或函数。例如，条件可以表示为 12、">12"、B3、"12"、"苹果"、TODAY()或 ">"&A1。

SUM_range（可选）：要求和的实际单元格区域。如果省略 SUM_range 参数，Excel 会对在 range 参数中指定的单元格（即应用条件的单元格）求和。

【例 3-5】图 1-3-24 所示为红火星集团 2014 年 2 月的销售记录表，现要在 K2 和 K3 单元格分别统计本月台式机的销售数量和销售额，在 K7:K15 单元格区域统计每位销售员本月的销售总额。

分析：本题为单个指定的条件汇总，可以使用 SUMIF 函数完成。

（1）在 K2 单元格输入如下公式，求出本月台式机的销售总量。

=SUMIF(D3:D20,"台式机",E3:E20)

（2）在 K3 单元格输入如下公式，求出本月台式机的销售总额。

=SUMIF(D3:D20,"台式机",G3:G20)

（3）在 K7 单元格输入如下公式：

=SUMIF($B$3:$B$20,J7,$G$3:$G$20)

先求出第一位销售员的销售总额，然后拖动 K7 单元格的填充柄，向下填充至 K15 单元格，求出所有人员的个人总销售额。

在本例的 SUMIF 函数公式中，参数使用了相对地址和绝对地址，一般地，当要将公式复制到其他单元格区域时，参数中指定的范围区域就要使用绝对地址，防止地址在复制时被改变。

| K2 | ▼ | ✕ ✓ fx | =SUMIF(D3:D20,"台式机",E3:E20) |

	A	B	C	D	E	F	G	H	I	J	K
1			红火星集团2014年2月中国区产品销售情况表								
2	序号	销售员	产品型号	产品类别	数量	单价	销售金额	销售日期		台式机销售量：	890,000
3	1	孟浩亮	X700	台式机	135,000	¥2,118.00	¥285,930,000.00	2014/2/1		台式机销售额：	¥1,953,480,000.00
4	2	王太玉	F4405	笔记本	205,000	¥2,316.00	¥474,780,000.00	2014/2/3			
5	3	孟浩亮	ROGA 2111	笔记本	145,000	¥2,112.00	¥306,240,000.00	2014/2/4			
6	4	潘冬至	K451	台式机	105,000	¥2,250.00	¥236,250,000.00	2014/2/6		销售员	销售额合计
7	5	孟浩亮	ROGA 2111	笔记本	130,000	¥2,112.00	¥274,560,000.00	2014/2/9		麦丰收	¥263,640,000.00
8	6	康卓志	F4403	笔记本	120,000	¥2,340.00	¥280,800,000.00	2014/2/9		麦收成	¥1,145,520,000.00
9	7	潘冬至	QTB4580	台式机	115,000	¥2,220.00	¥255,300,000.00	2014/2/12		孟浩亮	¥1,336,590,000.00
10	8	麦收成	ROGA 2132	笔记本	115,000	¥2,172.00	¥249,780,000.00	2014/2/13		潘冬至	¥1,145,550,000.00
11	9	麦收成	R40-70AT1	笔记本	255,000	¥2,448.00	¥624,240,000.00	2014/2/13		邱大致	¥329,400,000.00
12	10	孟浩亮	R40-70AT2	笔记本	205,000	¥2,292.00	¥469,860,000.00	2014/2/16		王人杰	¥0.00
13	11	王中意	JYS516	台式机	145,000	¥2,376.00	¥344,520,000.00	2014/2/17		王太玉	¥798,780,000.00
14	12	王太玉	NIIX 2100	笔记本	135,000	¥2,400.00	¥324,000,000.00	2014/2/18		王中意	¥344,520,000.00
15	13	麦收成	ROGA 2132	笔记本	125,000	¥2,172.00	¥271,500,000.00	2014/2/19		吴鹏志	¥0.00
16	14	康卓志	F4401	笔记本	175,000	¥2,088.00	¥365,400,000.00	2014/2/20			
17	15	康卓志	K415	台式机	130,000	¥2,148.00	¥279,240,000.00	2014/2/22			
18	16	潘冬至	QTB4580	台式机	130,000	¥2,220.00	¥288,600,000.00	2014/2/23			
19	17	邱大致	ROGA 2113	台式机	180,000	¥1,830.00	¥329,400,000.00	2014/2/24			
20	18	麦丰收	QTB4550	台式机	130,000	¥2,028.00	¥263,640,000.00	2014/2/27			

图 1-3-24　利用 SUMIF 函数实现条件汇总

2. 利用 SUMIFS 函数实现多条件汇总

格式：SUMIFS(SUM_range,criteria_range1,criteria1,[criteria_range2,criteria2],...)

功能：对区域中满足多个条件的单元格求和。

参数说明：

Sum_range（必选）：求和区域。对一个或多个单元格求和，包括数字或包含数字的名称、名称、区域或单元格引用。空值和文本值忽略。

Criteria_range1（必选）：第一个条件区域。

Criteria1（必选）：设置的第一个条件。条件的形式为数字、表达式、单元格引用或文本，可用来定义对 Criteria_range1 参数中的哪些单元格求和。例如，条件可以表示为 32、">32"、B4、"苹果"或"32"。

Criteria_range2, criteria2, …（可选）：附加的条件区域及其关联条件。最多允许 127 个区域/条件对。

【例3-6】例 3-5 中的 2 月销售记录表，在 G22 单元格中求孟浩亮销售员销售的笔记本的销售总额，如图 1-3-25 所示。

分析：求孟浩亮销售员销售的笔记本的销售总额，包含了两个不同条件（销售员和产品类别），针对这类多个条件，并且多个条件之间是逻辑"与"关系的情况，利用 SUMIFS 函数可以解决问题。

在 G22 单元格中输入如下公式：

=SUMIFS(G3:G20,B3:B20,"孟浩亮",D3:D20,"笔记本")

使用 SUMIFS 函数时，需要注意的是：只有当求和区域中的每一单元格满足其指定的所有关联条件时，才对这些单元格进行求和，也就是说各个条件之间是逻辑"与"关系。另外，SUMIFS 函数和 SUMIF 函数的参数顺序不同。具体地讲，"求和区域"参数在 SUMIFS 函数中是第一个参数，而在 SUMIF 函数中是第三个参数。

G22				fx	=SUMIFS(G3:G20, B3:B20,"孟浩亮", D3:D20,"笔记本")			

序号	销售员	产品型号	产品类别	数量	单价	销售金额	销售日期
\multicolumn{8}{c}{红火星集团2014年2月中国区产品销售情况表}							
1	孟浩亮	X700	台式机	135,000	¥2,118.00	¥285,930,000.00	2014/2/1
2	王太玉	F4405	笔记本	205,000	¥2,316.00	¥474,780,000.00	2014/2/3
3	孟德勇	ROGA 2111	笔记本	145,000	¥2,112.00	¥306,240,000.00	2014/2/4
4	潘冬至	K451	台式机	105,000	¥2,250.00	¥236,250,000.00	2014/2/6
5	孟浩亮	ROGA 2111	笔记本	130,000	¥2,112.00	¥274,560,000.00	2014/2/9
6	唐卓志	F4403	笔记本	120,000	¥2,340.00	¥280,800,000.00	2014/2/9
7	潘冬至	QTB4580	台式机	115,000	¥2,220.00	¥255,300,000.00	2014/2/12
8	麦收成	ROGA 2132	笔记本	115,000	¥2,172.00	¥249,780,000.00	2014/2/12
9	麦收成	R40-70AT1	笔记本	255,000	¥2,448.00	¥624,240,000.00	2014/2/13
10	孟浩亮	R40-70AT2	台式机	205,000	¥2,292.00	¥469,860,000.00	2014/2/16
11	王中慧	JYS516	台式机	145,000	¥2,376.00	¥344,520,000.00	2014/2/17
12	王太玉	NIIX 2100	笔记本	135,000	¥2,400.00	¥324,000,000.00	2014/2/18
13	麦收成	ROGA 2132	笔记本	125,000	¥2,172.00	¥271,500,000.00	2014/2/19
14	潘冬至	F4401	笔记本	175,000	¥2,088.00	¥365,400,000.00	2014/2/20
15	唐卓志	K415	台式机	130,000	¥2,148.00	¥279,240,000.00	2014/2/22
16	潘冬至	QTB4580	台式机	130,000	¥2,220.00	¥288,600,000.00	2014/2/23
17	邱大款	ROGA 2113	笔记本	180,000	¥1,830.00	¥329,400,000.00	2014/2/24
18	麦丰收	QTB4550	台式机	130,000	¥2,028.00	¥263,640,000.00	2014/2/27
\multicolumn{7}{l}{统计出孟浩亮销售员销售的笔记本的销售总额：}							¥1,050,660,000.00

图 1-3-25　使用 SUMIFS 函数进行多条件汇总

3. 利用 DSUM 函数实现对数据库表进行多条件汇总

DSUM 是 Excel 为数据处理提供的数据库函数，利用 DSUM 函数就可以对数据库进行求和汇总。数据库是包含一组相关数据的列表，其中包含相关信息的行为记录，而包含数据的列为字段。列表的第一行包含每一列的列标题，也称为字段名。

格式：DSUM(database, field, criteria)

功能：返回列表或数据库中满足指定条件的记录字段（列）中的数字之和。

参数说明：

database（必选）：构成列表或数据库的单元格区域。

field（必选）：是 database 中的列标题。如"名称" 或 "数量"；或是代表 database 列位置的数字：1 表示第一列，2 表示第二列，依此类推。

Criteria（必选）：包含指定条件的单元格区域。

【例 3-7】对 2 月销售记录表，进行如下统计：

（1）在 J6 单元格统计出销售员"麦收成"2 月中旬销售额。

（2）在 J14 单元格统计出 2 月中、下旬销售产品型号为"ROGA 2132"和"NIIX 2100"计算机的销售额。

（3）在 J20 单元格统计出销售员"麦收成"销售单价小于 2200 元的笔记本式计算机销售量。

分析：本例可以利用 DSUM 函数实现按条件汇总。对于数据库函数，正确的设置条件区域是解决问题的关键，在条件区域中，同行条件是"与"关系，不同行条件是"或"关系。

操作步骤：

（1）对第一个问题，首先在 J3:L4 单元格区域建立条件区域，在 J3、K3、L3 单元格输入条件名，条件名的输入可以直接复制数据库的字段名，如图 1-3-26 所示，在对应的条件名下 J4、K4、L4 单元格分别输入相应的条件，即"麦收成""＞=2014/2/11""＜=2014/2/20"，这三个条件在一行上，就构成"与"关系，满足了"麦收成"2月中旬的条件。然后，在J6单元格输入公式：

$$=DSUM(A2:H20,G2,J3:L4)$$

图 1-3-26 利用 DSUM 函数进行条件汇总

即可计算出销售员"麦收成"2月中旬的销售额。

（2）参照上面类似的方法解决第二个问题，在条件区域中，除条件名行外，还包含两行条件，同行条件是"与"关系，不同的两行条件构成"或"关系，条件建立好后在J14单元格输入公式：

$$=DSUM(A2:H20,G2,J9:L11)$$

（3）同前面解决问题类似，先建立条件，然后在J20单元格输入公式：

$$=DSUM(A2:H20,E2,J17:L18)$$

最终完成数据统计。

4. 利用 SUMPRODUCT 函数实现多条件汇总

格式：SUMPRODUCT(array1, [array2], [array3], ...)

功能：在给定的几组数组中，将数组间对应的元素相乘，并返回乘积之和。

参数说明：

Array1（必选）：其相应元素需要进行相乘并求和的第一个数组参数。

Array2, array3,...（可选）：2～255 个数组参数，其相应元素需要进行相乘并求和。

其中数组的维数必须相同，否则将返回出错值"#VALUE!"。

【例3-8】依据图 1-3-27 所示的月销售记录，包括销售数量、销售单价和会员折扣率，在 D21 单元格中计算本月销售总金额。

分析：本例利用 SUMPRODUCT 函数进行相关数据列相乘，然后行相加的统计。

选定 D21 单元格，然后输入公式：

$$=SUMPRODUCT(D2:D19,E2:E19,1-F2:F19)$$

上述是 SUMPRODUCT 函数的基本用法，接下来讲述其扩展应用，该函数其实还可以用于多条件的计数和求和。

用作计数时，函数格式为：SUMPRODUCT((条件 1)*(条件 2)*…)

用作求和时，函数格式为：SUMPRODUCT((条件 1)*(条件 2)*…，求和数据区域)

如本例要统计出"产品型号"为"ROGA 2111"的笔记本记录个数，可以使用公式：

$$=SUMPRODUCT((B2:B19="ROGA 2111")*(C2:C19="笔记本"))$$

如进一步需要求出 ROGA 2111 的笔记本产品销售数量，可以使用公式：

=SUMPRODUCT((B2:B19="ROGA 2111")*(C2:C19="笔记本"),D2:D19)

序号	产品型号	产品类别	数量	单价	会员折扣率
1	X700	台式机	135,000	¥2,118.00	1%
2	F4405	笔记本	205,000	¥2,316.00	3%
3	ROGA 2111	笔记本	145,000	¥2,112.00	2%
4	K451	台式机	105,000	¥2,250.00	5%
5	ROGA 2111	笔记本	130,000	¥2,112.00	4%
6	F4403	笔记本	120,000	¥2,340.00	5%
7	QTB4580	台式机	115,000	¥2,220.00	8%
8	ROGA 2132	笔记本	115,000	¥2,172.00	4%
9	R40-70AT1	笔记本	255,000	¥2,448.00	6%
10	R40-70AT2	笔记本	205,000	¥2,292.00	1%
11	JYS516	台式机	145,000	¥2,376.00	3%
12	NIIX 2100	笔记本	135,000	¥2,400.00	5%
13	ROGA 2132	笔记本	125,000	¥2,172.00	2%
14	F4401	笔记本	175,000	¥2,088.00	3%
15	K415	台式机	130,000	¥2,148.00	4%
16	QTB4580	台式机	130,000	¥2,220.00	8%
17	ROGA 2113	笔记本	180,000	¥1,830.00	7%
18	QTB4550	台式机	130,000	¥2,028.00	6%
本月销售金额合计：			¥5,675,347,800.00		

图 1-3-27　使用 SUMPROGUCT 函数计算销售总金额

3.3.2 特定情形下的销售数据汇总

1. 销售数据按行/列累加汇总

将一列数据从上到下的累加汇总，或是一行数据从左到右的累加汇总，是经常进行的一种汇总操作，它适用于随数值而变化的情形。

【例 3-9】对图 1-3-28 所示的产品销售数量向下进行累加统计。

分析：这类的累加统计，可以使用 SUM 函数，但需要注意的是，在 SUM 函数的参数单元格引用中，第一个单元格地址应使用绝对地址引用，第二个单元格地址使用相对地址引用，也就是第一个单元格地址是固定地址，第二个是可变化的地址，从而实现数据累加。

序号	产品型号	产品类别	数量	数量累计值
1	X700	台式机	135,000	135,000
2	F4405	笔记本	205,000	340,000
3	ROGA 2111	笔记本	145,000	485,000
4	K451	台式机	105,000	590,000
5	ROGA 2111	笔记本	130,000	720,000
6	F4403	笔记本	120,000	840,000
7	QTB4580	台式机	115,000	955,000
8	ROGA 2132	笔记本	115,000	1,070,000
9	R40-70AT1	笔记本	255,000	1,325,000
10	R40-70AT2	笔记本	205,000	1,530,000
11	JYS516	台式机	145,000	1,675,000
12	NIIX 2100	笔记本	135,000	1,810,000
13	ROGA 2132	笔记本	125,000	1,935,000
14	F4401	笔记本	175,000	2,110,000
15	K415	台式机	130,000	2,240,000
16	QTB4580	台式机	130,000	2,370,000
17	ROGA 2113	笔记本	180,000	2,550,000
18	QTB4550	台式机	130,000	2,680,000

图 1-3-28　产品销售数量向下累加汇总

在 E2 单元格中输入公式：

$$=SUM(\$D\$2:D2)$$

然后拖动 E2 单元格填充柄，向下填充至 E19 单元格，即可得到销售数量的累加值。

2. 动态更新区域的销售数据汇总

在销售统计分析中，常常需要对一个变动的数据源做动态汇总，比如要汇总不同产品类型、不同产品型号、不同销售日期的销售统计数据，可以使用 SUMIF 函数。

【例 3-10】对图 1-3-29 所示的某月产品销售数量表进行动态统计汇总，在 H3 单元格中统计出 H2 单元格日期当天销售的数量，在 H4 单元格中统计出本月截止至统计日期的本月累计销售数量，在 H7 单元格计算出截至统计日期时完成当月计划的百分比。

A	B	C	D	E	F	G	H
序号	产品型号	产品类别	数量	销售日期			
1	X700	台式机	135,000	2014/2/1		统计日期	2014/2/19
2	F4405	笔记本	205,000	2014/2/3		本日销售数量	125,000
3	ROGA 2111	笔记本	145,000	2014/2/4		本月累计销售量	1,905,000
4	K451	台式机	105,000	2014/2/6			
5	ROGA 2111	笔记本	130,000	2014/2/9		本月计划数	2,500,000
6	F4403	笔记本	120,000	2014/2/9		完成计划百分比	77.40%
7	QTB4580	台式机	115,000	2014/2/12			
8	ROGA 2132	笔记本	115,000	2014/2/13			
9	R40-70AT1	笔记本	265,000	2014/2/13			
10	R40-70AT2	笔记本	205,000	2014/2/16			
11	JY5516	台式机	145,000	2014/2/17			
12	NIIX 2100	笔记本	135,000	2014/2/18			
13	ROGA 2132	笔记本	125,000	2014/2/19			
14	F4401	笔记本	175,000	2014/2/20			
15	K415	台式机	130,000	2014/2/22			
16	QTB4580	台式机	130,000	2014/2/23			
17	ROGA 2113	笔记本	180,000	2014/2/24			
18	QTB4550	台式机	130,000	2014/2/27			

图 1-3-29 动态更新区域的销售统计

分析：基于 H2 单元格动态变化的统计日期，分别在 H3 单元格和 H4 单元格中统计当日销售量和本月累计销售量，可以应用 SUMIF 函数进行动态区域汇总。

操作步骤：

（1）对于 H2 单元格的日期输入，采用输入有效性的数据验证方法，以选择方式输入日期。选择 H2 单元格，单击"数据"选项卡→"数据验证"按钮，弹出"数据验证"对话框，选中"设置"选项卡，在"允许"下拉列表中选"序列"选项，在"来源"输入框中选择 E2:E19 单元格区域。

（2）当日的销售数量统计，在 H3 单元格中输入：

$$=SUMIF(E2:E19,H2,D2:D19)$$

（3）当月的销售数量统计，在 H4 单元格中输入：

$$=SUMIF(E2:E19,"<="\&H2,D2:D19)$$

（4）统计截至统计日期时，本月所完成计划的百分比，在 H7 单元格中输入：

$$=H4/H6$$

最后，将 H3、H4 单元格设置为带千分位的数字格式（小数位为 0），H7 单元格设置为百分比格式的显示效果。

3. 对含有错误值区域的数据汇总

对数据进行统计汇总时，如果统计区域存在错误值，那么统计结果也会出错，如何能忽略掉错误值，使统计得到正确结果，则应使用 ISERROR 函数。

【例 3-11】如图 1-3-30 所示，对 D2:D19 单元格区域进行数据计算时，由于 D5、D9、D14 单元格出现了错误值，致使 D20 单元格中 SUM 函数统计结果也出现错误值，要求在 D21

单元格统计出正确结果。

分析：ISERROR 函数用于判断单元格是否为错误值，如果是，则返回 TRUE，否则返回 FALSE。因此，可以使用 ISERROR 函数判断 D2:D19 单元格区域的值，如果是错误值，则单元格数据用 0 替换，然后再进行统计。

操作步骤：

（1）选中 D21 单元格，输入如下公式：

$$-SUM(IF(ISERROR(D2:D19),0,D2:D19))$$

（2）然后按【Ctrl+Shift+Enter】组合键，确认数组公式正确输入。统计结果如图 1-3-31 所示。

图 1-3-30　统计区域有错误值时 SUM 函数出错　　图 1-3-31　使用数组公式和错误测试函数的统计结果

3.3.3　销售数据的分类汇总

Excel 分类汇总首先需要将数据表按关键字段值排序，操作为单击"数据"选项卡→"排序"按钮。然后再按关键字段进行分类汇总，操作为单击"数据"选项卡→"分类汇总"按钮。

单层分类汇总在第 2 章已经叙述过，下面着重讲解多重分类汇总和嵌套分类汇总的应用。

1. 多重分类汇总操作

所谓多重分类汇总就是对同一分类汇总级上可以进行多重的汇总运算。若要在同一汇总表中显示两个以上的汇总结果时，只需对同一数据表进行两次以上不同的汇总运算。

【例 3-12】对图 1-3-32 所示数据表按照产品类别进行分类汇总，首先汇总各类计算机销售数量和销售金额，然后汇总出各类计算机销售金额的最大值。

分析：这是一道多重分类汇总的题目，第一次汇总求销售数量和销售金额合计，第二次汇总求销售金额最大值。

操作步骤：

（1）排序。对数据表按"产品类别"关键字进行排序。

（2）第一次分类汇总。在"分类汇总"对话框中，以"产品类别"为分类字段（关键字），"求和"为汇总方式，选定汇总项中勾选"数量"和"销售金额"，单击"确定"按钮对数据库表进行第一次分类汇总。

（3）第二次分类汇总。在"分类汇总"对话框中，仍以"产品类别"为分类字段，"最大值"为汇总方式，"选定汇总项"中勾选"销售金额"，取消选择"替换当前分类汇总(C)"复选框，单击"确定"按钮，对数据库表进行第二次分类汇总，如图 1-3-33 所示。

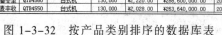 

图 1-3-32 按产品类别排序的数据库表 　　图 1-3-33 取消"替换当前分类汇总"设置

经过上述操作步骤，完成多重分类汇总，结果如图 1-3-34 所示。

图 1-3-34 多重分类汇总的结果

2. 嵌套分类汇总操作

嵌套分类汇总是指在一个已经按某一个关键字建立好分类汇总的汇总表中，再按照另一个关键字进行下一级分类汇总。

建立嵌套分类汇总前要对每次分类汇总的关键字进行排序。第一级汇总关键字是第一排序关键字，第二级汇总关键字是第二排序关键字，依此类推。

在进行嵌套分类汇总时，有几层嵌套汇总就需要进行几次分类汇总操作，第二次汇总在第一次汇总结果的基础上操作，第三次汇总在第二次汇总结果的基础上操作，依此类推。

【例 3-13】在例 3-12 中，可以先按照"产品类别"进行分类汇总销售金额、然后再按"销售员"进行分类汇总销售金额。

分析：本题属于嵌套分类汇总。

操作步骤：

（1）排序。以"产品类别"为主要关键字，"销售员"为次要关键字对数据表进行排序。

（2）第一次分类汇总。在"分类汇总"对话框中，以"产品类别"为分类字段（关键字），"求和"为汇总方式，"选定汇总项"中勾选"销售金额"，对数据表进行第一次分类汇总。

（3）第二次分类汇总。在分类汇总对话框中，以"销售员"为分类字段，"求和"为汇总方式，"选定汇总项"中勾选"销售金额"，取消选择"替换当前分类汇总(C)"复选框，对数据表进行第二次分类汇总。

经过两次分类汇总操作，嵌套分类汇总的第 3 层次的效果如图 1-3-35 所示。

图 1-3-35　按"产品类别""销售员"进行嵌套汇总的效果

3．对筛选数据做动态汇总

（1）筛选数据

Excel 有两种筛选方法：自动筛选和高级筛选。

自动筛选是一种简单的条件筛选，操作方便，它能简单快速地将符合条件的记录筛选出来，而将不满足条件的记录暂时隐藏起来。

高级筛选能完成复杂的条件筛选，并能将筛选结果复制到其他位置。如果要使用高级筛选，就必须先设置筛选条件。用户可以在数据库表以外的空白区域设置筛选条件区域，条件区域包括两部分：条件名行；一行或多行的条件行。

条件区域中可以使用比较条件或计算条件两种条件方式。

比较条件是指用一个简单的比较运算符（=、<、<=、>、>=、<>）表示的条件。条件名行的条件名必须是数据库表的字段名，条件名下方的单元格是条件区域，例如：

销售员	销售金额
王＊	>300000000
麦＊	

当条件是等于"="关系时，等号可以省略。当某个条件名下没有条件时，表示无条件。条件中可使用通配符"＊"和"？"，"＊"通配多个字符，"？"通配 1 个字符。同一行内的条件表示"与"关系，不同行的条件表示"或"关系。

上述条件表示要筛选出满足王姓和麦姓的销售员，并且要求王姓销售员的销售金额要大于 300 000 000 元，而麦姓销售员没有金额要求。

计算条件是用数据库的字段（一个或几个）根据条件计算出来的值进行比较，其条件名不能与数据库的任何字段名相同，在条件名的下方单元格中输入计算条件公式，在公式中通过引用字段的第一条记录的单元格地址（用相对地址）去引用数据库字段，公式计算后得到的结果是逻辑值 TRUE 或 FALSE。例如：

> 大于平均数量
> =E3>AVERAGE($E$3:$E$20)

这里的计算条件名不能是数据库表中的字段名，在条件名下的条件公式中，总是使用第一条记录的单元格地址对应的值进行比较运算，结果总是逻辑值 TRUE 或 FALSE。

上述条件表示要筛选出销售数量大于平均销售数量的记录信息。计算条件是 Excel 中应用最灵活和最复杂的一种条件类型，掌握好计算条件的使用，就可以满足不同条件的各类数据操作。

【例 3-14】对上例的销售数据表进行如下高级筛选：使用比较条件筛选出王姓销售员销售金额大于 300 000 000 元的记录和麦姓销售员的记录，并将筛选结果复制到 A22 单元格；使用计算条件筛选出销售数量大于平均销售数量的记录，并将筛选结果复制到 A31 单元格。

分析：使用比较条件进行一次高级筛选，使用计算条件再进行另一次高级筛选。

操作步骤：

① 建立高级筛选条件。在数据表右边空白区域建立条件区域，如图 1-3-36 所示，在 J2:K4 单元格区域建立比较条件，在 J6:J7 单元格区域建立计算条件，其中 J7 单元格中的条件公式为：
=E3>AVERAGE($E$3:$E$20)

图 1-3-36 设置高级筛选的条件区域

② 第一次高级筛选。单击数据表中任一单元格，单击"数据"选项卡→"排序和筛选"命令组→"高级"按钮，弹出"高级筛选"对话框中，在"方式"选项中选中"将筛选结果复制到其他位置"复选框；在"列表区域"框中，系统自动选中了筛选的数据所在区域"$A$2:$H$20"，这是因为在筛选前选中了数据表中的任一单元格，系统自动选取了数据区域；在"条件区域"框中，输入设置好的条件区域"$J$2:$K$4"；在"复制到"框中，将光标定位在其中，然后输入"$A$22"，如图 1-3-37 所示，单击"确定"按钮，筛选出结果。

③ 第二次高级筛选。参照第一次操作步骤，高级筛选对话框的设置如图 1-3-38 所示。

经过两次高级筛选后，结果输出如图 1-3-39 所示。

图 1-3-37 第一次高级筛选对话框 　　　 图 1-3-38 第二次高级筛选对话框

22	序号	销售员	产品型号	产品类别	数量	单价	销售金额	销售日期
23	2	王太玉	F4405	笔记本	205,000	¥2,316.00	¥474,780,000.00	2014/2/3
24	8	麦收成	ROGA 2132	笔记本	115,000	¥2,172.00	¥249,780,000.00	2014/2/12
25	9	麦收成	R40-70AT1	笔记本	255,000	¥2,448.00	¥624,240,000.00	2014/2/13
26	11	王中意	JYS516	台式机	145,000	¥2,376.00	¥344,520,000.00	2014/2/17
27	12	王太玉	NIIX 2100	笔记本	135,000	¥2,400.00	¥324,000,000.00	2014/2/18
28	13	麦收成	ROGA 2132	笔记本	125,000	¥2,172.00	¥271,500,000.00	2014/2/20
29	18	麦丰收	QTB4550	台式机	130,000	¥2,028.00	¥263,640,000.00	2014/2/27
30								
31	序号	销售员	产品型号	产品类别	数量	单价	销售金额	销售日期
32	2	王太玉	F4405	笔记本	205,000	¥2,316.00	¥474,780,000.00	2014/2/3
33	9	麦收成	R40-70AT1	笔记本	255,000	¥2,448.00	¥624,240,000.00	2014/2/13
34	10	孟洁美	R40-70AT2	笔记本	205,000	¥2,292.00	¥469,860,000.00	2014/2/16
35	14	潘冬至	F4401	笔记本	175,000	¥2,088.00	¥365,400,000.00	2014/2/20
36	17	邱大致	ROGA 2113	笔记本	180,000	¥1,830.00	¥329,400,000.00	2014/2/24

图 1-3-39 两次高级筛选后的输出结果

（2）对筛选数据做动态汇总

对筛选出的数据使用 SUBTOTAL 函数进行汇总统计，合理地使用 SUBTOTAL 函数，并结合数据库进行筛选操作，可以方便、灵活地对动态变化的筛选数据进行实时的汇总计算。

格式：SUBTOTAL(function_num,ref1,[ref2],...])

功能：返回列表或数据库中的分类汇总。

参数说明：

function_num（必选）：1～11（包含隐藏值）或 101～111（忽略隐藏值）之间的数字，用于指定使用何种函数在列表中进行分类汇总计算，具体含义如表 1-3-1 所示。

表 1-3-1 SUBTOTAL 函数中的 function_num 取值范围

Function_num（包含隐藏值）	Function_num（忽略隐藏值）	函数	功能
1	101	AVERAGE	求平均值
2	102	COUNT	求包含数字单元格的个数
3	103	COUNTA	求不为空的单元格的个数
4	104	MAX	求最大值
5	105	MIN	求最小值
6	106	PRODUCT	求乘积
7	107	STDEV	求标准偏差
8	108	STDEVP	求总体标准偏差
9	109	SUM	求和
10	110	VAR	求方差
11	111	VARP	求总体方差

ref1（必选）：要对其进行分类汇总计算的第一个命名区域或引用。

ref2（可选）：要对其进行分类汇总计算的第 2～254 个命名区域或引用。

【例 3-15】对上例的销售表进行筛选操作，并对筛选结果进一步统计，统计出三项数据：记录个数、销售数量合计和销售金额合计。

分析：可以简单和直观地依据自动筛选结果的变化，使用 SUBTOTAL 函数对筛选结果进行汇总。

操作步骤：

① 统计人数。在 B22 单元格中输入公式：

$$=SUBTOTAL(3,B3:B20)\&"条记录"$$

② 汇总销售数量。在 E22 单元格中输入公式：

$$=SUBTOTAL(9,E3:E20)$$

③ 汇总销售金额。在 G22 单元格中输入公式：

$$=SUBTOTAL(9,G3:G20)$$

设置好汇总公式后，当进行自动筛选时，随着筛选结果的变化，汇总行中的统计数据也会自动变化，如图 1-3-40 所示，就是在统计销售员为"麦收成"的当月销售数量和销售金额。

	A	B	C	D	E	F	G	H
1				红火星集团2014年2月中国区产品销售情况表				
2	序号	销售员	产品型号	产品类别	数量	单价	销售金额	销售日期
10	8	麦收成	ROGA 2132	笔记本	115,000	¥2,172.00	¥249,780,000.00	2014/2/12
11	9	麦收成	R40-70AT1	笔记本	255,000	¥2,448.00	¥624,240,000.00	2014/2/13
15	13	麦收成	ROGA 2132	笔记本	125,000	¥2,172.00	¥271,500,000.00	2014/2/19
21								
22	汇总:	3条记录			495,000		¥1,145,520,000.00	

图 1-3-40　根据筛选结果进行数据动态汇总

思考：如果使用高级筛选时，要对筛选后的数据进行动态汇总，SUBTOTAL 函数公式又该如何设置？

3.3.4　多工作表数据的合并汇总

Excel 工作簿中会有许多不同的工作表，在产品销售数据簿中，存在许多格式基本相同，只是根据时间、部门、地域等进行分类的工作表。例如，产品销售簿就有按月份、按季度的不同而建立的相应数据表，这些数据表也可能存放在不同的工作簿中，但是如要进行季度统计、半年统计或年终统计时，就需要将这些数据汇总到一个工作表中，这就是多表数据合并汇总。

1. 三维引用公式的多表汇总

进行多表数据汇总，可以通过公式中的"三维引用"来实现，将来自不同工作簿、不同工作表的数据进行跨表格的引用。三维引用的一般格式为："'[工作簿]工作表'! 单元格地址"。

【例 3-16】如图 1-3-41 所示，一月、二月、三月的工作表和一季度合计工作表的结构完全相同，一月、二月、三月的工作表分别保存了各月的产品销售数据，一季度合计是对一月、二月、三月产品销售数据的汇总。

分析：由于各个工作表结构一致，可以通过三维引用 SUM 函数来实现自动汇总。

	A	B	C		A	B	C		A	B	C
1	三月份公司销售情况			1	二月份公司销售情况			1	一月份公司销售情况		
2	序号	类别	销售额	2	序号	类别	销售额	2	序号	类别	销售额
3	1	笔记本	14800	3	1	笔记本	15000	3	1	笔记本	12000
4	2	台式机	9850	4	2	台式机	75500	4	2	台式机	8950
5	3	手机	8520	5	3	手机	8000	5	3	手机	9856
6	4	一体机	4536	6	4	一体机	6525	6	4	一体机	5364
7	5	服务器	5605	7	5	服务器	4500	7	5	服务器	3560
8	6	打印机及耗材	2432	8	6	打印机及耗材	2500	8	6	打印机及耗材	1536
9	7	智能桌面	3100	9	7	智能桌面	1580	9	7	智能桌面	3500
10	8	智能电视	3285	10	8	智能电视	2508	10	8	智能电视	2853

图 1-3-41 需要进行汇总的三张工作表结构

操作步骤：

（1）将光标定位在"一季度汇总"工作表的 C3 单元格，在编辑栏中输入"=SUM()"，然后将光标置于括号中间。

（2）单击"一月"工作表标签，然后按【Shift】键，再单击"三月"工作表标签。

（3）单击一到三月中任意一个工作表中的 C3 单元格。

（4）回到编辑栏中，输入的公式为"=SUM(一月:三月!C3)"，单击编辑栏左侧的"√"确认按钮，则在"一季度汇总"工作表的 C3 单元格中出现汇总数据。

（5）拖动"一季度汇总"工作表的 C3 单元格填充柄至 C10 单元格，完成后如图 1-3-42 所示。

利用 SUM 函数进行多表合并汇总的方法，只适合于多张工作表具有相同结构的情况，当需要汇总的表格不完全相同时，可以考虑使用 SUMIF 函数来实现，在本章的实验中有按销售员统计全年销售情况的练习。

2. 合并计算

Excel 提供多表合并汇总功能，操作方法是：单击"数据"选项卡→"数据工具"命令组→"合并计算"命令，弹出图 1-3-43 所示的"合并计算"对话框。

图 1-3-42 SUM 函数的三维引用

图 1-3-43 "合并计算"对话框

合并计算方法适用于两种情况的多表合并：一种是按位置进行的合并计算，要求多张待合并表格的行标题和列标题的名称、顺序和位置完全相同；另一种是按分类进行的合并计算，适用于行标题和列标题的名称相同，但位置的顺序不同。

合并计算中函数选项包括求和、计数、平均数、最大值、最小值等 11 种汇总运算；引用位置编辑框中可以输入引用表格区域，也可以通过"浏览"按钮选择不同工作簿中的数据表区域，通过单击"添加"按钮，引用位置区域将添加到"所有引用位置"列表中，通过"删除"按钮则可以将"所有引用位置"列表中选中的引用区域从当前列表中删除；标签位置中，如选中"首行"复选框，则表示按照首行的标签字段进行分类合并计算，如选中"最左列"复选框，则表示按照最左列的行名进行分类合并计算，如选中"创建指向源数据的链接"复选框表示建立汇总数据与各源工作表数据的链接，这样能保证当源表数据变化时，汇总表的结果自动更新。

【例 3-17】例 3-16 中，使用合并计算统计第一季度的销售金额合计。

分析：上例问题适合使用按位置进行的合并计算。

操作步骤：

（1）选取"一季度合计"工作表的 C3:C10 单元格区域。

（2）单击"数据"选项卡→"数据组"命令组→"合并计算"命令，弹出"合并计算"对话框。

（3）函数选择"求和"。

（4）在"引用位置"文本框中选择"一月"工作表的 C3:C10 单元格区域，单击"添加"按钮，完成一月数据表的添加。

（5）同理，将"二月""三月"工作表中的数据依次添加到"所有引用位置"列表框中。

（6）在"标签位置"选项组中取消选择"首行"和"最左列"复选框，只选中"创建指向源数据的链接"复选框，完成后的对话框如图 1-3-44 所示。

（7）最后单击"确定"按钮，三张表格的数据合并计算的结果如图 1-3-45 所示。

在图 1-3-45 中的合并计算完成后，其左侧出现了一个与分类汇总类似的分级显示按钮。单击左侧"+"号按钮，可以展开其来源数据；单击展开后的"-"号按钮，可以隐藏其来源数据；数据表左上方的"1""2"按钮表示显示数据的层次，"1"只显示汇总后数据，"2"显示所有源数据和汇总的结果。

图 1-3-44 添加引用后的合并计算对话框   图 1-3-45 按位置的合并计算结果

3.4 销售数据透视分析

在销售数据管理的工作中，经常需要对销售数据进行透视分析，从销售数据表中不同的字段查看、统计、汇总和分析数据，以便快速找出销售中的关键问题，为下一步工作决策提供参考。

Excel 提供了数据透视表，它是一种可以快速汇总、分析大量数据的动态交叉列表。使用数据透视表可以对数据表的不同字段从多个不同角度进行透视，并建立交叉表格，查看数据表不同层面的汇总信息和分析结果。

数据透视表是一种交互式的工作表格，它所具有的透视功能可以对工作表数据进行重新组合，通过组合、计数、分类汇总、排序等方式从大量数据中提取总结性的信息，用以制作各种分析报表和统计报表，使数据信息表达得更清晰。

分类汇总虽然也可以对数据进行汇总分析，但它形成的表格是静态的、线性的。数据透视表则是一种动态的、二维的表格，在数据透视表中，建立了行列交叉列表，并且可以通过转换以查看源数据的不同汇总结果。

3.4.1 通过实例了解数据透视分析的作用

在对销售数据表的统计汇总中，常常要对各种不同产品的销售额进行汇总，按时间汇总，如每日、每月、每季和每年，按销售人员汇总，按产品名称、产品类型、产品型号的汇总，按销售地区的汇总，以及求平均、求个数、求最大值和最小值等不同计算方式的统计，这些统计问题，均可以使用数据透视表完成，并可以快速生成透视图。

【例 3-18】图 1-3-46 所示为红火星集团 2014 年 2 月中国区部分产品销售情况表，现按如下要求对其销售情况进行统计汇总。

（1）该月的笔记本和台式机的销售额是多少？哪个销售额高？

（2）所有销售员的该月的销售业绩是多少？谁最高？谁最底？

（3）销售员孟浩亮销售了哪些型号的计算机？营业额各是多少？

（4）2 月中旬的销售情况如何？

分析：上述这些问题，虽然可以借助相关函数解决，但利用数据透视表可以更快捷地统计汇总。

序号	销售员	产品型号	产品类别	数量	单价	销售金额	销售日期
			红火星集团2014年2月中国区部分产品销售情况表				
1	孟浩亮	X700	台式机	135,000	¥2,118.00	¥285,930,000.00	2014/2/1
2	王太玉	F4405	笔记本	205,000	¥2,316.00	¥474,780,000.00	2014/2/3
3	孟浩亮	ROGA 2111	笔记本	145,000	¥2,112.00	¥306,240,000.00	2014/2/4
4	潘冬至	K451	台式机	105,000	¥2,250.00	¥236,250,000.00	2014/2/6
5	孟浩亮	ROGA 2111	笔记本	130,000	¥2,112.00	¥274,560,000.00	2014/2/9
6	唐卓志	F4403	笔记本	120,000	¥2,340.00	¥280,800,000.00	2014/2/12
7	潘冬至	QTB4580	台式机	115,000	¥2,220.00	¥255,300,000.00	2014/2/12
8	麦收成	ROGA 2132	笔记本	115,000	¥2,172.00	¥249,780,000.00	2014/2/13
9	麦收成	R40-70AT1	笔记本	255,000	¥2,448.00	¥624,240,000.00	2014/2/13
10	孟浩亮	R40-70AT2	笔记本	205,000	¥2,292.00	¥469,860,000.00	2014/2/16
11	王中意	JYS516	台式机	145,000	¥2,376.00	¥344,520,000.00	2014/2/17
12	王太玉	NTIX 2100	笔记本	135,000	¥2,400.00	¥324,000,000.00	2014/2/18
13	麦收成	ROGA 2132	笔记本	125,000	¥2,172.00	¥271,500,000.00	2014/2/19
14	潘冬至	F4401	笔记本	175,000	¥2,088.00	¥365,400,000.00	2014/2/20
15	唐卓志	K415	台式机	130,000	¥2,148.00	¥279,240,000.00	2014/2/21
16	潘冬至	QTB4580	台式机	130,000	¥2,220.00	¥288,600,000.00	2014/2/23
17	邱大致	ROGA 2113	笔记本	180,000	¥1,830.00	¥329,400,000.00	2014/2/24
18	麦丰收	QTB4550	台式机	130,000	¥2,028.00	¥263,640,000.00	2014/2/27

图 1-3-46 二月部分产品销售情况表

图 1-3-47、图 1-3-48 和图 1-3-49 是根据图 1-3-46 中的工作表，按照要求创建的数据透视表。

从图 1-3-47 所示数据透视表，得出问题（1）和（2）的答案：C13:D13 单元格区域中统计出笔记本和台式机的销售额，两者比较，笔记本销售额比台式机高；E5:E12 单元格区域中统计出每位销售员当月完成的销售额，最高的是孟浩亮，最低的是麦丰收。

对于问题（3），单击销售员孟浩亮左侧的"+"号按钮，得到其销售产品型号的详细数据，如图1-3-48所示。

对于问题（4），可以单击透视表左上角的"销售日期"选项，在下方选择"选择多项"复选框，从日期中勾选2月11至2月20日的日期（中旬日期），从而统计出二月中旬的相关销售数据，如图1-3-49所示。

图 1-3-47　数据透视表 1

图 1-3-48　数据透视表 2

图 1-3-49　数据透视表 3

3.4.2　数据透视表的创建

【例3-19】以图1-3-46中二月的销售情况表为数据源，创建图1-3-47所示的数据透视表。

分析：数据透视表的创建是一种基于流程的操作，根据目标要求，将相关的字段拖动到所需位置，就可以动态建立数据透视表。

操作步骤：

（1）启动"创建数据透视表"对话框。单击图1-3-46所示数据表中任意一个单元格，单击"插入"选项卡→"数据透视表"，弹出"创建数据透视表"对话框，如图1-3-50所示。在对话框中，可以设置数据透视表的数据源和将要创建的数据透视表的存放位置。

（2）选择数据源。在"请选择要分析的数据"选项组中，选中"选择一个表或区域"单选按钮，在"表/区域"文本框中选择数据表以及数据区域。若选中"使用外部数据源"单选铵钮，则可选择本计算机或网络中的外部数据源。

（3）选择透视表放置位置。在"选择放置数据透视的位置"选项组中确定创建的数据透视表显示位置：若选中"新工作表"单选按钮（见图 1-3-50），单击"确定"按钮，系统将在当前工作簿中插入一张新工作表并在其中显示一个空白的数据透视表。若选中"现有工作表"单选按钮，则需在"位置"文本框中输入或选定新创建的数据透视表在当前工作表中的显示位置（可以仅指定数据透视表区域的最左上角单元格），单击"确定"按钮后，系统将在当前工作表的指定位置显示一个空白数据透视表。

（4）透视表布局操作：右击数据透视表区域，在弹出的快捷菜单中选择"数据透视表选项"命令，在弹出的对话框中选择"显示"选项卡，选中"经典数据透视表布局（启用网格中的字段拖放）"，如图 1-3-51 所示，在"数据透视表字段"任务窗格的"选择要添加到报表的字段"区域中，选择需要添加到数据透视表的字段，这里选择"销售日期"拖动到筛选字段区；将"销售员"和"产品型号"分别拖动到行字段区；将"产品类别"拖动到列字段区，将"销售金额"拖动到值字段区，设置完成后如图 1-3-52 所示。

（5）透视表的操作。通过单击销售员左侧的"+"和"-"号按钮，可以进行分层次的显示。单击"+"号，可以展开销售员所销售产品的详细数据；单击"-"号，可以折叠隐藏销售的详细数据。单击透视表中行、列字段的下拉列表，还可以进行字段值的升、降序排列和数据筛选等操作。

图 1-3-50 "创建数据透视表"对话框

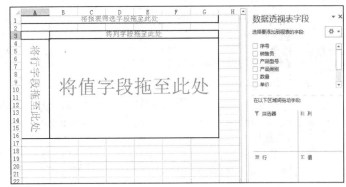

图 1-3-51 空的数据透视表模型及其版面设置界面

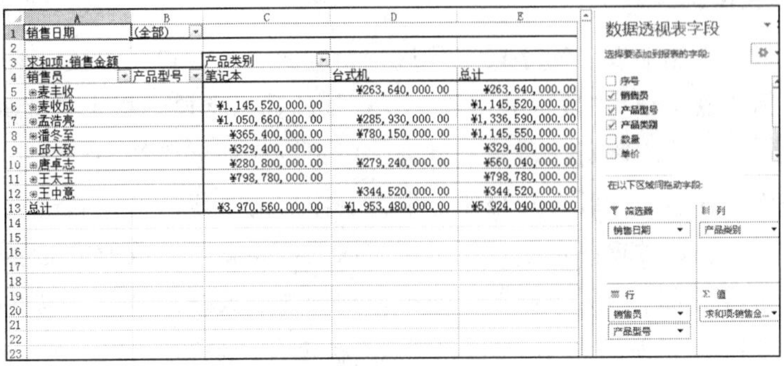

图 1-3-52 设置完成的数据透视表

3.4.3　数据透视表的编辑与修改

数据透视表创建后，可以对格式、布局、汇总方式等进行相关设置。

1．设置数据透视表的工具

（1）"数据透视表字段"任务窗格设置

默认情况下，任务窗格分为上、下两个部分，如图1-3-53所示。上部列出各个字段名称，

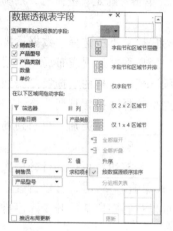

图1-3-53　"数据透视表字段"任务窗格

称为字段节；下部是选取的字段所在位置，称为区域节。单击右上角的"工具"按钮，会弹出该任务窗格区域设置菜单，还可以将"数据透视表"布局设置成：字段节与区域节并排、仅字段节、仅 2×2 区域节和仅 1×4 区域节。

（2）数据透视表菜单和命令按钮

当单击数据透视表时，在选项卡上方出现一个"数据透视表工具"选项卡，该选项卡包括"选项"和"设计"两个标签，每个标签上提供了若干组相关的操作命令按钮，如图1-3-54和图1-3-55所示，利用这些相关命令按钮，可以快速地对数据透视表进行设置。

图1-3-54　"选项"标签包含的相关命名按钮

图1-3-55　"设计"标签包含的相关命名按钮

2．调整相关字段的布局

数据透视表可以根据需要，对字段布局进行相应的调整，包括更换、增加和删除数据透视表中页字段（筛选器）、行字段、列字段以及统计的数据字段。以下是几种常见的操作：

（1）行、列字段互换。将行字段拖动到列字段中，或列字段拖动到行字段中。

（2）添加字段。在右边的任务窗格中选取需要添加的字段，拖动到透视表中相关区域。

（3）删除字段。在任务窗格的字段节区域，取消将要删除字段前的复选标志，则字段从透视表中删除；从透视表中将要删除的字段拖动到透视表数据区域外，也可删除字段。

（4）移动数据项。如果要在字段内移动数据项，首先选中要移动的数据项，移动光标，当光标变成黑色"十"字方向键时，按下左键，拖动鼠标到需要的位置释放即可。

3. 数据汇总方式的修改

数据透视表的汇总方式有求和、计数、平均值、最大值、最小值、乘积等 11 项。默认情况下，对数字型字段应用"求和"方式，对非数字型字段应用"计数"方式。要修改汇总方式，可用以下两种方法：

（1）右键快捷菜单方式。右击数据值汇总区域，在弹出的快捷菜单中选择"值字段设置"命令，弹出"值字段设置"对话框，如图 1-3-56 所示，在对话框中可以设置值的汇总方式、显示方式和数字格式。

（2）命令按钮方式。选择数据透视表，在"数据透视表工具"选项卡中，单击"分析"选项卡→"字段设置"命令，弹出"值字段设置"对话框，从中设置相关汇总方式。

【例 3-20】对例 3-19 所示图 1-3-52 中的数据透视表进行字段布局调整，要求删除"产品型号"字段，并修改其汇总方式，汇总由求和变成计数，统计当月销售交易次数，结果如图 1-3-57 所示。

图 1-3-56 "值汇总方式"选项卡

	A	B	C	D
1				
2	销售日期	(全部)		
3				
4	计数项:销售金额	产品类别		
5	销售员	笔记本	台式机	总计
6	王中意		1	1
7	王太玉	2		2
8	唐卓志	1	1	2
9	孟浩亮	3	1	4
10	邱大致	1		1
11	潘冬至	1	3	4
12	麦收成	3		3
13	麦丰收		1	1
14	总计	11	7	18

图 1-3-57 调整布局和汇总方式后的结果

分析：将原来在行字段中的"产品型号"字段删除，然后调整汇总方式，将货币格式改为常规格式。

操作步骤：

（1）删除字段。选中数据透视表并右击，弹出快捷菜单，选择"显示字段列表"命令，右边弹出"数据透视表字段"任务窗格，在任务窗格中取消"产品型号"的勾选，完成字段删除操作。

（2）改变汇总方式。选择数据透视表，单击"分析"选项卡→"字段设置"按钮，在弹出的"值字段设置"对话框中，选定"值汇总方式"的"计算类型"为"计数"，然后单击"数字格式"按钮，在弹出的"设置单元格格式"对话框中，将原来的货币格式改为常规格式，最后单击"确定"按钮完成设置。

4. 数据显示格式的修改

数据透视表中默认的显示是数值方式，但也可以选择百分比和其他方式。在图 1-3-56 所示的"值字段设置"对话框中，选择"值显示方式"选项卡，在"值显示方式"列表框中列出了多种值显示方式，如图 1-3-58 所示。

将图 1-3-52 中数据透视表以"总计的百分比"方式显示的结果如图 1-3-59 所示。

图 1-3-58　"值显示方式"选择卡　　　图 1-3-59　按"总计的百分比"方式显示的结果

5. 透视表中筛选数据

可以对数据透视表中的数据进行筛选操作,包括页字段、行字段和列字段中的数据筛选。

【例 3-21】对图 1-3-52 中的数据透视表进行相关筛选。

（1）筛选出销售员孟浩亮的当月销售额。

（2）筛选当月笔记本式计算机的销售数据。

分析:数据透视表行字段和列字段筛选。

操作步骤:

（1）行字段筛选。单击行区节中"销售员"右侧的下拉按钮,弹出下拉列表,只选中"孟浩亮"选项,单击"确定"按钮完成,筛选结果如图 1-3-60 所示,"销售员"下拉按钮已经变成了筛选操作的标志形状。

	A	B	C	D	E
1	销售日期	（全部）			
2					
3	求和项:销售金额		产品类别		
4	销售员	产品型号	笔记本	台式机	总计
5	⊞孟浩亮		¥1,050,660,000.00	¥285,930,000.00	¥1,336,590,000.00
6	总计		¥1,050,660,000.00	¥285,930,000.00	¥1,336,590,000.00

图 1-3-60　筛选销售员孟浩亮的数据透视表

（2）列字段筛选。与行字段筛选类似,单击列区节中"产品类别"右侧的下拉按钮,弹出下拉列表,只选中"笔记本"选项,单击"确定"按钮完成,筛选结果如图 1-3-61 所示。

	A	B	C	D
1	销售日期	（全部）		
2				
3	求和项:销售金额		产品类别	
4	销售员	产品型号	笔记本	总计
5	⊞麦收成		¥1,145,520,000.00	¥1,145,520,000.00
6	⊞孟浩亮		¥1,050,660,000.00	¥1,050,660,000.00
7	⊞潘冬至		¥365,400,000.00	¥365,400,000.00
8	⊞邱大致		¥329,400,000.00	¥329,400,000.00
9	⊞唐卓志		¥280,800,000.00	¥280,800,000.00
10	⊞王太玉		¥798,780,000.00	¥798,780,000.00
11	总计		¥3,970,560,000.00	¥3,970,560,000.00

图 1-3-61　筛选出笔记本式计算机的数据透视表

6. 数据透视表的排序

数据透视表中各项目的顺序,可以根据需要通过手工方式拖动,或者通过自动排序命名,对各个项目进行重新排序。

【例 3-22】对图 1-3-52 中的数据透视表按每位销售员的销售额"总计"从大到小重新排列顺序。

分析：可以使用自动排序命令来完成。

操作步骤：选择 E5:E12 单元格区域中任意单元格并右击，在弹出的快捷菜单中选择"排序"→"降序"命令，完成排序的数据透视表如图 1-3-62 所示。

	A	B	C	D	E
1	销售日期	(全部)			
2					
3	求和项:销售金额		产品类别		
4	销售员	产品型号	笔记本	台式机	总计
5	⊞孟浩亮		¥1,050,660,000.00	¥285,930,000.00	¥1,336,590,000.00
6	⊞潘冬至		¥365,400,000.00	¥780,150,000.00	¥1,145,550,000.00
7	⊞麦收成		¥1,145,520,000.00		¥1,145,520,000.00
8	⊞王太王		¥798,780,000.00		¥798,780,000.00
9	⊞唐卓志		¥280,800,000.00	¥279,240,000.00	¥560,040,000.00
10	⊞王中意			¥344,520,000.00	¥344,520,000.00
11	⊞邱大致		¥329,400,000.00		¥329,400,000.00
12	⊞麦丰收			¥263,640,000.00	¥263,640,000.00
13	总计		¥3,970,560,000.00	¥1,953,480,000.00	¥5,924,040,000.00

图 1-3-62　按"总计"降序排列的数据透视表

3.4.4　数据透视表的其他相关操作

数据透视表的相关操作还包括数据源的更新，数据透视表的复制、移动、删除以及样式的使用等。

1. 数据源的更新

数据透视表的数据来源于数据源，当数据源中的数据被修改后，数据透视表的数据不会自动更新，必须执行更新操作命令才能刷新数据透视表中的数据。有 3 种方法可以刷新数据透视表。

（1）在数据透视表区域内任意位置右击，在弹出的快捷菜单中选择"刷新"命令。

（2）在数据透视表区域中利用"数据透视表工具"中的"分析"选项卡→"刷新"按钮。

（3）按【Alt+F5】组合键刷新。

2. 复制数据透视表的内容

数据透视表的数据，可以进行部分内容的复制操作，也可以进行整体数据的复制操作。部分内容的复制结果不再是数据透视表，而是普通的数据表。整体复制时需要选取整个数据透视表，包括页字段，复制结果是数据透视表，与原数据透视表相对独立。图 1-3-63 是将原数据透视表整体复制到起始位置为 A15 单元格的数据透视表，然后分别进行不同操作后的结果。

3. 移动数据透视表的位置

根据需要，可以将数据透视表移动到其他位置，Excel 只支持整体移动数据透视表，不能部分移动。

将图 1-3-52 所示数据透视表从起始位置为 A1 单元格移动到起始位置为 A30 单元格位置。

分析：透视表整体移动，可以使用选取、剪切和粘贴操作；也可以使用 Excel 提供的移动命令进行操作。

操作步骤：单击需要移动的数据透视表区域，单击"数据透视表工具"→"分析"选项卡→"操作"命令组→"选择"按钮→"整个数据透视表"选项→"移动数据透视表"按钮，弹出"移动数据透视表"对话框，如图 1-3-64 所示，根据需要进行相关操作。

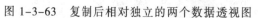

图 1-3-63 复制后相对独立的两个数据透视图　　图 1-3-64 "移动数据透视表"对话框

在图 1-3-64 中，选中"新工作表"单选按钮，单击"确定"按钮，将数据透视表移动到一张新建立的工作表中。选中"现有工作表"单选按钮，在"位置"文本框中输入单元格地址，单击"确定"按钮，将数据透视表移动到当前工作表指定单元格地址。

4．删除数据透视表的操作

如果要删除数据透视表，也是只能整体删除，不能部分删除。将数据透视表中所有数据清除，数据透视表将剩下一个空框架，然后按照删除一般单元格的方法，将其删除。

删除操作：选中要删除的数据透视表任意一个单元格，单击"数据透视表工具"→"分析"选项卡→"操作"命令组→"清除"按钮→"全部清除"选项，再选取整个空框架所在区域，将所选区域删除。也可以选择数据透视表所在区域，按【Delete】键完成整个数据透视表的删除。

5．数据透视表的样式应用

数据透视表的样式设计，可以采用 Excel 提供的多达 85 种的预设样式，样式设定操作如下：首先选中数据透视表，单击"数据透视表工具"→"设计"选项卡→"数据透视表样式"命令组→"其他"按钮，弹出 85 种预设好的样式，如选择"数据透视表样式中等深浅 14"样式，即可得数据透视表效果如图 1-3-65 所示。

图 1-3-65 应用了样式的数据透视表效果

3.4.5　数据透视表中自定义计算

数据透视表中，除了系统提供的汇总方式和数据显示方式之外，还可以由用户自己定义数据字段或者数据项。

【例 3-23】如图 1-3-66 所示，是根据【例 3-19】中数据表建立的数据透视表，要求在该数据透视表的产品类别中添加一项"税金"，其数额是销售金额的 6%。

分析：需要在数据透视表中增加一个由自定义公式创建的计算项。

操作步骤：

（1）选定数据透视表添加项目中单元格。单击图 1-3-66 所示数据透视表区域中产品类别下的一个单元格 A5。

（2）自定义计算项。单击"数据透视表工具"→"分析"选项卡→"字段、项目和集"按钮→"计算项"命令，弹出"在产品类别中插入计算字段"对话框，在"名称"框内输入"税金"，在"公式"文本框中输入公式"=-(笔记本+台式机)*6%"，如图 1-3-67 所示，最后单击"添加"按钮，将税金添加到产品类别的项目中，如图 1-3-68 所示。

（3）最后，单击"确定"按钮，包含有自定义项"税金"的透视表制作完成，如图 1-3-69 所示。

图 1-3-66　准备添加自定义字段的数据透视表　　图 1-3-67　根据已有项目计算得到新项目

图 1-3-68　将"税金"添加到产品类别的项目中　　图 1-3-69　添加了税金项的数据透视表

3.4.6　根据数据透视表创建数据透视图

数据透视图以图形的形式表达数据透视表中的数据，它也是一个动态图，图表元素可以随着选取数据的不同而改变，用户可以很直观地观察图表的变化。

创建数据透视图有两种方法，一种方法是利用数据透视表来创建，另一种方法是直接根据数据表来创建，这种情形下的第一步要选"数据透视图"。

数据透视表能快速创建数据透视图，下面以实例讲解创建步骤。

【例 3-24】以图 1-3-70 销售情况的数据透视表，建立一个相应的数据透视图。

分析：利用已有的数据透视表建立数据透视图。

	A	B	C	D	E
1	销售日期	(全部)			
2					
3	求和项:销售金额		产品类别		
4	销售员	产品型号	笔记本	台式机	总计
5	⊞麦丰收			¥263,640,000.00	¥263,640,000.00
6	⊞麦收成		¥1,145,520,000.00		¥1,145,520,000.00
7	⊞孟浩亮		¥1,050,660,000.00	¥285,930,000.00	¥1,336,590,000.00
8	⊞潘冬至		¥365,400,000.00	¥780,150,000.00	¥1,145,550,000.00
9	⊞邱大致		¥329,400,000.00		¥329,400,000.00
10	⊞唐卓志		¥280,800,000.00	¥279,240,000.00	¥560,040,000.00
11	⊞王太玉		¥798,780,000.00		¥798,780,000.00
12	⊞王中意			¥344,520,000.00	¥344,520,000.00
13	总计		¥3,970,560,000.00	¥1,953,480,000.00	¥5,924,040,000.00

图 1-3-70　创建好的数据透视表

操作步骤：

（1）单击数据透视表区域中的任意单元格。

（2）单击"数据透视表工具"的"分析"选项卡→"工具"命令组→"数据透视图"命令，弹出"插入图表"对话框，如图 1-3-71 所示。

（3）建立数据透视图。对话框中左侧是图表类型，右侧上方是子类型，中间是数据透视图的预览，选择其中一种"簇状柱形图"，单击"确定"按钮，完成数据透视图的建立，如图 1-3-72 所示。

图 1-3-71　"插入图表"对话框

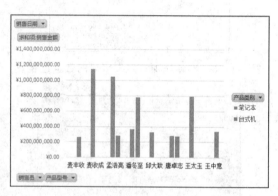

图 1-3-72　数据透视图

（4）数据透视图的操作。数据透视图建立后，图表字段均有下拉按钮，可以直接设置数据透视图，此时，数据透视图中的变化，会反映到数据透视表中，反之，修改数据透视表，则数据透视图也会发生变化，表和图是相辅相成的关系，如图 1-3-73 是筛选"销售员"为"孟浩亮"时，数据透视图和数据透视表的变化效果。

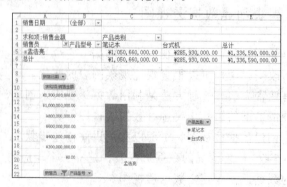

图 1-3-73　数据透视图

3.5 Excel 在市场预测分析中的应用

为了在当今瞬息万变的市场环境中保持竞争力，企业需要不断调整和完善自己的商业战略，因此，对当前信息进行分析，以制订出面向未来的决策变得尤为关键。为帮助企业更好地预测未来、提高决策能力，Excel 提供两类预测方法：定量预测法和定性预测法。

定量预测法是在充分数据的基础上，运用数学方法，对市场未来的发展趋势进行估计和推测。定量预测法有图表趋势预测法、时间序列预测法等。

市场定性预测是依靠预测者的知识、经验和对各种数据的综合分析，预测市场未来的变化趋势，它的依据是类推原则，定性预测方法有德尔菲法、马尔克夫法等。

3.5.1 图表趋势预测法

图表趋势预测法是利用现有的数据制作散点图或折线图，然后观测图表形状并添加适当类型的趋势线，并利用趋势线外推或利用回归方程计算预测值。

1. 数据图表趋势线的添加方法

趋势线能够以图形的方式显示出数据的发展趋势，通过延伸趋势线，能够预测和分析数据的发展规律。

【例 3-25】如图 1-3-74 所示，是根据红火星集团 2009—2014 年销售收入制作的折线图表，为此图分别添加线性趋势线和指数趋势线。

分析：利用图表工具中的"趋势线"命令，在折线图中添加趋势线。

操作步骤：

（1）选中图表。单击折线图表区域。

（2）添加趋势线。单击"图表工具"的"设计"选项卡→"添加图表元素"按钮→"趋势线"命令→"线性"选项，则在原图表中添加了线性趋势线。或者通过单击图表右上角的 按钮，选中"趋势线"复选框，也可以添加趋势线。

（3）趋势线选择。Excel 设置了 4 种不同趋势线，分别是线性、指数、线性预测和移动平均。一般根据折线图中数据呈现的变化趋势，选择相应的趋势线，如图 1-3-75 所示选择线性趋势线，图 1-3-76 所示选择指数趋势线。

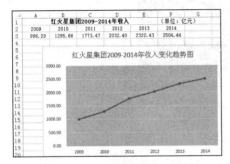

图 1-3-74　红火星集团 2009-2014 年销售
收入折线图

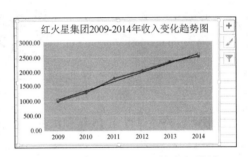

图 1-3-75　添加线性趋势线的效果

2. 通过线性和指数趋势线来预测销售收入

在图表中添加了趋势线后，就可以根据趋势线的变化规律，对数据进行预测。

【例 3-26】根据上例中添加的线性趋势线和指数趋势线，分别预测 2015 年的销售收入。

分析：根据趋势线预测未来数据，可使用预测公式，或者用趋势线外推。

操作步骤：

（1）利用线性趋势线预测

选择"趋势线"菜单中的"其他趋势线选项"命令，在弹出的"设置趋势线格式"任务窗格中，选择"趋势线选项"，然后选中"线性"单选按钮，在"趋势预测"的"向前"框中输入向前预测的周期，输入"1"，表示预测 2015 年，并选中"显示公式"复选框和"显示 R 平方值"复选框，如图 1-3-77 所示，则 Excel 自动根据数据点和趋势线类型给出预测公式，如图 1-3-78 所示。

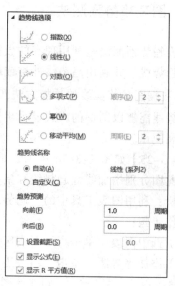

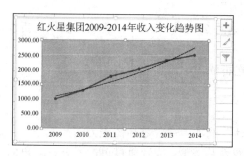

图 1-3-76 添加指数趋势线的效果　　　　图 1-3-77 "设置趋势线格式"任务窗格设置

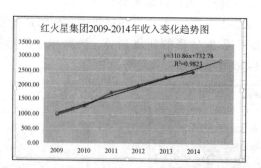

图 1-3-78 带有线性预测趋势线和预测公式的折线图

利用预测公式计算 2015 年预测的销售收入为：

$$y=310.86x+732.78$$

其中 x 代表数据点对应的第几个年份，y 是该年份的销售收入，由于 2015 对应第 7 个数据点，所以 2015 年的预测值为：

$$y=310.86*7+732.78=2899.8（亿元）$$

用趋势线外推预测 2015 年销售收入，在图 1-3-78 中，直接根据 x 值找出 y 对应的值，大概为 2900（亿元）。

（2）利用指数趋势线预测

指数趋势线预测与线性趋势线预测的操作方法基本相同，在"趋势线选项"中选择"指数"选项，在"趋势预测"的"向前"框中输入向前预测的周期，输入"1"，并选中"显示公式"复选框，Excel 自动根据数据点和趋势线类型给出预测公式，如图 1-3-79 所示。

由预测公式计算：$y=904.92e^{0.1856x}$，将 x=7 带入，计算得出 y=3317（亿元）。

根据指数趋势线外延，大致估计为 3300（亿元）。

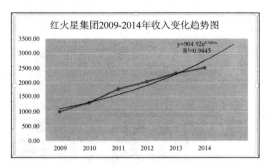

图 1-3-79 带有指数预测趋势线和预测公式的折线图

从上述两种预测方法中可以看出，对这组数据来说，线性趋势线的拟合程度更好，预测的准确性更高，R^2 值为 0.9823；指数趋势线的拟合程度较低，预测的准确性较低，R^2 值为 0.9445。R^2 表示预测公式的拟合程度，R^2 的值越接近 1，说明拟合程度越好。因此，选择趋势线类型时，应当根据数据点的分布情况，采用不同的预测方法。

3. 通过多项式趋势线进行预测

【例 3-27】企业销售主管为加强销售费用的管理，调取了从 2009 年到 2014 年的公司销售费用数据，如图 1-3-80 所示，要求制作营业额和销售费用二者关系的散点图，并添加多项式趋势线，根据预测公式，合理地确定公司销售额与销售费用的关系。

红火星集团2009-2014年销售额和销售费用情况表						单位(亿元)
年度 / 科目	2009	2010	2011	2012	2013	2014
营业额	996.29	1295.66	1774.47	2032.40	2322.43	2504.44
销售费用	50.36	62.31	101.45	113.29	114.00	114.91

图 1-3-80 销售情况表

分析：通过散点图数据分布，采用多项式趋势线进行预测。

操作步骤：

（1）散点图制作。根据图 1-3-80 中数据制作散点图，如图 1-3-81 所示。

（2）设置二阶趋势线。在"设置趋势线格式"任务窗格中，按图 1-3-82 所示进行设置，在"趋势线"选项中选取"多项式"，"顺序"文本框中为"2"（2 表示二阶多项式），阶数越高，预测公式越准，并选中下方的"显示公式"和"显示 R 平方值"复选框，完成后如图 1-3-82 所示，此时二阶回归方程是：

$$y = -3E-05x^2 + 0.1521x - 75.782，R^2=0.9718$$

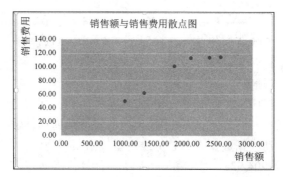

图 1-3-81　销售额与销售费用散点图

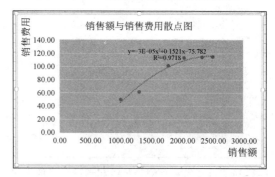

图 1-3-82　带二阶多项式趋势线的散点图

（3）改为三阶趋势线。在如图 1-3-82 所示的趋势线上右击，从弹出的快捷菜单中选择"设置趋势线格式"命令，弹出"设置趋势线"任务窗格，重新调整多项式的"顺序"为"3"，并将下方的"显示公式"和"显示 R 平方值"复选框选中，设置完后如图 1-3-83 所示，从图中可以看到 3 阶的趋势线和回归方程：

$$y = -4E-08x^3 + 0.0002x^2 - 0.2375x + 128.78 \quad , \quad R^2 = 0.9913$$

从中可以发现，三阶多项式趋势线的 R^2 值高达 0.99，比二阶多项式趋势线的 R^2 值 0.97 高，说明三阶多项式回归方程更准确，能更好地说明销售额和销售费用的关系。

从图 1-3-83 可以看出，当销售额在 2000 亿元以下时，销售费用的使用支出与销售额同步，但当销售额大于 2000 亿元时，销售费用的使用支出已经趋于平缓，并略有下降，费用支出略少于 120 亿。以上分析结果有助于销售主管了解销售费用的使用情况，为将来销售费用的预算使用提供科学预测依据。

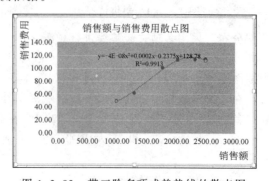

图 1-3-83　带三阶多项式趋势线的散点图

3.5.2 时间序列预测法

时间序列预测法是利用一定时间的实际数据，按数据产生的时间先后依次排列后，应用一定的数学方法分析其变化规律。这一方法对于短期预测较为有效，如预测月、季度、半年的市场情况，主要方法是移动平均法，是利用最近几期数据的简单平均值来预测下一期的情况，移动平均法可以分一次移动平均法和二次移动平均法两种。

1. 移动平均法

移动平均法是利用最近几期实际数据的平均值来预测未来的趋势。其计算公式是：

$$M_{t+1} = \frac{1}{N} \sum_{j=1}^{n} A_{t-j+1}$$

其中：N 为期数；A_{t-j+1} 为第（$t-j+1$）期的实际值；M_{t+1} 为第 $t+1$ 期的预测值。

对于 N 值选取，应尽量与实际的发生周期相一致，例如对月度数据可使用 12，季度数据可使用 4 作为期数。

【例 3-28】表 1-3-2 是红火星集团 2005—2014 年销售收入情况，单位（亿元），要求用移动平均法预测其发展趋势，并作出未来发展的趋势线。

表 1-3-2　红火星集团 2005—2014 年销售收入情况表

年份	销售额	年份	销售额
2005	570.15	2010	1295.66
2006	650.85	2011	1774.47
2007	710.28	2012	2032.40
2008	805.55	2013	2322.43
2009	996.29	2014	2504.44

分析：由于采用的是年份，可设置移动期数为 4。

操作步骤：

（1）建立数据表。在工作表中输入表 1-3-2 数据。

（2）第一次的移动平均值的计算，如图 1-3-84 所示，在 C5 单元格中输入：

=AVERAGE(B2:B5)

输入确认后，通过拖动 C5 单元格填充柄的方式，将该公式复制到 C6:C11 单元格区域中，C11 单元格的值 2158.43 就是第一次移动平均法的预测值。

（3）由于移动周期为偶数，还要进行第二次移动平均值的计算，如图 1-3-84 所示，在 D6 单元格中输入：

=AVERAGE(C5:C6)

输入确认后，通过拖动 D6 单元格填充柄的方式，将该公式复制到 D7:D11 单元格区域中。

（4）绘制原数据序列和一、二次平均值对应的折线图。通过选取年份、营业额、一次平均值、二次平均值 4 列数据，制作出如图 1-3-85 所示折线图。

通过分析图 1-3-85，可以预测销售额随时间变化的趋势。期数 N 取值越大，趋势线就越平坦，N 值太小则不能消除其他因素的影响。从图中看出，销售额随时间逐年增长，与移动平均趋势线相一致。

	A	B	C	D
1	年份	销售额	一次平均值	二次平均值
2	2005	570.15		
3	2006	650.85		
4	2007	710.28		
5	2008	805.55	684.21	
6	2009	996.29	790.74	737.47
7	2010	1295.66	951.95	871.34
8	2011	1774.47	1217.99	1084.97
9	2012	2032.40	1524.71	1371.35
10	2013	2322.43	1856.24	1690.47
11	2014	2504.44	2158.43	2007.34
12	2015			

图 1-3-84 利用公式进行的移动平均预测结果

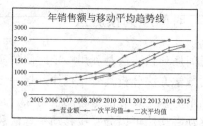

图 1-3-85 年销售额与一、二次移动平均趋势线

2. 使用"移动平均"分析工具进行预测

Excel 系统提供"移动平均"分析工具进行趋势预测。

【例 3-29】以例 3-28 中数据为例，应用"移动平均"分析工具进行分析预测。

分析：首先要加载"数据分析"工具：单击"文件"选项卡→"选项"命令→"自定义功能区"选项→"开发工具"选项→"确定"按钮；单击"开发工具"选项卡→"加载项"命令→"分析工具库"复选框→"确定"按钮，此时，在"数据分析"工具中提供了"移动平均"分析工具。

操作步骤：

（1）建立数据表。

（2）调出"移动平均"工具。单击"数据"选项卡→"数据分析"按钮→"移动平均"选项，如图 1-3-86 所示，单击"确定"按钮后弹出"移动平均"对话框，如图 1-3-87 所示。

图 1-3-86 "数据分析"对话框   图 1-3-87 "移动平均"对话框

（3）"移动平均"对话框的设置。"输入区域"选取 B1:B11 单元格区域；"间隔"输入 4，表示移动平均计算的期数；选中"标志位于第一行""图表输出""标准误差"三个复选框。将鼠标定位在"输出区域"文本框中，然后选取 C2 单元格。

（4）设置完成后，单击"确定"按钮，在输出区域得到移动平均值、标准差的结果和相应的折线图表，如图 1-3-88 所示。

3. 季节波动商品的市场预测

由于季节的变化，某些产品在一年内的销售数量会产生一些规律性的变化。例如空调机、冷饮、毛衣等商品的消费，就受到季节的影响，要准确地预测这些商品在不同季节的销售情况，就必须对其季节性特征进行识别。

预测季节波动的主要方法是计算季节比率（又称季节指数），用它来反映季节变动的程度。

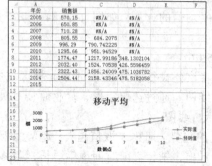

图 1-3-88 "移动平均"分析工具得出的结果

季节比率高的季度说明商品销售旺盛，称为"旺季"；反之称为商品销售的"淡季"。

按月（季）平均法是计算季节比率的一种常用的方法。其计算公式为：

$$季节比率 = \frac{历年同月平均数}{总的月平均数} \times 100\%$$

其计算步骤如下：

（1）计算各年同一月份（或季度）的平均数作为该月份（或季度）的代表值。

（2）计算出所有月份（或季度）的平均数作为月份（或季度）的代表值。

（3）各月份（或季度）的平均数除以月份（或季度）的平均数，结果就是季节比率。

（4）根据预测出的下一年的预测值，乘以相应的季节比率，计算下一年各季的预测值。

【例 3-30】红火星集团 2012 年–2014 年各季度销售额情况，如表 1-3-3 所示。要求：

（1）计算公司产品销售的季节比率。

（2）假设 2015 年公司销售预计比 2014 年增长 12%，则 2015 年各个季度的销售额的预测值分别是多少？

表 1-3-3　红火星集团 2012-2014 年销售额情况表（单位：亿元）

年份	第一季	第二季	第三季	第四季
2012	1774.47	480.58	1000.94	1562.46
2013	2032.40	527.23	1113.65	1760.97
2014	2322.43	623.68	1252.22	2000.45

分析：季节比率计算按上面的计算步骤进行，2015 年各季度预测值用全年预测值乘以各个季度的季节比率即可得到。

操作步骤：

（1）建立工作表。新建一个工作表，将表 1-3-3 的数据输入工作表，并按图 1-3-89 样式建立表格。

图 1-3-89　建立的表格

（2）计算同季平均值。在 B5 单元格中输入公式"=AVERAGE(B2:B4)"，并利用填充柄将该公式复制到 C5:E5 单元格区域。

（3）计算所有季度平均值。在 B6 单元格中输入公式"=AVERAGE(B2:E4)"，并将 B6:E6 单元格合并居中。

（4）计算季节比率。在 B7 单元格中输入公式"=B5/$B$6"，并利用填充柄将该公式复制到 C7:E7 单元格区域。

（5）统计各年的合计值。在 F2 单元格中输入公式"=SUM(B2:E2)"，并利用填充柄将该公式复制到 F3:F4 单元格区域。

（6）计算 2015 年全年预测值。在 F8 单元格中输入公式"=F4*1.12"。

（7）计算 2015 年各季度的预测值。在 B8 单元格中输入公式"=$F$8/4*B7"，并利用填充柄将该公式复制到 C8:E8 单元格区域。

最终计算出 2015 年各个季度的销售预测值，如图 1-3-90 所示。

	A	B	C	D	E	F
1	年份	第一季	第二季	第三季	第四季	合计
2	2012	1774.47	480.58	1000.94	1562.46	4818.45
3	2013	2032.40	527.23	1113.65	1760.97	5434.25
4	2014	2322.43	623.68	1252.22	2000.45	6198.78
5	同季平均	2043.10	543.83	1122.27	1774.63	
6	所有季度平均	1370.96				
7	季度比率	1.49	0.40	0.82	1.29	
8	2015预测	2586.60	688.50	1420.81	2246.71	6942.63

图 1-3-90　2015 年各个季度销售预测值

3.5.3　定性预测法

德尔菲法是一种常用的定性预测方法，德尔菲法也称专家函询调查法，德尔菲法的实施过程是：将要预测的问题和必需的背景材料，分发给不同专家，请专家分析并发表意见。然后由预测的组织者，将专家们的意见进行综合整理，再一次征询专家意见，经过多次（三次以上）反复征询，并根据专家最后一轮的反馈结果，采用平均值预测、加权平均预测和中位数预测的方法，得出预测结果。

1. 平均值预测
平均值预测就是将最后一轮的专家结果值取平均数。

2. 加权平均法预测
加权平均法是将数值乘以该值的权重后取其平均值。

3. 中位数预测
中位数就是将样本数据依据大小排序后，位置在最中间的数值，当为偶数样本时，则取第 $N/2$ 个数据与第 $N/2+1$ 个数据的平均值。如 2，3，4，5，7 的中位数是 4。

Excel 的中位数函数为 MEDIAN，其语法规则如下：

格式：MEDIAN(number1, [number2], ...)

功能：返回一组已知数字的中值。

参数说明：

number1, [number2], ...：number1 是必需的，后续数字是可选的。

中位数预测需将求出的中位数再进行加权平均计算，才能得出结果。

【例 3-31】利用德尔菲法预测新产品的销售量。红火星集团最近生产出一种掌上电脑的新产品，公司要对新产品的销售量做预测，聘请了 9 位专家对新产品全年的销售量进行预测，9 位专家经过三次反馈得到销售量预测结果如表 1-3-4 所示。

表 1-3-4　三轮意见征询中 9 位专家对销售量的判断结果（单位：千套）

专家编号	第一轮销售量判断			第二轮销售量判断			第三轮销售量判断		
	最低	最可能	最高	最低	最可能	最高	最低	最可能	最高
1	500	700	900	600	700	900	600	700	800
2	200	400	600	300	450	600	300	450	650

续表

专家编号	第一轮销售量判断			第二轮销售量判断			第三轮销售量判断		
	最低	最可能	最高	最低	最可能	最高	最低	最可能	最高
3	300	500	700	350	500	750	350	550	750
4	600	750	900	650	750	900	600	700	900
5	400	600	800	400	550	700	350	550	700
6	100	200	350	200	300	400	200	300	500
7	250	350	500	300	350	500	300	400	500
8	350	500	800	300	500	750	350	550	750
9	600	800	1 100	600	900	1 100	500	900	1 000

分析：根据德尔菲法，对第3轮的判断结果构建一个预测模型，计算销售量的预测值。

操作步骤：

（1）建立工作表预测模型。新建工作表，工作表标签重命名为“德尔菲法预测”，然后输入表1-3-4中第3轮的判断结果，按图1-3-91所示构建表格，建立德尔菲法分析预测模型。

	A	B	C	D	E	F	G
1	德尔菲法预测新产品市场销售量的分析模型						
2	专家编号	第三轮销售量判断				方法	预测值
3		最低	最可能	最高		简单平均法	
4	1	600	700	800		加权平均法	
5	2	300	450	650		中位数法	
6	3	350	550	750		最终的预测结论	
7	4	600	700	900		最低	最高
8	5	350	550	700			
9	6	200	300	500			
10	7	300	400	500			
11	8	350	550	750			
12	9	500	900	1000			
13	权重设置	0.25	0.5	0.25			
14	平均值						
15	中位数						

图1-3-91　建立德尔菲法的预测模型

（2）计算平均值。计算9位专家对销售量判断中最低、最可能和最高的平均值。在B14单元格输入公式“=AVERAGE(B4:B12)”，然后利用填充柄将该公式复制到C14:D14单元格区域。

（3）计算中位数。计算最低、最可能和最高销售量的中位数。在B15单元格输入公式“=MEDIAN(B4:B12)”，然后利用填充柄将该公式复制到C15:D15单元格区域。

（4）计算简单平均法的预测值。简单平均法的计算是对最低、最可能、最高的销售量的平均值再次平均。在G3单元格输入公式“=AVERAGE(B14:D14)”，即可得到结果。

（5）计算加权平均法的预测值。加权平均法的计算由最低、最可能、最高的销售量的平均值乘以权重后再相加，即在G4单元格输入公式“=SUMPRODUCT(B13:D13,B14:D14)”，即可得到结果。

（6）计算中位数法的预测值。中位数法的计算由最低、最可能、最高的销售量的中位数乘以权重后再相加，即在G5单元格输入公式“=SUMPRODUCT(B13:D13,B15:D15)”，即可得到结果。

（7）最终预测结论：根据上面计算出来的三种预测结果，得出最低的预测值，在F8单元格输入公式"=MIN(G3:G5)";最高的预测值,在 F8 单元格输入公式"=MAX(G3:G5)"。

结果如图 1-3-92 所示,该新产品投放市场一年后,销售数量预计在 550～564 千套之间。

专家编号	德尔菲法预测新产品市场销售量的分析模型			方法	预测值
	第三轮销售量判断				
	最低	最可能	最高	简单平均法	562.96
1	600	700	800	加权平均法	563.89
2	300	450	650	中位数法	550.00
3	350	550	750	最终的预测结论	
4	600	700	900	最低	最高
5	350	550	700	550.00	563.89
6	200	300	500		
7	300	400	500		
8	350	550	750		
9	500	900	1000		
权重设置	0.25	0.5	0.25		
平均值	394.44	566.67	727.78		
中位数	350	550	750		

图 1-3-92　德尔菲法的预测结论

3.6　Excel 在营销决策分析中的应用

在激烈的市场竞争中,企业可以通过实施不同的营销策略,如产品的定价策略、促销策略等,占领和开发市场,最终通过销售商品提高利润。

1. 通过建立决策模型进行分析决策

根据营销决策的不同问题,建立相应的决策模型,求解出最佳答案。决策模型可以自己建立,也可以由 Excel 提供的相关分析工具求解。

(1)产品定价决策

产品定价是市场营销中的一个重要问题,销售利润是一个重要目标,利润的高低跟产品的定价有重要的关联关系。

如果定价过高,单位产品的销售利润增加,但销售量可能减少,从而影响了产品的总体销售利润;反之,定价过低,销售量可能大幅提高,但单位产品的利润小,也会影响到总体销售利润。定价多少合适,就是产品定价决策的问题。

【例 3-32】表 1-3-5 为红火星集团公司根据市场调查和分析,对其一款新产品在不同价格水平下的销售量预测。假设该产品的全年固定成本为 1 亿元,全年的生产能力为 50 万套,每套产品变动成本为 150 元,请问该产品如何定价?

表 1-3-5　不同定价下的预测销售量

价格(元)	5 000	4 500	4 000	3 500	3 000	2 500	2 000
预测销量(万套)	9	13	21	30	38	45	50

分析:产品定价,就是以销售利润最大化为目标,构造出销售利润的计算公式如下:

$$L=S-C=PQ-(F+V*Q)=(P-V)*Q-F$$

其中:L 为全年销售利润;S 为全年销售额;C 为全年销售成本;P 为销售价格;F 为全年固定成本;V 为单位变动成本;Q 为年产量(预测的销售量)。

通过上述公式,可以计算不同的定价标准对应的销售利润,根据利润最大化的原则,将其价格作为最佳的决策价格。

（2）构建销售利润最大化的产品定价决策模型

利用 Excel 建立模型，进行销售利润的计算。操作步骤如下：

① 建立模型工作表。根据题目的已知条件，输入数据，并建立如图 1-3-93 所示的数据表模型。

	A	B	C	D	E	F	G	H
1		销售利润最大化下的产品定价决策模型						
2		不同定价下的预测销售量						
3	价格（元）	5000	4500	4000	3500	3000	2500	2000
4	预测销量（万套）	9	13	21	30	38	45	50
5	单位变动成本（元）	150						
6	销售收入（万元）							
7	总变动成本（万元）							
8	全年固定成本（万元）	10000						
9	总成本（万元）							
10	销售利润（万元）							

图 1-3-93 利润最大化的工作表模型

② 计算销售收入。销售收入等于单价乘销售量，在 B6 单元格输入公式"=B3*B4"，然后利用填充柄将该公式复制到 C6:H6 单元格区域。

③ 计算变动成本。变动成本等于每套产品变动成本乘销售量，在 B7 单元格输入公式"=B4*\$B\$5"，然后利用填充柄将该公式复制到 C7:H7 单元格区域。

④ 计算总成本。总成本等于固定成本加变动成本，在 B9 单元格输入公式"=B7+\$B\$8"，然后利用填充柄将该公式复制到 C9:H9 单元格区域。

⑤ 计算销售利润。销售利润等于销售收入减去总成本，在 B10 单元格输入公式"=B6-B9"，然后利用填充柄将该公式复制到 C10:H10 单元格区域。

完成后的结果如图 1-3-94 所示。从利润的计算结果可以看出，最大化利润值为 9.83 亿元，其对应的产品销售价格是 3000 元。

	A	B	C	D	E	F	G	H
1		销售利润最大化下的产品定价决策模型						
2		不同定价下的预测销售量						
3	价格（元）	5000	4500	4000	3500	3000	2500	2000
4	预测销量（万套）	9	13	21	30	38	45	50
5	单位变动成本（元）	150						
6	销售收入（万元）	45000	58500	84000	105000	114000	112500	100000
7	总变动成本（万元）	1350	1950	3150	4500	5700	6750	7500
8	全年固定成本（万元）	10000						
9	总成本（万元）	11350	11950	13150	14500	15700	16750	17500
10	销售利润（万元）	33650	46550	70850	90500	98300	95750	82500

图 1-3-94 利润最大化模型的分析结果

（3）产品定价决策模型的图表分析。

用图 1-3-94 中的价格、总变动成本、总成本和销售利润作数据系列，制作带数据点的折线图，如图 1-3-95（a）所示。由于这 4 组数据相差太大，显示效果不好。因此，选中其余数据系列，添加次坐标，建立成双轴图表，将价格添加数据标签，如图 1-3-95（b）所示。

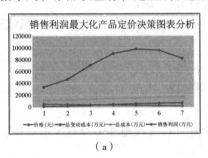

（a）

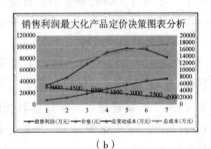

（b）

图 1-3-95 利润最大化模型数据图表

2. 单变量求解在销售利润目标确定中的应用

单变量求解，就是求解有一个变量的方程，它通过调整可变单元格中的数值，按照公式来达到目标单元格中的目标值。

下面通过实例，解决在销售利润目标计划确定中遇到的问题，单变量求解特别适合用于利润目标某一引用数据的特定值确定。

【例3-33】如图1-3-96所示是公司本月损益简表，其中"本月金额"一列中带有填充色的单元格数据是利用公式计算的，其余单元格是输入的原始数据。本月净利润为111亿元，假设公司确定下一个月净利润要达到130亿元，在其他原始数据和计算模型中各个参数都保持不变的情况下，营业收入应该增长到多少，才能实现净利润130亿元的目标。

分析：为实现净利润130亿元的目标，营业收入提高到多少，就是单变量求解的问题。损益简表中各项的计算公式如下：

销售利润=营业收入–营业成本–营业税金及附加–销售费用；

营业利润=销售利润+投资收益–管理费用–财务费用–资产减值损失；

利润总额=营业利润+营业外收入–营业外支出；

所得税费用=利润总额*20%；

净利润=利润总额–所得税费用。

操作步骤：

（1）选中净利润数据所在的B16单元格。

（2）调取"单变量求解"工具。单击"数据"选项卡→"模拟分析"按钮→"单变量求解"命令，弹出"单变量求解"对话框，此时系统自动将"B16"添加到目标单元格文本框中，如图1-3-97所示。

	A	B
1	项目	本月金额(亿元)
2	1.营业收入	184.02
3	减:营业成本	15.51
4	营业税金及附加	24.77
5	销售费用	7.2
6	2.销售利润	136.54
7	加:投资收益	22.03
8	减:管理费用	16.74
9	财务费用	8.51
10	资产减值损失	-5.83
11	3.营业利润	139.15
12	加:营业外收入	12.87
13	减:营业外支出	13.19
14	4.利润总额	138.83
15	减:所得税费用	27.766
16	5.净利润	111.064

图1-3-96 损益简表

图1-3-97 "单变量求解"对话框

（3）设置"单变量求解"对话框。在"目标值"文本框中输入130，在"可变单元格"文本框中，输入待求解的单元格，营业收入所在单元格为"$B$2"。

（4）设置完成后，单击"确定"按钮，弹出如图1-3-98所示的"单变量求解状态"对话框，表明已经找到一个解。

（5）单击"确定"按钮，在原数据表中，得到单变量求解的结果，如图1-3-99所示。要实现净利润130亿元的目标，营业收入需要增加到207.69亿元。

3. 利用"方案管理器"求销售利润的增长方案

Excel提供了"方案管理器"模拟分析工具，该工具可以方便地在多种方案中对比、分析和选择出优秀方案。

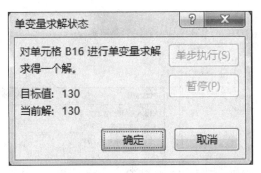

图 1-3-98 "单变量求解状态"求解结果　　　　图 1-3-99 单变量求解结果

"方案管理器"可以管理多套方案，每套方案可以有多个变量输入值（称为可变单元格），方案可以各自命名，Excel 会根据每套方案得到相应数据表，并创建汇总报告，显示不同方案的设计效果。

下面通过销售利润的增长方案，学习"方案管理器"的应用。

【例 3-34】如图 1-3-100 所示是公司当月的销售利润计算表，其中带填充色的单元格数据是使用公式计算的，右侧的表格是下个月的销售计划预选方案。假设下月数据表中基本数据保持不变，根据不同方案设置，计算哪一种方案的销售利润最大。

图 1-3-100 当月某产品销售利润计算表及下月的销售计划预选方案

分析：多套不同方案的销售利润计算问题，适合利用"方案管理器"来解决。利润计算表中用到了如下计算公式：

营业收入=销售价格*销售数量*销售折扣；

人员提成=营业收入*佣金比例；

销售利润=营业收入−营业成本−人员提成。

操作步骤：

（1）调出"方案管理器"。将光标置于利润计算表的任意一个单元格中，单击"数据"选项卡→"数据工具"命令组→"模拟分析"下拉按钮→"方案管理器"命令，弹出"方案管理器"对话框，如图 1-3-101 所示。

（2）创建方案。单击"添加"按钮，弹出"添加方案"对话框，如图 1-3-102 所示。设置"添加方案"对话框，在"方案名"文本框中，输入"1.降价促销"，在"可变单元格"文本框中输入"B3,B4"，单击"确认"按钮，弹出"方案变量值"对话框。

（3）设置"方案变量值"对话框。在第一个变量"$B$3"文本框中输入 2300，在第二个变量"$B$4"文本框中输入 12000，如图 1-3-103 所示，单击"确定"按钮，"1.降价促销"方案创建完成。

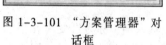

图 1-3-101 "方案管理器"对 话框　　　　图 1-3-102 "添加方案"对话框　　　　图 1-3-103 "方案变量值"对话框

（4）重复步骤（2）～（3），依次添加"2.打折促销""3.人员激励"和"4.有奖促销"方案。所有方案设置完后，"方案管理器"对话框如图 1-3-104 所示。

在"方案管理器"中，单击"显示"按钮，对应方案下的销售利润表的相关数据会发生变化，可以选择不同方案来查看销售利润表的数据变化。（注意：查看方案时，原表中数据会改变）。

（5）"方案摘要"工作表建立。单击"摘要"按钮，弹出"方案摘要"对话框，如图 1-3-105 所示，报表类型选择"方案摘要"，在"结果单元格"文本框输入 B10。单击"确定"按钮，"方案摘要"工作表制作完成，如图 1-3-106 所示。

图 1-3-104 添加四个方案的"方案管理器"对话框　　　　图 1-3-105 "方案摘要"对话框

从图 1-3-106 的"方案摘要"工作表中可以看出，在促销方案中，目标销售量都提高到 12000 套时，"有奖促销"方案获利最高，其次是"人员激励""打折促销"，而"降价促销"方案对销售利润的增长最小。

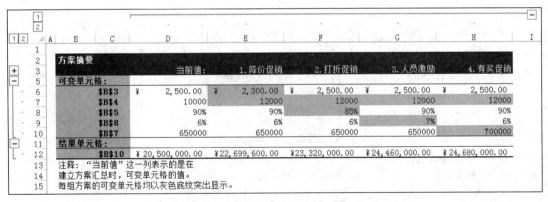

图 1-3-106　"方案摘要"工作表

4. 模拟运算表进行销售利润分析计算

销售利润计算公式中对应多个参数变化，一般地，可以假设其中一个或两个变量发生变化时，销售利润作何变化。对单个变量的变化，可以用 $y=f(x)$ 函数表示，对双变量的变化，可以用 $z=f(x,y)$ 函数来表示，当函数自变量发生变化时，通过公式计算就可以得出函数值。

模拟运算表是一个单元格区域，它可以显示一个或多个公式中替换不同变化值时的结果。它有两种类型：单变量模拟运算表和双变量模拟运算表。单变量模拟运算表中，可以对一个变量输入不同的值从而查看它对公式结果的影响。双变量模拟运算表中，可以对两个变量输入不同值，观察它对公式结果的影响。

（1）单变量变化对销售利润的影响

通过简单实例讲述单变量的模拟运算表应用。

【例 3-35】图 1-3-107 所示是销售利润计算表，在利润率不变的情况下，要实现 100 000 元利润，需要营业收入达到多少？

	A	B
1	销售利润计算	
2	营业收入	100000
3	利润率	0.6
4	销售利润	60000

图 1-3-107　销售利润计算表

分析：计算销售利润的公式：销售利润=营业收入*利润率。现在假设营业收入变化，变化值从 120 000，140 000，160 000 到 220 000，销售利润会有什么样的变化呢？这类问题就需要"模拟运算表"工具进行操作。

操作步骤：

① 按图 1-3-108 新建立一个工作表，其中销售利润 B4 单元格输入公式"=B2*B3"，B7 单元格输入公式"=B4"。

② 运行"模拟运算表"工具。选取 A7:B14 单元格区域，单击"数据"选项卡→"数据工具"组→"模拟分析"按钮→"模拟运算表"命令，弹出"模拟运算表"对话框，在"输入引用列的单元格"文本框中，输入列变量所在单元格，这里是营业收入数据单元格 B2，如图 1-3-109 所示，单击"确定"按钮，单变量数据表制作完成，如图 1-3-110 所示。

从图 1-3-110 上可以看出，当营业收入到达 180000 时，销售利润超过 100000 元。

（2）双变量变化对销售利润的影响

【例 3-36】在上例中的销售利润计算表中，假设影响销售利润的变化量由"营业收入"一个变成了两个，即利润率也发生了变化，此时的双变量对销售利润的影响如何？

图 1-3-108　模拟运算表　　　　图 1-3-109　"模拟运算表"　　　图 1-3-110　销售利润的变化
　　　初始工作图　　　　　　　　　对话框

分析：当公式"销售利润=营业收入*利润率"中的两个变量都改变时，对销售利润的影响问题可用双变量"模拟运算表"解决。

操作步骤：

① 按图 1-3-111 所示建立新模型数据表。其中销售利润 B4 单元格输入公式"=B2*B3"，A6 单元格输入公式"=B4"，A6 的选址要求一定要在行和列的模拟数据的交叉处。

图 1-3-111　双变量数据表初始结构

② 运行"模拟运算表"工具。选择 A6:H13 单元格区域，单击"数据"选项卡→"模拟分析"按钮→"模拟运算表"命令，弹出"模拟运算表"对话框，如图 1-3-112 所示，在"输入引用行的单元格"文本框中，输入行变量所在单元格，这里是利润率数据 B3 单元格，在"输入引用列的单元格"文本框中，输入列变量所在单元格，这里是营业收入数据 B2 单元格，单击"确定"按钮，完成双变量"模拟运算表"设置，如图 1-3-113 所示。

从图 1-3-113 可以看出销售利润达到 100 000 元的方案。表中带填充色的单元格，其对应的营业收入和利润率的变化，都能满足销售利润大于 100 000 元情形。其中的 D12、F11 和 G10 单元格的值都是销售利润大于 100 000 元的可行方案。

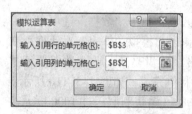

图 1-3-112　双变量"模拟运算表"对话框　　　图 1-3-113　双变量"模拟运算表"的结果对
　　　　　　　　　　　　　　　　　　　　　　　　　销售利润的影响

以 G10 单元格数据为例，在利润率为 0.65，营业收入为 160 000 元时，实现销售利润为 10 万元的目标。

第 ④ 章　Excel 在人力资源管理中的应用

人力资源管理，是指在经济学与人本思想指导下，通过招聘、甄选、培训、报酬等管理形式对组织内外相关人力资源进行有效运用，满足组织当前及未来发展的需要，保证组织目标实现与成员发展的最大化的一系列活动的总称。学术界一般把人力资源管理分为人力资源规划、招聘与配置、培训与开发、绩效管理、薪酬福利管理和劳动关系管理。本章运用 Excel 分析工具对人员招聘与录用、培训管理、薪酬福利管理（包括绩效管理）、人事信息数据统计及社保管理等人力资源管理内容进行分析，培养学生人力资源管理方面的数据分析和决策的能力。

4.1　人员招聘与录用

4.1.1　招聘流程图设计

1. 招聘流程图

当企业出现职位空缺时，人力资源部应及时有效地补充人力资源，以保证企业各个岗位对人员的需求。通过"招聘流程图"的制作及应用，可以帮助人力资源部知晓人员招录的渠道和方法。图 1-4-1 显示了企业从外部招聘人员的流程图。下面说明如何制作该流程图。

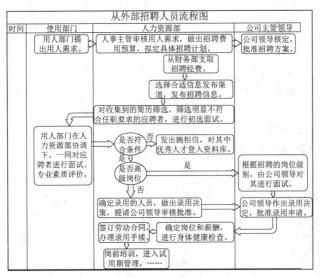

图 1-4-1　企业从外部招聘人员流程图

2．创建步骤

（1）创建工作簿

启动 Excel 2013，将工作表"Sheet1"重命名为"招聘人员流程图"。将该工作簿文件保存为"招聘流程图"。

（2）设置流程图区域

① 行高设置。设置第 1 行的行高为：28.5。

② 列宽设置。设置第 A 列的列宽为：4.5，B 列的列宽为：18，C 列的列宽为：33，D 列的列宽为：17。

③ 单元格区域边框设置。将 A2:D2 单元格区域的外边框线和内部线都设置为黑色、单实线；将 B3:C29 单元格区域的外边框线和内部竖线设置为黑色、单实线；将 A29:D29 单元格区域的下外边框线和内部竖线设置为黑色、单实线。设置后的效果如图 1-4-2 所示。

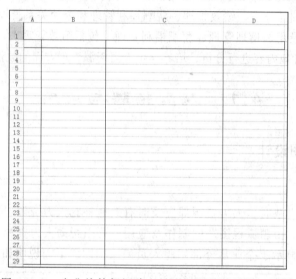

图 1-4-2　企业从外部招聘人员流程图的区域设置效果

（3）插入 Excel 形状图形

单击"插入"选项卡→"插图"命令组→"形状"下拉按钮→"流程图"选项→"流程图：可选过程"选项，插入一个"流程图：可选过程"图形，连续按【F4】键（【F4】键的功能是重复刚才的动作）13 次，产生 14 个"流程图：可选过程"图形。单击"插入"选项卡→"插图"命令组→"形状"下拉按钮→"流程图"选项→"流程图：联系"选项，插入一个"流程图：联系"图形，按【F4】键，产生 2 个"流程图：联系"图形。将 14 个"流程图：可选过程"图形和 2 个"流程图：联系"图形布局到适当位置。

单击"插入"选项卡→"插图"命令组→"形状"下拉按钮→"箭头总汇"选项→"右箭头"选项，插入一个"右箭头"图形，连续按【F4】键 5 次，产生 6 个"右箭头"图形。单击"插入"选项卡→"插图"命令组→"形状"下拉按钮→"箭头总汇"选项→"下箭头"选项，插入一个"下箭头"图形，连续按【F4】键 5 次，产生 6 个"下箭头"图形。"插入"选项卡→"插图"命令组→"形状"下拉按钮→"箭头总汇"选项→"左箭头"选项，插入一个"左箭头"图形。"插入"选项卡→"插图"命令组→"形状"下拉按钮→"箭头总汇"

选项→"圆角右箭头"选项，插入一个"圆角右箭头"图形，按【F4】键，产生 2 个"圆角右箭头"图形，对其中一个"圆角右箭头"图形旋转并翻转操作，形成一个"圆角左箭头"图形。将得到的"箭头"图形布局到适当位置。将所有图形对象的内部设置为无填充色，如图 1-4-3 所示。

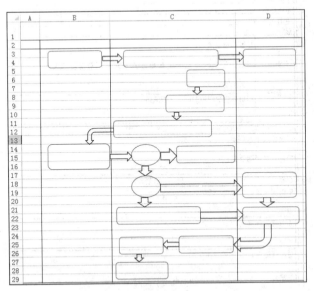

图 1-4-3　企业从外部招聘人员流程图的图形布局效果

（4）添加文字

在 A2:D2 单元格区域内分别输入文字："时间""使用部门""人力资源部""公司主管领导"。在图 1-4-3 中相应的图形对象内部添加文字，文字内容如图 1-4-1 所示。

（5）美化

添加艺术字。单击"插入"选项卡→"文本"命令组→"艺术字"下拉按钮，在出现的"艺术字"下拉列表中选择第 3 行第 3 列的艺术字样式，输入文字"从外部招聘人员流程图"。设置该艺术字大小为：20 磅，文字填充色为：蓝色，着色 1。将该艺术字移动到 A1:D1 单元格区域的适当位置。

单击"视图"选项卡"显示"命令组中"网格线"复选框，取消选中"网格线"复选框，则会取消工作表中的网格线背景显示。最终效果如图 1-4-1 所示。

4.1.2　部门人员增加申请表设计

1. 部门人员增加申请表

企业各个部门根据业务发展、工作需求及人员变动，向人力资源部门提出人员招聘请求。此时用人部门须填写好"部门人员增加申请表"，并递交人力资源部。人力资源部根据各个部门的申请情况进行汇总，当内部人才不能满足需求时，就需要进行外部人才招聘，开展相应的人才招聘工作。为了保证各个部门递交的人员增加申请表格式的一致性，人力资源部应提前设计"部门人员增加申请表"。图 1-4-4 是"部门人员增加申请表"效果图。下面说明"部门人员增加申请表"的创建步骤。

部门增加人员申请表

申请部门						
申请岗位						合计
申请人数						
总计						

申请 原因	□部门目前编制： □增加人员原因：A.调动 B.提升 C.解雇 D.业务增加 E.其他 （请注明） □填补空缺职位的理由（请详列）：

□本部门横向调动的可能性　　　□YES　　□NO
□推荐候选人：A.　　　　　B.　　　　　C.
□其他需说明情况：

□要求新人必须于　　　年　　　月　　　日到岗。
申请人（部门负责人）签字：

申请日期：
人力资源部意见：

签名：
总经理意见：

签名：

图 1-4-4　部门人员增加申请表

2. 创建步骤

（1）创建工作簿文件

启动 Excel 2013，将工作表"Sheet1"重命名为"部门人员增加申请表"。将该工作簿文件保存为"部门人员增加申请表"。

（2）表格设置

① 设置行高。设置第 1 行的行高为：30；设置第 2、3、4、5、8、10 行的行高为：15；设置第 6 行的行高为：72；设置第 7 行的行高为：36；设置第 9 行的行高为：51；设置第 11、12、13 行的行高为：39。

② 设置列宽。选中 A3:G3 单元格区域，单击"开始"选项卡→"格式"下拉按钮→"列宽"命令，在弹出的"列宽"对话框的文本框中输入：8.5，设置 A3:G3 单元格区域每一列的列宽为：8.5。

③ 合并单元格。将 A1:G1、B2:G2、A6:A7 单元格区域分别进行合并单元格操作，水平对齐和垂直对齐都设置成居中；将 B6:G6、A8:G8、A9:G9、A10:G10、A11:G11、A12:G12、A13:G13 单元格区域分别进行合并单元格操作，水平对齐都设置成靠左、垂直对齐都设置成居中；将 B7:G7 单元格区域进行合并单元格操作，水平对齐设置成靠左、垂直对齐设置成靠上。

④ 设置边框线。设置 A2:A3、A4:A5、B4:F5、G4:G5 单元格区域的外边框为粗实线，内部为细实线；B2:G2 单元格区域的上、左、右边框为粗实线，下边框为细实线；B3:F3 单元格区域的下、左、右边框为粗实线，上边框和内部为细实线；G3 单元格的下、左、右边框为粗实线，上边框为细实线；其他未说明的边框线都设置为粗实线。设置后的效果如图 1-4-5 所示。

（3）输入文字

单击 A1 单元格，输入"部门增加人员申请表"，设置字体为华文中宋，大小为 20 磅。对照图 1-4-4 和图 1-4-5，将图 1-4-4 单元格中的文字输入到图 1-4-5 相应的单元格中。这里需要说明一点，在同一单元格或者同一合并单元格区域中，输入多行文字时，可以进行如下操作（以 A13:G13 单元格区域为例）：单击 A13 单元格，输入"总经理意见:"，按【Alt+Enter】组合键，即可将光标移到当前单元格的下一行，如果想再输入一个空行，就再次按【Alt+Enter】组合键，然后输入"签名:"即可。最终效果如图 1-4-4 所示。

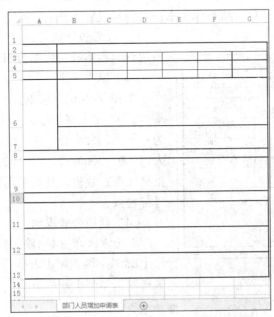

图 1-4-5   部门人员增加申请表之表格设置后的效果图

4.1.3   招聘费用预算表设计

1. 招聘费用预算表

人力资源部门审核各用人部门递交的申请后，按照用工量和岗位需求选择合适的方式进行招聘，制订招聘计划，并做招聘费用预算，这时就要用到招聘费用预算表。制作好的招聘费用预算表如图 1-4-6 所示。

2. 创建步骤

（1）创建工作簿文件

启动 Excel 2013，将工作表"Sheet1"重命名为"招聘费用预算表"。将该工作簿文件保存为"招聘费用预算表"。

（2）表格设置

① 设置行高。设置第 1 行的行高为：21；设置第 2～14 行以及 16 行的行高为：13.5；设置第 15 行的行高为：66。

② 设置列宽。设置 A 列的列宽为：4；B 列的列宽为：6；C 列的列宽为：12；D 和 E 列的列宽为：8；F 列的列宽为：6。

③ 合并单元格。将 A1:F1、C2:F2、C3:F3、C4:F4、C5:F5、A6:F6、B7:D7、E7:F7、A14:D14 单元格区域进行合并单元格操作，水平对齐和垂直对齐都设置为居中；将 A2:B2、A3:B3、A4:B4、A5:B5、B8:D8、B9:D9、B10:D10、B11:D11、B12:D12、B13:D13 单元格区域分别进行合并单元格操作，水平对齐都设置为靠左、垂直对齐都设置为居中；将 A7:A13 单元格区域水平对齐设置居中；将 A15:C15、D5:F15 单元格区域分别进行合并单元格操作，水平对齐都设置为靠左、垂直对齐都设置为靠上；将 A16:F16 单元格区域进行合并单元格操作，水平对齐设置为靠左、垂直对齐设置为居中；将 E8:F8、E9:F9、E10:F10、E11:F11、E12:F12、E13:F13、E14:F14 单元格区域分别进行合并单元格操作，水平对齐都设置为靠右、垂直对齐都设置为居中。

招聘费用预算表

招聘时间	
招聘地点	
负责部门	
具体负责人	

招聘费用预算		
序号	项目	预算金额（元）
1	企业宣传海报及广告制作费	1500.00
2	招聘场地租用费	3000.00
3	会议室租用费	1200.00
4	交通费	300.00
5	食宿费	300.00
6	招聘资料复印、打印费	100.00
合计		6400.00

预算审核人（签字）：	公司主管领导审批（签字）：

制表人： 制表日期： 年 月 日

图 1-4-6 招聘费用预算表

④ 设置边框线。设置 A2:F15 单元格区域的外边框为粗实线，内部为细实线。

（3）输入文字

按图 1-4-6 相应单元格区域的文字进行数据输入。A1 单元格中输入"招聘费用预算表"，字体为：楷体，大小为：16；在 E8～E13 单元格分别输入 1500、3000、1200、300、300、100，设置单元格格式为：数值。其他单元格区域文字按图 1-4-6 进行输入。

（4）利用公式求和

单击 E14 单元格，输入公式"=SUM(E8:F13)"，按【Enter】键或单击表格其他位置，完成输入。最终效果如图 1-4-6 所示。

4.1.4 招聘面试通知单设计

1. 招聘面试通知单

人力资源部经过初步筛选，对基本符合录用要求的人员进行面试。招聘人员较少时，可以电话通知，但招聘人员较多的时候，除了电话通知外，还可以使用电子邮件通知，更加方便快捷。每个应聘者都有电子邮箱，可以通过群发电子邮件及时通知候选人进行面试。一般面试通知单的格式如图 1-4-7 所示。

在图 1-4-7 的面试通知单中，姓名、应聘岗位、面试日期、面试具体时间、面试具体地点等信息对于每位面试者是不同的，这些信息保存在 Excel 文档或者其他数据源文件中。在制作面试通知单时，可以先制作如图 1-4-7 所示的 Word 文档，然后将 Excel 文档或其他数据源文件中的信息插入到该 Word 文档对应的位置处，即可生成对应每位应聘者的面试通知单。这样制作 Word 文档的过程称为邮件合并。下面结合该案例，具体说明邮件合并的操作过程。

2. 创建步骤

（1）创建应聘者信息表

一般情况下，应聘者信息表在应聘者投递简历后创建，可以是数据库文件或者 Excel 文档。这里，以 Excel 文档作为应聘者信息表，内容如表 1-4-1 所示。

表 1-4-1 应聘者信息表

序号	姓名	性别	年龄	应聘岗位	学历	初步筛选合格	面试日期	面试时间	面试地点	联系电话	E-mail
1	张大来	男	23	销售	大专	是	2015年7月10日	上午9:30	红火星大厦801	23525478125	dlz_20150711@163.com
2	王占奎	男	25	销售	本科	是	2015年7月10日	上午9:30	红火星大厦802	23525478126	zkw_20150711@163.com
3	李好	女	22	财务	本科	是	2015年7月10日	上午9:30	红火星大厦803	23525478127	125@165.com
4	赵宝	男	30	技术	博士	是	2015年7月10日	下午2:30	红火星大厦801	23525478128	125@166.com
5	刘霞	女	26	人力资源	本科	是	2015年7月10日	下午2:30	红火星大厦802	23525478129	125@167.com
6	马成功	男	32	生产主管	硕士	是	2015年7月10日	下午2:30	红火星大厦803	23525478130	125@168.com
7	胡小红	女	23	行政秘书	本科	是	2015年7月11日	上午9:30	红火星大厦801	23525478131	125@169.com
8	林成森	男	25	技术	本科	是	2015年7月11日	上午9:30	红火星大厦802	23525478132	125@170.com
9	童美丽	女	28	财务主管	本科	是	2015年7月11日	下午2:30	红火星大厦802	23525478133	mlt_20150711@163.com
10	钱途美	女	21	销售	专科	是	2015年7月11日	下午2:30	红火星大厦803	23525478134	qtm_20150711@163.com

在 Word 文档邮件合并中，把提供数据的文件称为数据源文件，如这里的 Excel 文档格式的应聘者信息表就是数据源。

（2）创建"面试通知单"Word 文档

启动 Word 2013，新建一个 Word 文档，按照图 1-4-7 所示输入内容，文字格式为：楷体，大小为 5 号。保存该 Word 文档的文件名为"面试通知单"。Word 文档在邮件合并中称为"主文档"。

（3）创建 Excel 和 Word 的邮件合并

① 打开 Word 文档"面试通知单"，单击"邮件"选项卡→"开始邮件合并"命令组→"开始邮件合并"命令，弹出如图 1-4-8 所示的下拉菜单。

图 1-4-7 面试通知单　　　　　　　图 1-4-8 "开始邮件合并"下拉菜单

② 在图 1-4-8 的"开始邮件合并"下拉菜单中，单击"邮件合并分布向导"命令，在 Word 窗口的右侧弹出如图 1-4-9 所示的"邮件合并"向导任务窗格。

③ 单击图 1-4-9 的"电子邮件"选项按钮，单击"下一步：开始文档"按钮，进入"邮件合并"第 2 步，如图 1-4-10 所示。

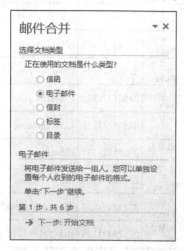

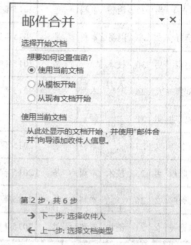

图 1-4-9 "邮件合并"向导任务窗格　　　　图 1-4-10 "邮件合并"向导第 2 步

④ 在图 1-4-10 中，单击"使用当前文档"选项按钮，即把当前打开的 Word 文档作为邮件合并的主文档，本例是"面试通知单"文档。单击图 1-4-10 中的"下一步：选择收件人"，进入邮件合并的第 3 步，如图 1-4-11 所示。

⑤ 在图 1-4-11 中，单击"选择收件人"组的"使用现有列表"选项按钮，并单击"使用现有列表"组下方的"浏览"按钮，在弹出的对话框中打开前面已经创建好的 Excel 文档"应聘者信息表"，在随后弹出的对话框中，均单击"确定"按钮。打开 Excel 文档"应聘者信息表"后显示打开数据源后的界面，如图 1-4-12 所示。

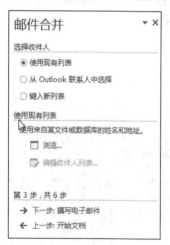

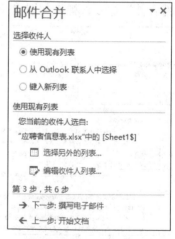

图 1-4-11 "邮件合并"向导第 3 步　　　　图 1-4-12 "邮件合并"向导第 3 步打开数据源

⑥ 单击图 1-4-12 中的"下一步：撰写电子邮件"按钮，进入编写电子邮件步骤（邮件合并向导的第 4 步），即编写主文档部分内容。由于主文档"面试通知单"已经编写完成，这

一步省略。预览和完成步骤比较简单，这里省略不再详述。下面的步骤采用功能区命令完成。

⑦ 插入合并域。即在主文档的适当位置插入数据源文件的某个字段。将光标定位在要插入域的位置。单击"邮件"选项卡→"编写和插入域"组→"插入合并域"命令，弹出如图 1-4-13 所示的列表，该列表列出了表 1-4-1 中所有的字段名。单击"姓名"字段，"姓名"域就插入到指定的位置，效果如图 1-4-14 所示。

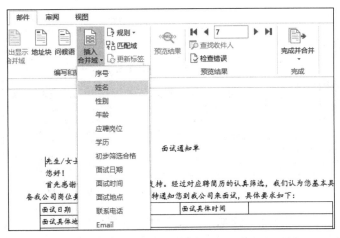

图 1-4-13　插入合并域

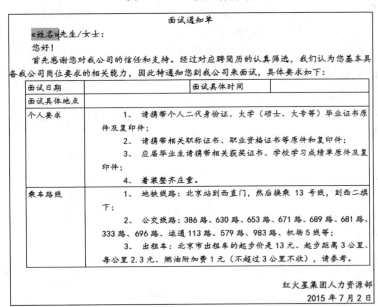

图 1-4-14　主文档中插入"姓名"合并域后的效果

⑧ 按同样的方法，在图 1-4-14"岗位"文本前面插入"应聘岗位"字段，在表格单元格"面试日期"右侧的单元格中插入"面试日期"字段，在"面试具体时间"右侧的单元格中插入"面试时间"字段，在"面试具体地点"右侧的单元格中插入"面试地点"字段，效果如图 1-4-15 所示。单击"邮件"选项卡→"预览结果"命令组→"预览结果"命令，即可显示邮件合并以后的效果。

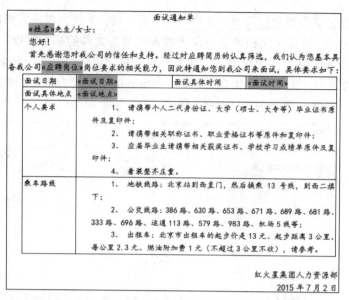

图 1-4-15　主文档中插入所有合并域后的效果

⑨ 单击"邮件"选项卡→"完成"命令组→"完成并合并"命令，在弹出的下拉菜单中单击"编辑单个文档"命令，弹出"合并到新文档"对话框，如图 1-4-16 所示。在图 1-4-16 中，单击"全部"选项，可以将数据源文件里的每条记录与主文档分别进行合并，形成与数据源文件里记录数一样多的"面试通知单"，每个"面试通知单"以分节符（Word 分节符的作用是可以单独设置每个分节符的页面设置等格式）分隔；单击"当前记录"选项，只将数据源文件中当前记录相关字段与主文档进行合并；单击"从…到…"选项，并设置记录范围，可以将选定的部分记录与主文档进行合并。

图 1-4-17 为数据源文档（这里是"应聘者信息表"）中的第 1 条记录与主文档合并后形成的 Word 文档。

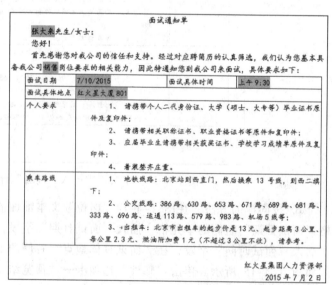

图 1-4-16　"合并到新文档"对话框　　　图 1-4-17　数据源与主文档合并后形成的 Word 文档

⑩ 将邮件合并后的文档直接发送电子邮件到应聘者的电子信箱。要将编辑好的 Word 文档以电子邮件的形式发送，需借助 Outlook 程序。下面简要叙述设置步骤。

a. 注册邮箱。Microsoft Office Outlook 是 Microsoft Office 套装软件的组件之一。Outlook 的功能很多，可以用它来收发电子邮件、管理联系人信息、记日记、安排日程、分配任务。本例使用版本为 Outlook 2013。

Outlook 借助互联网邮箱才可以收发电子邮件，因此，用户需要先注册一个邮箱，比如，注册的邮箱为：excel_teaching@163.com。同时，登录该邮箱，并进行邮箱设置，选中协议（这里是 "POP3/STMP/IMAP"），如图 1-4-18 所示。

b. 在 Outlook 程序中设置注册好的邮箱。启动 Outlook 2013 程序，单击 "文件" 选项卡→ "信息" 命令，如图 1-4-19 所示。

图 1-4-18　设置 "POP3/SMTP/IMAP" 协议

图 1-4-19　Outlook 中 "添加账户" 界面

单击图 1-4-19 中的 "添加账户" 按钮，弹出如图 1-4-20 对话框。在图 1-4-20 中，分别输入收发邮件中显示的姓名、注册好的电子邮箱账号和登录邮箱的密码，单击 "下一步" 按钮，Outlook 启动与所设置邮箱的连接。默认情况下，Outlook 启动的是与所设置邮箱的加密连接，如果加密连接不成功，就会进行非加密连接。如果连接设置完成，就会弹出如图 1-4-21 所示的 "完成" 对话框，并向连接邮箱发送一封测试邮件。单击 "完成" 按钮，即可将刚才注册的邮箱设置成 Outlook 收发邮件的邮箱。

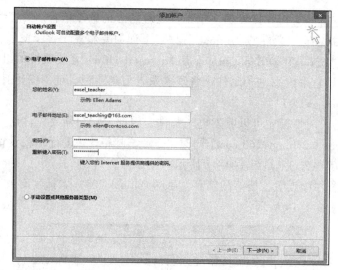

图 1-4-20 "添加账户"对话框

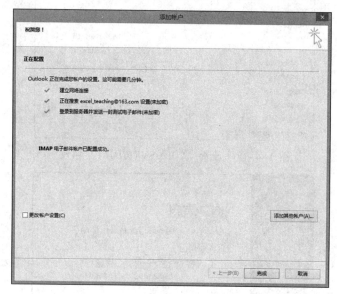

图 1-4-21 "添加账户"完成对话框

图 1-4-22 "合并到电子邮件"对话框

c. 将邮件合并后的文档直接发送电子邮件到应聘者的电子信箱。切换到邮件合并后的 Word 文档（本例是"面试通知单"），单击"邮件"→"完成"→"完成并合并"→"发送电子邮件"命令，弹出如图 1-4-22 所示"合并到电子邮件"对话框。

在图 1-4-22 中，从"收件人"右边的下拉列表中选择"E-mail"，在"主题行"文本框中输入"红火星集团面试通知单"，邮件格式选择"HTML"格式，发送记录选择"全部"。单击"确定"按钮，即可将所有合并后的文档发送到 Outlook 程序的发件箱中。

图 1-4-22 中，"邮件格式"下拉列表中有 3 个选项，分别是：附件、纯文本、HTML，请读者自行尝试，区别三者的不同。

切换到 Outlook 2013 程序，单击"发送/接收"选项卡→"发送/接收"组→"全部发送"命令，如图 1-4-23 所示，即可将 Outlook 程序发件箱中的所有邮件发送到应聘者的邮箱。

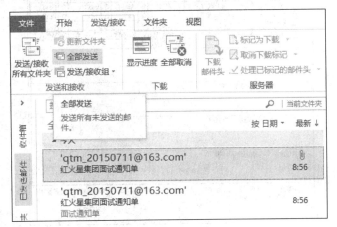

图 1-4-23 Outlook 中"全部发送"邮件界面

登录到应聘者的邮箱（这里都是测试邮箱，实际情况只有应聘者自己知道邮箱的密码），核实应聘者是否收到了面试通知单。

步骤（3）中的①～⑤步主要是利用向导打开数据源文件。打开数据源还可以直接单击"邮件"选项卡→"开始邮件合并"组→"选择收件人"下拉菜单→"使用现有列表"命令，弹出"选取数据源"对话框，定位数据源文件，即可打开数据源文件，后续操作如上。

4.1.5 员工录用

对于面试合格的员工，即可以正式录用为本公司的员工。人力资源部需要为录用的员工填写"员工信息登记表"，并且为每一位员工制作工作卡片。关于这两部分的内容，结合上机实验，由读者自己独立完成。

4.2 培 训 管 理

4.2.1 培训需求调查

人力资源部每年要对企业员工进行业务培训。培训之前，要对被培训人员进行调查，并对调查结果进行整理分析，以对培训项目进行修正和改进。问卷调查是培训需求调查中的一种方法，人力资源部将调查的问题设计成表格，以便被调查者容易选择、回答。图 1-4-24 是一份利用 Excel 制作的"Excel 办公软件应用培训需求调查表"。

该调查表制作需要利用到单元格合并、列宽和行高调整、插入符号以及格式设置等知识点，这些知识点前面已有叙述，请读者自行完成该调查表的制作。

	A	B	C	D	E	F	G	H	I
1	Excel办公软件应用培训需求调查表								
2	公司为提升员工高效使用Excel软件，近期将组织以对Excel 2013为主的Microsoft Office办公软件进行培训。为使培训更有效率，进行如下调查，请大家认真填写。谨此感谢您的合作。								
3	调查项目 （单选项）								
4	① 办公中使用Office组件最多的是哪个？	○	Excel	○	Word	○	Powerpoint	○	其他组件
5	② 对哪个Office组件最感兴趣？	○	Excel	○	Word	○	Powerpoint	○	其他组件
6	③ 目前工作中使用的版本是哪个？	○	2003	○	2007	○	2010	○	2013
7	④ 到目前为止使用Excel的时间是？	○	零经验	○	1年以下	○	1-2年	○	2年以上
8	⑤ 主动阅读Excel相关书籍的数量是？	○	0	○	1-2本	○	2-4本	○	4本以上
9	⑥ 参加过几次Excel的培训？	○	没参加过	○	1-2次	○	2-4次	○	4次以上
10	⑦ 遇到Excel问题常用哪种方式解决？	○	查阅书籍	○	求助同事	○	网上查阅	○	其他方式
11	调查项目 （文字描述）								
12	您工作中哪些方面需要应用Excel软件？								
13	使用Excel软件曾经遇到过哪些问题？								
14	希望通过培训重点掌握哪些内容？								
15	其他建议（可附加另外纸张说明）：								
16	填写说明：本调查以无记名方式进行，请根据自己实际情况如实填写，于2015年7月20日之前投到人力资源部调查收集箱。								
17							人力资源部		
18							2015/7/15		

图 1-4-24 培训需求调查表

4.2.2 培训成绩统计分析

每期培训项目结束后，人力资源部要组织培训员工考试，及时评定、汇总考试成绩，并将培训项目和学员成绩一同作为员工的培训资料进行保存。

1. 培训成绩统计分析表

图 1-4-25 是新录取员工关于 Excel 应用内容培训的成绩统计分析表。除基本数据录入和格式设置操作以外，还须进行简单的成绩求和、判断考试成绩是否达标以及考试成绩的排名计算。表格的统计分析涉及自定义计算公式，ROUND、IF 和 RANK 函数。下面简要说明计算过程。

	A	B	C	D	E	F	G	H	I	J
1	培训成绩统计分析表									
2	序号	姓名	部门	培训项目	培训课时	笔试分数	机试分数	总分	是否达标	排名
3	1	张大来	销售部	Excel应用	48	80	85			
4	2	王占奎	销售部	Excel应用	48	89	75			
5	3	李好	财务部	Excel应用	48	70	80			
6	4	赵宝	技术部	Excel应用	48	70	72			
7	5	刘霞	人力资源部	Excel应用	48	69	78			
8	6	马成功	生产部	Excel应用	48	90	92			
9	7	胡小红	行政部	Excel应用	48	88	87			
10	8	林成森	技术部	Excel应用	48	94	89			
11	9	童美丽	财务部	Excel应用	48	95	70			
12	10	钱途美	销售部	Excel应用	48	93	90			
13	说明：1.笔试分数和机试分数各占50%权重，计算结果四舍五入取整到整数。2.笔试分数和机试分数都在60分以上并且总分达到75分以上为达标。									

图 1-4-25 培训成绩统计分析表

2. 统计分析

（1）培训成绩汇总

按照笔试成绩和机试成绩各占 50%的权重，并且计算结果按四舍五入到整数的规则进行计算。在 H3 单元格中输入公式"=ROUND(F3*50%+G3*50%,0)",其中 ROUND 函数是四舍五入函数。将 H3 单元格中的公式复制到 H4:H12 单元格区域,即可完成"总分"的计算。

（2）判断成绩达标与否

按照笔试分数和机试分数都在 60 分以上并且总分达到 75 分以上为达标的条件,在 I3 单元格中输入"=IF(AND(F3>=60,G3>=60,H3>=75),"达标","未达标")",将 I3 单元格中的公式复制到 I4:I12 单元格区域,即可完成"是否达标"的计算。

（3）排名

① 利用 RANK 公式进行排名计算。按照"总分"从高到低的顺序排名。在 J3 单元格中输入"=RANK(H3,H$3:H$12)",将 J3 单元格中的公式复制到 J4:J12 单元格区域,即可完成"排名"的计算。注意 RANK 函数中的引用单元格区域为绝对地址。统计好的表格如图 1-4-26 所示。

	A	B	C	D	E	F	G	H	I	J
1	培训成绩统计分析表									
2	序号	姓名	部门	培训项目	培训课时	笔试分数	机试分数	总分	是否达标	排名
3	1	张大来	销售部	Excel应用	48	80	85	83.00	达标	5
4	2	王占奎	销售部	Excel应用	48	89	75	82.00	达标	7
5	3	李好	财务部	Excel应用	48	70	80	75.00	达标	8
6	4	赵宝	技术部	Excel应用	48	70	72	71.00	未达标	10
7	5	刘霞	人力资源部	Excel应用	48	69	78	74.00	未达标	9
8	6	马成功	生产部	Excel应用	48	90	92	91.00	达标	3
9	7	胡小红	行政部	Excel应用	48	88	87	88.00	达标	4
10	8	林成森	技术部	Excel应用	48	94	89	92.00	达标	1
11	9	童美丽	财务部	Excel应用	48	95	70	83.00	达标	5
12	10	钱途美	销售部	Excel应用	48	93	90	92.00	达标	1
13	说明：1.笔试分数和机试分数各占50%权重,计算结果四舍五入取整到整数。2.笔试分数和机试分数都在60分以上并且总分达到75分以上为达标。									

图 1-4-26 计算完成的培训成绩统计分析表

② 利用数组公式进行排名计算。RANK 函数计算的结果是西方式的排名方式,即某一个数字 A 重复出现多次,则下一个大小仅次于数字 A 的数字 B 排名时,数字 B 的排名是数字 A 的排名数再加上数字 A 出现的次数,如图 1-4-26 中,H10、H12 单元格中的值都是 92 并且最大,所以排名时并列第一;H8 单元格中的值是 91,是仅次于 92 的值,RANK 函数计算的结果是 3,即排名第三。这种排名方式不符合中国人的排名习惯,中国人认为无论并列第一的数字有几位,都不影响仅次于排位第一的数字的排名,即该数字排名为第二。

如何设计一个符合中国人排名习惯的公式呢?利用数组公式即可。在图 1-4-26 的基础上,增加 1 列。在 K2 单元格中输入"中国式排名",在 K3 单元格中输入：

=SUM(IF(H$3:H$12>H3,1/COUNTIF(H$3:H$12,H$3:H$12)))+1

按【Ctrl+Shift+Enter】组合键,在 K3 单元格中的输出结果是 4,而不是 5。在编辑框中原来输入的公式变成了如下的形式：

{=SUM(IF(H$3:H$12>H3,1/COUNTIF(H$3:H$12,H$3:H$12)))+1}

"{}"是数组公式的提示符,自行输入无效,只有在单元格中输入公式后,按【Ctrl+Shift+Enter】组合键,系统自动在公式的两边加上"{"和"}"。

数组公式对两组或两组以上的数据同时进行计算时,能够替代多个重复的公式。是否使用数组公式来进行计算,需要根据实际问题进行确定。以下是对 K3 单元格中的数组公式的解读，以帮助读者理解。

K3 单元格里的公式是函数嵌套形式，涉及三个函数：SUM、IF、COUNTIF，并且由外到内依次嵌套。涉及的 H\$3:H\$12 单元格区域包含 10 个单元格，需要进行 10 次内部运算，最后得出计算结果。表 1-4-2 给出了 10 次计算的过程与结果。

表 1-4-2 中国式排名数组公式的计算过程

计算次数	数组公式：{=SUM(IF(H\$3:H\$12>H3,1/COUNTIF(H\$3:H\$12,H\$3:H\$12)))+1}								
	SUM 公式：SUM(IF(H\$3:H\$12>H3,1/COUNTIF(H\$3:H\$12,H\$3:H\$12)))								数组公式结果
	IF 公式:IF(H\$3:H\$12>H3,1/COUNTIF(H\$3:H\$12,H\$3:H\$12))					SUM 公式	结果	
	条件部分		参与运算	COUNTIF 公式		IF 公式结果			
	表达式	结果		公式	结果				
1	H\$3>H3	FALSE	否			0	=SUM(0)	0	1
2	H\$4>H3	FALSE	否			0	=SUM(0,0)	0	1
3	H\$5>H3	FALSE	否			0	=SUM(0,0,0)	0	1
4	H\$6>H3	FALSE	否			0	=SUM(0,0,0,0)	0	1
5	H\$7>H3	FALSE	否			0	=SUM(0,0,0,0,0)	0	1
6	H\$8>H3	TRUE	是	COUNTIF(H\$3:H\$12,H\$8)	1	1	=SUM(0,0,0,0,0,1)	1	2
7	H\$9>H3	TRUE	是	COUNTIF(H\$3:H\$12,H\$9)	1	1	=SUM(0,0,0,0,0,1,1)	2	3
8	H\$10>H3	TRUE	是	COUNTIF(H\$3:H\$12,H\$10)	2	1/2	=SUM(0,0,0,0,0,1,1,1/2)	2.5	3.5
9	H\$11>H3	FALSE	否			0	=SUM(0,0,0,0,0,1,1,1/2,0)	2.5	3.5
10	H\$12>H3	TRUE	是	COUNTIF(H\$3:H\$12,H\$12)	2	1/2	=SUM(0,0,0,0,0,1,1,1/2,0,1/2)	3	4

将 K3 单元格中的公式复制到 K4:K12 单元格区域，即可完成中国式的排名计算，计算结果如图 1-4-27 所示。

列的排名计算有很多方法，这里不一一列举。

图 1-4-27 中国式排名计算结果

3. 函数简介

（1）ROUND 函数

① 语法：ROUND(Number,Num_Digits)。

参数 Number 是一个数值型常量或数值型表达式；Num_Digits 是指保留的小数位数，正数是指从小数点开始右边保留的位数，负数是指从小数点开始左边进行四舍五入的位数。

② 功能：按指定的位数对数值进行四舍五入。

例如，公式"=ROUND(98712.56123,3)"的结果是 98 712.561；

公式"=ROUND(98712.56123,1)"的结果是 98 712.6；

公式"=ROUND(98712.56123,-2)"的结果是 98 700；

公式"=ROUND(98712.56123,-3)"的结果是 99 000。

（2）INT 函数

① 语法：INT(Number)。

参数 Number 是一个数值型常量或数值型表达式。

② 功能：将数值向下取整为最接近的整数。

例如，公式"=INT(98712.56123)"的结果是 98 712；

公式"=INT(-98712.56123)"的结果是-98 713。

（3）ROUNDUP 函数

① 语法：ROUNDUP(Number,Num_Digits)。

参数 Number 是一个数值型常量或数值型表达式；Num_Digits 是指保留的小数位数，正数是指从小数点开始右边保留的位数，负数是指从小数点开始左边舍入的位数。

② 功能：按指定的位数对数值进行向上舍入。

例如，公式"=ROUNDUP(98712.56123,3)"的结果是 98 712.562；

公式"=ROUNDUP(98712.56123,1)"的结果是 98 712.6；

公式"=ROUNDUP(98712.56123,-2)"的结果是 98 800；

公式"=ROUNDUP(98712.56123,-3)"的结果是 99 000。

4.3 薪酬福利管理

4.3.1 加班统计表设计

1. 加班统计表

企业为了完成生产任务或者临时的重要工作，会延长员工的工作时间或要求员工在国家法定的休息日和节假日加班。劳动法明确规定："国家实行劳动者每日工作时间不超过 8 小时，平均每周工作时间不超过 44 小时的工作制度"；"延长工作时间每日不超过 3 小时，每月不超过 36 小时"。

劳动法中加班费的支付标准规定如下：

（1）工作日安排劳动者延长时间的，支付不低于工资的百分之一百五十的工资报酬；

（2）休息日安排劳动者工作又不能安排补休的，支付不低于工资的百分之二百的工资报酬；

（3）法定休假日安排劳动者工作的，支付不低于工资的百分之三百的工资报酬。

对于已经加班的员工，应在月工资中发放加班费。图 1-4-28 所示为红火星集团部分员工 2015 年 5 月的加班情况。

2. 创建步骤

关于加班统计表的制作，大部分内容，读者已经清楚。下面仅对几个关键知识点进行讲解。

（1）定义单元格区域名称

在实际工作中，用户会遇到从不同的工作表引用数据源的情况。可以借助预先定义单元格区域名称的方法，来方便引用数据源。

在本例中以部门列数据输入为例讲解单元格区域名称命名和引用。

① 启动 Excel 2013，创建一个名为"加班统计表"的 Excel 文档。

② 将"Sheet1"工作表重命名为"加班表"，并插入新工作表"Sheet2"。

③ 在工作表"Sheet2"中 A1:A6 单元格区域分别输入"人力资源部""生产部""销售部（国内）""技术部""行政部""销售部（海外）"。

④ 选中"Sheet2"中 A1:A6 单元格区域，单击"公式"选项卡→"定义的名称"组→"名称管理器"命令，弹出"名称管理器"对话框，如图 1-4-29 所示。

序号	工号	部门	姓名	加班原因	加班日期	开始时间	结束时间	实际加班时间	本人小时工资	合计加班费
colspan 2015年5月加班统计表										
1	203	人力资源部	蓝天空	整理招聘资料	2015-5-1(法定假日)	8:15	11:30	3.00	15.00	135.00
2	302	生产部	刘骏	修理车间设备	2015-5-6(工作日)	17:00	21:00	4.00	18.00	108.00
3	408	销售部（国内）	王太玉	处理销售订单	2015-5-7(工作日)	17:30	21:30	4.00	15.00	90.00
4	605	技术部	谢谢君	新产品公关	2015-5-10(公休日)	8:45	16:30	8.00	20.00	320.00
5	612	行政部	钱途亮	整理开会资料	2015-5-17(公休日)	8:25	11:00	3.00	15.00	90.00
6	507	销售部（海外）	张志坚	处理销售订单	2015-5-18(工作日)	18:00	21:00	3.00	15.00	67.50
合计								25.00		810.50
备注：1.按照公司薪酬管理规定，实际加班时间超过半小时不足1小时按照1小时计算，不足半小时不计。2.加班费以本人小时工资为基数，工作日延长工时按照1.5倍小时工资计算，公休日加班按照2倍小时工资计算，法定假日按照3倍小时工资计算。3.加班工资以人民币（元）为计量货币。										
制表人：黄仙红			制表日期：		2015年6月1日					

图 1-4-28　加班统计表

⑤ 单击图 1-4-29 中的"新建"按钮，弹出"新建名称"对话框。在"名称"文本框中输入"部门名称"；在"范围"下拉列表中选择"工作簿"，这样定义的名称在该工作簿的所有工作表中都可以引用，如果选择某一个具体的工作表，定义的名称只能在该工作表中引用；"引用位置"文本框中会自动显示第④步中选择的区域，这里是"=Sheet2!$A$1:$A$6"，如图 1-4-30 所示。

图 1-4-29　"名称管理器"对话框

图 1-4-30　"新建名称"对话框

⑥ 单击图 1-4-30 中的"确定"按钮，返回"名称管理器"对话框，单击"关闭"按钮，完成单元格区域的命名。即可用"部门名称"来引用区域 Sheet2!$A$1:$A$6。

（2）利用数据验证输入数据

利用数据验证可以在限定的输入范围输入名称或数据，以减少错误名称或数据的输入。下面以定义好的单元格区域名称"部门名称"为例介绍数据验证的使用。

① 设置数据验证规则。单击"加班表"工作表标签，返回工作表"加班表"。单击 C3 单元格，然后单击"数据"选项卡→"数据工具"组→"数据验证"命令，弹出"数据验证"对话框。在"设置"选项卡中的"允许"下拉列表中选择"序列"，在"来源"文本框中输入"=部门名称"，如图 1-4-31 所示。单击"确定"按钮，完成 C3 单元格的数据有效性设置。将 C3 单元格的内容复制到 C4:C8 单元格区域，完成 C4:C8 单元格区域的数据验证规则设置。

② 利用数据验证输入数据。单击 C3 单元格的下拉按钮，在弹出的下拉列表中选择"人力资源部"，如图 1-4-32 所示。用同样的方法，并结合图 1-4-28，在 C4:C8 单元格区域输入相应的内容。

图 1-4-31 "数据验证"对话框

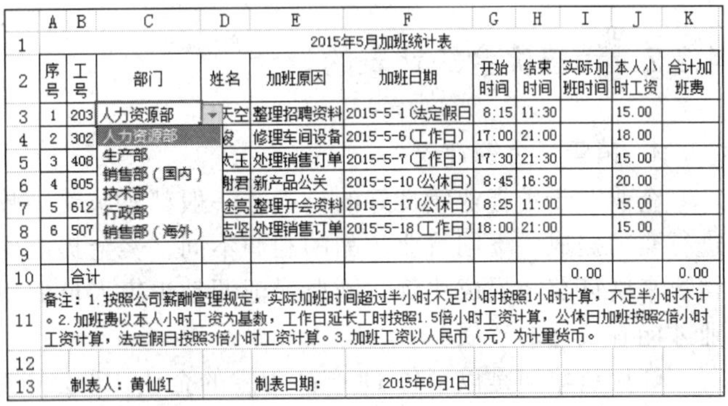

图 1-4-32 利用数据有效性输入数据

（3）实际加班时间计算

两个时间（日期）型数据进行减法运算的结果是以"天"为单位的。如果要将结果以"小时"为单位计量，就要将结果乘以 24。根据这样的规则，在 I3 单元格输入"=ROUND((H3-G3)*24,0)"，计算出来的结果就是以小时为单位的，并且四舍五入到整数。将 I3 单元格的公式复制到 I4:I8 单元格区域，就完成了所有员工加班时间的计算。

（4）加班费计算

由于不同的员工是在不同的日期（这里指工作日、公休日、法定假日）进行加班的，加班的补助费计算规则不同。如果加班人数少，可以直接输入公式进行计算；如果加班人数多，每个人都计算 1 次比较麻烦，这里给出统一的计算公式进行计算。

计算的关键是判断出加班人员是在哪种类型的日期加班。为此，先要计算出每位加班人员的加班日期种类。根据本例给出的加班日期数据是字符型数据，可以利用 RIGHT 和 LEFT 函数计算日期种类，再利用 IF 函数进行判断计算。

① RIGHT 和 LEFT 函数简介

RIGHT 函数的基本格式是：RIGHT(Text,Number)，其中 Text 是文本型数据，可以是文本型常量、单元格和文本型表达式；Number 是一个数值型数据表达式。该函数的计算结果是从 Text 文本数据的最右边字符开始取出 Number 个数量的字符。如 RIGHT("abcd",2)的结果是 cd；

RIGHT(F8,4)的计算结果是"工作日")。

LEFT 函数的基本格式是：LEFT(Text,Number)。参数含义与 RIGHT 函数相同。计算的结果是从 Text 文本数据的最左边字符开始取出 Number 个数量的字符。如 LEFT("abcd",2)的结果是 ab；LEFT(RIGHT(F8,4),3)的计算结果是"工作日"。

② 用 IF 函数计算加班费

加班日期的种类有 3 种，而 1 个 IF 函数只能计算两种情况，所以这里需要 IF 函数的嵌套。

如果 F3 单元格加班日期的种类是"工作日"，则计算公式为：I3*J3*1.5；如果 F3 单元格加班日期的种类是"公休日"，则计算公式为：I3*J3*2；如果 F3 单元格加班日期的种类是"法定假日"，则计算公式为：I3*J3*3。根据这样的规则，在 K3 单元格输入公式：

=IF(LEFT(RIGHT(F3,4),3)="工作日",I3*J3*1.5,IF(LEFT(RIGHT(F3,4),3)="公休日",I3*J3*2,I3*J3*3))

这样，就可以在 K3 单元格计算出加班费。将 K3 单元格的公式复制到 K4:K8 单元格区域，就完成了所有加班人员的加班费计算。结果如图 1-4-28 所示。

加班统计表的其他数据，读者可以根据图 1-4-28 输入。

4.3.2 销售奖金统计表的设计

1. 销售奖金统计表

企业对于销售业绩良好的员工，一般都实施奖励政策。奖励的规则是根据销售额的多少进行奖励提成。不同行业产品的利润不同，奖金提成比例也不一样。企业应根据自己的实际情况来制订奖金提成比例，既要保证调动销售人员的积极性，也要保证企业的盈利，这样企业才能有长远的发展。

红火星集团是以销售 IT 产品为主的企业，子公司遍布世界各地，销售人员 1 万多名，其中中国区就有 5 000 多名。企业为了便于管理，将中国分为十大区域，每一个区域有一个销售总代理。公司根据区域销售额计算奖金，每个销售人员具体提成多少，由各区域自行决定。为了简化管理工作，销售奖金按季度进行计算。图 1-4-33 是红火星集团 2014 年季度销售奖金提成标准。

	A	B	C	D
1	红火星集团2014年季度销售奖金评定标准			
2	基准销售额	奖金类别	奖金比例	基准奖金
3	0.00	800 000 000及以下	0.00%	0.00
4	800,000,000.00	800 000 001至1 500 000 000部分	1.00%	0.00
5	1,500,000,000.00	1 500 000 001至2 000 000 000部分	1.50%	7,000,000.00
6	2,000,000,000.00	2 000 000 001至2 500 000 000部分	2.00%	14,500,000.00
7	2,500,000,000.00	2 500 000 001至3 000 000 000部分	2.50%	24,500,000.00
8	3,000,000,000.00	3 000 000 001至3 500 000 000部分	3.00%	37,000,000.00
9	3,500,000,000.00	3 500 000 001及以上	3.50%	52,000,000.00
10	说明：计算货币为人民币，计量单位为：元。			

图 1-4-33 奖金评定标准表

不同销售额对应不同的奖金提成比例，奖金按累计提成比例计算，如某销售区域销售额为 20 亿元，其中 8 亿为基本销售额，没有提成奖金；8 亿到 15 亿的部分按 1%提成，为 700 万；15 亿到 20 亿的部分按 1.5%提成，为 750 万；20 亿累计提成 1 450 万。

图 1-4-34 是红火星集团 2014 年第四季度中国十大销售区域销售奖金统计表。

2. 创建步骤

（1）创建销售奖金评定标准表

在图 1-4-33 所示的销售奖金评定标准表中，除基准奖金一列需要计算以外，其他数据直接输入即可。按照奖金累计提成规则，在 D4 单元格输入 "=D3+(A4-A3)*C3" 即可求出基准销售额是 8 亿元的基准奖金，这里是 0 元。将 D4 单元格公式复制到 D5:D9 单元格区域，即可计算出基准销售额对应的基准奖金。结果如图 1-4-33 所示。

（2）创建销售奖金统计表

图 1-4-34 中的奖金比例、基准销售额、基准奖金 3 列数据都来自数据表 "奖金评定标准表"。从 "奖金评定标准表" 中提取奖金比例、基准销售额、基准奖金 3 列数据到 "销售奖金统计表" 中，用 VLOOKUP 函数进行计算非常方便。

序号	工号	销售代理姓名	部门	销售额	奖金比例	基准销售额	基准奖金	应得奖金
			红火星集团2014年第四季度国内十大区域销售奖金统计表					
1	401	茂丰收	销售部（国内）	2,689,290,000.00				
2	402	麦收成	销售部（国内）	1,850,670,000.00				
3	403	孟浩亮	销售部（国内）	1,785,420,000.00				
4	404	潘冬至	销售部（国内）	2,112,600,000.00				
5	405	邱大致	销售部（国内）	867,360,000.00				
6	406	唐卓志	销售部（国内）	2,082,480,000.00				
7	407	王人杰	销售部（国内）	1,484,250,000.00				
8	408	王太主	销售部（国内）	1,909,170,000.00				
9	409	王中意	销售部（国内）	1,317,300,000.00				
10	410	吴鹏志	销售部（国内）	3,660,360,000.00				
	合计			19,758,900,000.00				

说明：计算货币为人民币，计量单位为：元。

制表人：黄仙红　　　　　　制表日期：2015年1月5日

奖金评定标准表　销售奖金统计表

图 1-4-34　销售奖金统计表

VLOOKUP 函数的功能前面已经介绍过，这里直接使用。

在 "销售奖金统计表" F3 单元格中输入函数：

$$=VLOOKUP(E3,奖金评定标准表!\$A\$3:\$C\$9,3)$$

由于第 4 个参数省略了，所以是近似查找。函数含义是："销售奖金统计表" E3 单元格中的数值是 2 689 290 000，在奖金评定标准表!$A$3:$C$9 区域中查找该值，由于没有与其精确匹配的值，所以找一个近似值，该近似值为小于 2 689 290 000 的最大整数，即 2 500 000 000，那么函数返回的结果是 2 500 000 000 所在行第 3 列的值，即 2.5%。将 F3 单元格中的公式复制到 F4:F9 单元格区域，即可完成 "奖金比例" 的提取计算。

用类似的 VLOOKUP 函数来计算 "基准销售额" 和 "基准奖金"。在 G3 单元格中输入公式 "=VLOOKUP(E3,奖金评定标准表!$A$3:$C$9,1)" 将 G3 单元格中的公式复制到 G4:G9 单元格区域，即可完成 "基准销售额" 的提取计算。

在 H3 单元格中输入公式 "=VLOOKUP(E3,奖金评定标准表!$A$3:$D$9,4)"，将 H3 单元格中的公式复制到 H4:H9 单元格区域，即可完成 "基准奖金" 的提取计算。

"应得奖金" 等于 "基准奖金+(销售额-基准销售额)*奖金比例"。因此，在 I3 单元格中输入公式 "=H3+(E3-G3)*F3" 将 I3 单元格中的公式复制到 I4:I9 单元格区域，即可完成 "应得奖金" 的计算。

关于美化该工作表、其他数据的输入以及销售总额的合计计算和应得奖金的合计计算等，读者自己完成，这里不再详述。

最终，红火星集团2014年第四季度销售奖金统计表的计算结果如图1-4-35所示。

	A	B	C	D	E	F	G	H	I
1					红火星集团2014年第四季度国内十大区域销售奖金统计表				
2	序号	工号	销售代理姓名	部门	销售额	奖金比例	基准销售额	基准奖金	应得奖金
3	1	401	麦丰收	销售部（国内）	2,689,290,000.00	2.50%	2500000000.00	24500000.00	29232250
4	2	402	麦收成	销售部（国内）	1,850,670,000.00	1.50%	1500000000.00	7000000.00	12260050
5	3	403	孟浩亮	销售部（国内）	1,785,420,000.00	1.50%	1500000000.00	7000000.00	11281300
6	4	404	番冬至	销售部（国内）	2,112,600,000.00	2.00%	2000000000.00	14500000.00	16752000
7	5	405	邱大款	销售部（国内）	867,360,000.00	1.00%	800000000.00	0.00	673600
8	6	406	唐卓志	销售部（国内）	2,082,480,000.00	2.00%	2000000000.00	14500000.00	16149600
9	7	407	王人杰	销售部（国内）	1,484,250,000.00	1.00%	800000000.00	0.00	6842500
10	8	408	王大玉	销售部（国内）	1,909,170,000.00	1.50%	1500000000.00	7000000.00	13137550
11	9	409	王中意	销售部（国内）	1,317,300,000.00	1.00%	800000000.00	0.00	5173000
12	10	410	吴鹏志	销售部（国内）	3,660,360,000.00	3.50%	3500000000.00	52000000.00	57612600
13			合计		19,758,900,000.00				169114450
14	说明：计算货币为人民币，计量单位是：元。								
15									
16	制表人：黄仙红			制表日期：2015年1月5日					

奖金评定标准表　　销售奖金统计表

图1-4-35　销售奖金统计表最终结果

3. 部分查找函数的讲解

前面介绍了 VLOOKUP 函数，下面对 HLOOKUP、LOOKUP 函数进行简要介绍。

（1）HLOOKUP 函数

① 语法：HLOOKUP(Lookup_Value,Table_Arrary,Row_Index_Num,Range_Lookup)。

Lookup_Value 为目标数值。

Table_Arrary 为给定查找区域，系统将在给定区域的首行中查找目标数值。一般情况下，查找区域用绝对引用地址。

Row_Index_Num 为指定返回给定查找区域中某一行的序列号，比如该数值取 3 时，返回给定查找区域中第 3 行的值。

Range_Lookup 用来规定 HLOOKUP 函数查找类型，可以取 TRUE 或省略、FALSE 或 0。当取 TRUE 或省略时，HLOOKUP 函数将进行近似匹配查找，要求给定区域的首行值要以升序排列，并且要查找的目标值要比给定查找区域内最小值大，否则 HLOOKUP 函数会显示错误值。当 Range_Lookup 取 FALSE 或 0 时，HLOOKUP 函数将进行精确匹配查找，如果给定区域没有匹配值，则返回 "#N/A"。

② 功能：按照目标数值在指定区域首行查找，找到目标值所在列，返回该列指定行的值。

如表 1-4-3 为某工作表 A1:D3 单元格区域中的数据：

表 1-4-3　A1:D3 单元格区域中的数据

1	5	9	13
2	6	10	14
3	7	11	15

则公式 "=HLOOKUP(5.5,$A$1:$D$4,3)" 的结果就是 7；

而公式 "=HLOOKUP(5.5,$A$1:$D$4,3,0)" 的结果是#N/A。

（2）LOOKUP 函数

① 语法：LOOKUP(Lookup_Value,Lookup_Vector,Result_Vector)。

Lookup_Value：要在 Lookup_Vector 中查找的值；

Lookup_Vector：包含要查找的值只有一行或一列的区域，必须是升序排列的；

Result_Vector：包含要返回的值只有一行或一列的区域。它必须与 Lookup_Vector 具有相同的大小。

② 功能：从包含一行或一列的区域中返回指定的值。

例如公式 "=LOOKUP(5.5,A1:D1,A3:D3)" 的结果是 7；

公式 "=LOOKUP(9.5,C1:C3,D1:D3)" 的结果是 13；

公式 "=LOOKUP(5.5,C1:C3,D1:D3)" 的结果是#N/A。

4.3.3 个人所得税计算

1. 个人所得税计算

缴纳个人所得税是收入达到缴纳标准的公民应尽的义务。2011 年 6 月 30 日，十一届全国人大常委会第二十一次会议表决通过了个税法修正案，将个税起征点由 2 000 元提高到 3 500 元，适用超额累进税率为 3%至 45%，自 2011 年 9 月 1 日起实施。

工资个税起征点是 3 500，使用超额累进税率的计算方法：

缴税=全月应纳税所得额*税率−速算扣除数

全月应纳税所得额=应发工资−"三险一金"−3 500

用人单位给予劳动者的保障性待遇包括养老保险、医疗保险、失业保险、工伤保险和生育保险，还有住房公积金，简称"五险一金"。国家政策规定，"五险一金"可以免税。由于工伤保险和生育保险完全由单位代缴，不需要个人支付，这两个险种在计算个人所得税时不计，因此，个人所得税的免除部分是个人缴纳的养老保险、医疗保险、失业保险和住房公积金，这里简称"三险一金"。

速算扣除数是指采用超额累进税率计税时，简化计算应纳税额的一个数据。速算扣除数实际是在级距和税率不变条件下，全额累进税率的应纳税额比超额累进税率的应纳税额多缴纳的一个常数。所以，在超额累进税率条件下，用全额累进的计税方法，减去这个常数，就等于用超额累进方法计算的应纳税额，该常数简称速算扣除数。

图 1-4-36 是 2012 年 1 月开始实行的 7 级超额累进个人所得税税率表以及相应的速算扣除数。

图 1-4-36 中的速算扣除数是按如下公式来计算的：

本级速算扣除数=上一级最高应纳税所得额×（本级税率−上一级税率）+上一级速算扣除数

在 E4 单元格输入公式 "=C4*(D4−D3)+E3"，将 E4 单元格的公式复制到 E5:E9 单元格区域，即可计算 3 到 7 级个人所得税的速算扣除数。

	A	B	C	D	E
1		个人所得税税率及速算扣除数			
2	级数	全月应纳税所得额	上一级最高应纳税所得额	税率	速算扣除数
3	1	不超过1,500元	0	3%	0
4	2	超过1,500元至4,500元的部分	1 500	10%	105
5	3	超过4,500元至9,000元的部分	4 500	20%	555
6	4	超过9,000元至35,000元的部分	9 000	25%	1,005
7	5	超过35,000元至55,000元的部分	35 000	30%	2,755
8	6	超过55,000元至80,000元的部分	55 000	35%	5,505
9	7	超过80,000元的部分	80 000	45%	13,505

个税税率　月工资表

图 1-4-36　个人所得税税率及速算扣除数

2. 红火星集团部分员工月工资发放表

图 1-4-37 是红火星集团 2014 年 12 月部分员工的工资表。其中，应发工资、代缴税款、实发工资列需要计算，其他数据直接输入就可以了。

（1）应发工资的计算

应发工资＝基本工资＋岗位工资＋奖金＋销售奖＋加班补贴。在 J3 单元格中输入公式：
$$=ROUND(SUM(E3:I3),2)$$
将 J3 单元格的公式复制到 J4:J22 单元格区域，即完成应发工资的计算。

（2）代缴税款的计算

根据国家规定，代缴税款＝全月应纳税所得额*税率-速算扣除数，全月应纳税所得额＝应发工资-代缴保险-住房公积金-3500。所以：
$$代缴税款＝(应发工资-代缴保险-住房公积金-3500)*税率-速算扣除数$$
上式中的税率和速算扣除数，从图 1-4-36 所示的个人所得税税率及速算扣除数表中提取。

下面提供两种计算方法来计算代缴税款。

① 用 VLOOKUP 函数计算

根据前面介绍的 VLOOKUP 函数的功能及使用，代缴税款计算公式中的税率可以用 VLOOKUP 函数从个税税率数据表中提取，公式如下：
$$VLOOKUP(J3-L3-M3-3500,个税税率!\$C\$3:\$E\$9,2)$$
代缴税款计算公式里的速算扣除数同样可以用 VLOOKUP 函数从个税税率数据表中提取，公式如下：
$$VLOOKUP(J3-L3-M3-3500,个税税率!\$C\$3:\$E\$9,3)$$
依据上述税率和速算扣除数的计算函数，计算每位员工的应缴税款。在 N3 单元格中输入如下公式：

=ROUND((J3-L3-M3-3500)*VLOOKUP(J3-L3-M3-3500,个税税率!\$C\$3:\$E\$9,2)-VLOOKUP(J3-L3-M3-3500,个税税率!\$C\$3:\$E\$9,3),2)

将 N3 单元格中的公式复制到 N4:N22 单元格区域，就完成了所有员工的代缴税款的计算。

序号	工号	部门	姓名	基本工资	岗位工资	奖金	销售奖	加班补贴	应发工资	缺勤扣款	代缴保险	住房公积金	代缴税款	实发工资
									红火星集团2014年12月工资表					
1	101	财务部	王中意	2020	5000	8000	0	1000.98		0	1635	1920		
2	102	财务部	张志华	1818	4000	6000	0	500		0	1635	1920		
3	201	人力资源	黄仙红	2135.67	5000	8000	0	0		0	1431	1680		
4	202	人力资源	邝美玉	1812.1	4000	6000	0	0		0	1431	1680		
5	301	生产部	李志坚	2016.2	5000	8000	0	0		0	1431	1680		
6	302	生产部	刘骏	1823.6	4000	6000	0	0		0	1431	1680		
7	303	生产部	刘万成	1658.8	3000	3000	0	980.9		100	1431	1680		
8	401	销售部	麦丰收	2018.8	5000	0	22000	0		0	1431	1680		
9	402	销售部	麦收成	1809.12	4000	0	21000	0		0	1023	1200		
10	403	销售部	孟洁亮	1668.9	5000	0	21000	0		0	1023	1200		
11	501	销售部	冼美丽	2019.8	5000	0	21000	0		0	1431	1680		
12	502	销售部	谢燕美	1858.8	4000	0	23000	0		0	1227	1440		
13	503	销售部	严厚侨	1590.9	4000	0	12000	0		0	1227	1440		
14	601	技术部	朱至臻	2052.1	5500	15000	0	1500.66		0	1431	1680		
15	602	技术部	王达成	1812.3	4500	15000	0	1300.76		0	1227	1440		
16	603	技术部	万成功	2156.8	4900	14000	0	1500.66		0	1227	1440		
17	604	技术部	章正义	2112.3	4900	13000	0	1500.78		0	1227	1440		
18	605	技术部	谢谢君	1612.4	3800	5000	0	1000.6		0	1227	1440		
19	611	行政部	郑国志	2021.3	5000	8000	0	580.9		100	1227	1440		
20	612	行政部	钱途亮	1825.6	4000	5000	0	0		60	1227	1440		

图 1-4-37　月工资表

② 用数组公式计算

在 N3 单元格中输入数组公式：

=SUM((J3−L3−M3−3500−{0,1500,4500,9000,35000,55000,80000}>0)*(J3−L3−M3−3500−{0,1500,4500,9000,35000,55000,80000})*{0.03,0.07,0.1,0.05,0.05,0.05,0.1})

将 N3 单元格中的公式复制到 N4:N22 单元格区域，即可完成所有员工的代缴税款的计算。下面对该数组公式解释说明。为了便于说明问题，将公式中的 J3−L3−M3−3 500 用 P3 来代替。

实际上，个税的代缴计算根据其定义，也可以按如下办法来进行计算。假设应纳税所得额（本例是应发工资−代缴保险−住房公积金−3 500 的结果，即 P3）是 10 000 元，那么其中的 1 500 元（小于等于 1 500 元部分）按照 3% 缴税，3 000 元（大于 1 500 元至小于等于 4 500 元部分）按 10% 缴税、4 500 元（大于 4 500 元至小于等于 9 000 元部分）按照 20% 缴税，10 000 元（大于 9 000 元至小于等于 35 000 元部分）按照 25% 缴税。则该 10 000 元缴税合计为：

1 500*3%+3 000*10%+4 500*20%+1 000*25%=45+300+900+250=1 495 元

下面用上述计算缴税的公式与数组公式结合讨论。

在缴税数组公式中的 P3−{0,1500,4500,9000,35000,55000,80000}>0，即 10000−{0,1500,4500,9000,35000,55000,80000}>0 部分实际上是一个逻辑数组，10 000 分别与数组中的值进行减法运算，如果差大于等于 0，就返回 TRUE（如果参与数值计算就返回数值 1）；如果差小于 0，就返回 FALSE（如果参与数值计算就返回数值 0）。根据这一规则，该表达式实际上返回一个数组是：{1,1,1,1,0,0,0}。

同样的道理，10000−{0,1500,4500,9000,35000,55000,80000}的计算结果是：

{10000,8500,5500,1000,−25000,−45000,−70000}

数组{1,1,1,1,0,0,0}*{10000,8500,5500,1000,−25000,−45000,−70000}，两个数组对应的元素相乘，即

{1*10000,1*8500,1*5500,1*1000,0*(−25000),0*(−45000),0*(−70000)}

结果为：{10000,8500,5500,1000,0,0,0}。

数组{0.03,0.07,0.1,0.05,0.05,0.05,0.1}中各个数值是个税税率表中的相邻级数的税率之差。{10000,8500,5500,1000,0,0,0}*{0.03,0.07,0.1,0.05,0.05,0.05,0.1}={10000*0.03,8500*0.07,5500*0.1,1000*0.05,0*0.05,0*0.05,0*0.05}

SUM((10000−{0,1500,4500,9000,35000,55000,80000}>0)*(10000−{0,1500,4500,9000,35000,55000,80000})*{0.03,0.07,0.1,0.05,0.05,0.05,0.1}))=SUM({10000*0.03,8500*0.07,5500*0.1,1000*0.05,0*0.05,0*0.05,0*0.05})=10000*0.03+8500*0.07+5500*0.1+1000*0.05+0*0.05+0*0.05+0*0.05=10000*0.03+8500*0.07+5500*0.1+1000*0.05=(1500+3000+4500+1000)*0.03+(3000+4500+1000)*0.07+(4500+1000)*0.1+1000*0.05=1500*0.03+3000*(0.03+0.07)+4500*(0.03+0.07+0.1)+1000*(0.03+0.07+0.1+0.05)=1500*0.03+3000*0.1+4500*0.2+1000*0.25=1500*3%+3000*10%+4500*20%+1000*25%=45+300+900+250=1495 元。

用数组计算，公式书写比较简单，但需要大量的练习实践，才能更好地理解数组中各个元素以及整个数组计算后的意义。

针对实际问题，读者应根据实际情况，采用一种自己能够充分理解的方法进行计算。

（3）实发工资的计算

实发工资=应发工资−缺勤扣款−代缴保险−住房公积金−代缴税款。在 O3 单元格中输入公

式 "=J3-K3-L3-M3-N3"，按【Enter】键，即可计算出该名员工的应发工资。将 O3 单元格中的公式复制到 O4:O22 单元格区域，完成所有员工的应发工资的计算。月工资表计算后最终效果如图 1-4-38 所示。

序号	工号	部门	姓名	基本工资	岗位工资	奖金	销售奖	加班补贴	应发工资	缺勤扣款	代缴保险	住房公积金	代缴税款	实发工资
			红火星集团2014年12月工资表											
1	101	财务部	王中意	2020	5000	8000	0	1000.98	16020.98	0	1635	1920	1238.2	11227.78
2	102	财务部	张志华	1818	4000	6000	0	500	12318	0	1635	1920	497.6	8265.4
3	201	人力资源	黄仙红	2135.67	5000	8000	0	0	15135.67	0	1431	1680	1149.93	10874.74
4	202	人力资源	邝美玉	1812.1	4000	6000	0	0	11812.1	0	1431	1680	485.22	8215.88
5	301	生产部	李志坚	2016.2	5000	8000	0	0	15016.2	0	1431	1680	1126.04	10779.16
6	302	生产部	刘骏	1823.6	4000	6000	0	0	11823.6	0	1431	1680	487.52	8225.08
7	303	生产部	刘万成	1658.8	3000	3000	0	980.9	8639.7	100	1431	1680	97.87	5330.83
8	401	销售部	麦丰收	2018.8	5000	0	22000	0	29018.8	0	1431	1680	4596.95	21310.85
9	402	销售部	麦收成	1809.12	4000	0	21000	0	26809.12	0	1023	1200	4256.53	20319.59
10	403	销售部	孟浩亮	1668.9	1000	0	13000	0	15668.9	0	1023	1200	1481.48	11964.42
11	501	销售部	冼美丽	2019.8	5000	0	21000	0	28019.8	0	1431	1680	4347.2	20561.6
12	502	销售部	谢燕美	1858.8	4000	0	23000	0	28858.8	0	1227	1440	4667.95	21523.85
13	503	销售部	严厚侨	1590.9	1000	0	12000	0	14590.9	0	1227	1440	1129.78	10794.12
14	601	技术部	朱至臻	2052.1	5500	15000	0	1500.66	24052.76	0	1431	1680	3355.44	17586.32
15	602	技术部	王达成	1812.3	4500	15000	0	1300.76	22613.06	0	1227	1440	3106.52	16839.54
16	603	技术部	万成功	2156.8	4900	14000	0	1500.66	22557.46	0	1227	1440	3092.52	16797.84
17	604	技术部	章正义	2112.3	4900	13000	0	1500.78	21513.08	0	1227	1440	2831.52	16014.56
18	605	技术部	谢谢君	1612.1	3800	5000	0	1000.6	11412.7	0	1227	1440	494.14	8251.56
19	611	行政部	郑国志	2021.3	5000	8000	0	580.9	15602.2	100	1227	1440	1353.8	11481.4
20	612	行政部	钱途亮	1825.6	4000	5000	0	0	10825.6	60	1227	1440	376.72	7721.88

图 1-4-38　月工资计算表

4.3.4　带薪年假天数的统计

2007 年 12 月 7 日，国务院第 198 次常务会议通过《职工带薪年休假条例》，自 2008 年 1 月 1 日起施行。至此，职工带薪年休假就有了法律保障。该条例规定：

● 职工累计工作已满 1 年不满 10 年的，年休假 5 天；
● 已满 10 年不满 20 年的，年休假 10 天；
● 已满 20 年的，年休假 15 天。

为了计算每位员工的带薪年假天数，需要统计工龄，再根据工龄计算带薪年假天数。红火星集团部分员工工作时间情况表如图 1-4-39 所示。

序号	工号	姓名	性别	隶属部门	学历	工作日期	工龄	带薪年假天数
				员工带薪年假计算表				
1	101	王中意	男	财务部	本科	1995/9/1	19	10
2	102	张志华	女	财务部	本科	1997/8/30	17	10
3	201	黄仙红	女	人力资源部	硕士	2000/6/30	14	10
4	202	邝美玉	女	人力资源部	硕士	2001/6/29	13	10
5	301	李志坚	男	生产部	本科	2004/6/19	10	10
6	302	刘骏	男	生产部	本科	2000/7/8	14	10
7	303	刘万成	男	生产部	专科	2004/6/8	10	10
8	401	麦丰收	女	销售部（国内）	本科	2004/6/8	10	10
9	402	麦收成	男	销售部（国内）	本科	2010/12/10	4	5
10	403	孟浩亮	男	销售部（国内）	本科	2010/7/8	4	5
11	501	冼美丽	女	销售部（海外）	硕士	2004/9/23	10	10
12	502	谢燕美	女	销售部（海外）	硕士	2007/11/18	7	5
13	503	严厚侨	男	销售部（海外）	本科	2009/4/16	5	5
14	601	朱至臻	男	技术部	博士	2004/5/21	10	10
15	602	王达成	女	技术部	博士	2007/5/22	7	5
16	603	万成功	男	技术部	硕士	2009/11/2	5	5
17	604	章正义	男	技术部	硕士	2008/12/12	6	5
18	605	谢谢君	男	技术部	硕士	2006/9/15	8	5
19	611	郑国志	男	行政部	硕士	2009/12/16	5	5
20	612	钱途亮	女	行政部	本科	2009/12/28	5	5

带薪年假计算

图 1-4-39　带薪年假计算

（1）工龄的计算

① DATEDIF 函数简介

语法：DATEDIF(Start_Date,End_Date,Unit)。

参数含义：Start_Date 为起始日期；End_Date 为截止日期；Unit 指明返回类型，"Y" "M" "D" 分别代表返回的起止日期相差的年数、月数、天数。

功能：返回起止日期相差的年数、月数或天数。如 DATEDIF("2011/1/1","2013/2/1","Y") 返回的值是 2，DATEDIF("2011/1/1"，"2013/2/1"，"M")返回的值是 25，DATEDIF("2011/1/1"，"2013/2/1"，"D")返回的值是 762。

② 用 DATEDIF 函数计算工龄

在 H3 单元格输入公式 "=DATEDIF(G3,TODAY(),"Y")"，将 H3 单元格公式复制到 H4:H20 单元格区域，即完成工龄的计算。

（2）带薪年假天数计算

用 IF 函数计算带薪年假天数。在 I3 单元格输入公式：

=IF(H3<1,0,IF(H3<10,5,IF(H3<20,10,15)))

将 I3 单元格公式复制到 I4:I20 单元格区域，即完成带薪年假天数的计算。最终效果如图 1-4-39 所示。

4.3.5 员工月度工资部门汇总表设计

1．员工月度工资部门汇总表

员工月度工资部门汇总计算能够清晰地反映各个部门工资发放的总量、平均工资、最大值、最小值情况，有利于分析各个部门的工资福利情况。

以图 1-4-38 所示的红火星集团 2014 年 12 月工资表为例进行员工月度工资部门汇总计算。

2．创建步骤

（1）部门分类汇总统计

进行分类汇总计算，要分为两个步骤：第一步是对分类字段排序，第二步是对汇总项设置汇总方式。

① 分类字段排序

在本例中，要求按部门分类汇总，那么图 1-4-38 中的"部门"字段就是分类字段，也就是排序字段。单击 C3:C22 单元格区域中的任意一个单元格，然后单击"开始"选项卡→"编辑"组→"排序和筛选"下拉菜单→"升序"或"降序"命令，完成按"部门"字段的排序工作。

② 分类汇总

单击"数据"选项卡→"分级显示"组→"分类汇总"命令，弹出"分类汇总"对话框，如图 1-4-40 所示。"分类字段"下拉列表中列出了该数据表的所有字段，这里选择"部门"字段作为分类字段；"汇总方式"下拉列表列出了如下汇总方式：求和、计数、平均值、最大值、最小值、乘积等，这里选

图 1-4-40 "分类汇总"对话框

择"平均值"作为本例的汇总方式；在"选定汇总项"列表中选中"实发工资"和"应发工资"字段。单击"分类汇总"对话框中的"确定"按钮。汇总情况如图 1-4-41 所示。

	序号	工号	部门	姓名	基本工资	岗位工资	奖金	销售奖	加班补贴	应发工资	缺勤扣款	代缴保险	住房公积金	代缴税款	实发工资
							红火星集团2014年12月工资表								
	1	101	财务部	王中意	2020	5000	8000	0	1000.98	16020.98	0	1635	1920	1238.2	11227.78
	2	102	财务部	张志华	1818	4000	6000	0	500	12318	0	1635	1920	497.6	8265.4
			财务部 平均值							14169.49					9746.59
	19	611	行政部	郑国志	2021.3	5000	8000	0	580.9	15602.2	100	1227	1440	1353.8	11481.4
	20	612	行政部	钱途亮	1825.6	4000	5000	0	0	10825.6	60	1227	1440	376.72	7721.88
			行政部 平均值							13213.9					9601.64
	14	601	技术部	朱至臻	2052.1	5500	15000	0	1500.66	24052.76	0	1431	1680	3355.44	17586.32
	15	602	技术部	王达成	1812.3	4500	15000	0	1300.76	22613.06	0	1227	1440	3106.52	16839.54
	16	603	技术部	万成功	2156.8	4900	15000	0	1500.66	22557.46	0	1227	1440	3092.62	16797.84
	17	604	技术部	章正义	2112.3	4900	13000	0	1500.78	21513.08	0	1227	1440	2831.52	16014.56
	18	605	技术部	谢谢君	1612.1	3800	5000	0	1000.6	11412.7	0	1227	1440	494.14	8251.56
			技术部 平均值							20429.81					15097.96
	3	201	人力资源	黄仙红	2135.67	5000	8000	0	0	15135.67	0	1431	1680	1149.9	10874.74
	4	202	人力资源	邝美玉	1812.1	4000	6000	0	0	11812.1	0	1431	1680	485.22	8215.88
			人力资源 平均值							13473.89					9545.31
	5	301	生产部	李志坚	2016.2	5000	8000	0	0	15016.2	0	1431	1680	1126.04	10779.16
	6	302	生产部	刘骏	1823.6	4000	6000	0	0	11823.6	0	1431	1680	487.52	8225.08
	7	303	生产部	刘万成	1658.8	3000	3000	0	980.9	8639.7	100	1431	1680	97.87	5330.83
			生产部 平均值							11826.5					8111.69
	8	401	销售部	麦丰收	2018.8	5000	0	22000	0	29018.8	0	1431	1680	4596.95	21310.85
	9	402	销售部	麦收成	1809.12	4000	0	21000	0	26809.12	0	1023	1200	4266.53	20319.59
	10	403	销售部	孟洁亮	1668.9	1000	0	13000	0	15668.9	0	1023	1200	1481.48	11964.42
	11	501	销售部	冼美丽	2019.8	5000	0	21000	0	28019.8	0	1431	1680	4347.2	20561.6
	12	502	销售部	谢燕美	1858.8	4000	0	23000	0	28858.8	0	1227	1440	4667.95	21523.85
	13	503	销售部	严厚侨	1590.9	1000	0	12000	0	14590.9	0	1227	1440	1129.78	10794.12
			销售部 平均值							23827.72					17745.74
			总计平均值							18115.47					13204.32

图 1-4-41 "部门"分类汇总效果

③ 汇总结果的简要分析

单击图 1-4-41 左上角的"123"按钮中的"2"按钮，此时员工具体信息被隐藏，只显示各个部门的汇总情况，得到图 1-4-42。将图 1-4-42 中的数据整理成表 1-4-4。

	序号	工号	部门	姓名	基本工资	岗位工资	奖金	销售奖	加班补贴	应发工资	缺勤扣款	代缴保险	住房公积金	代缴税款	实发工资
							红火星集团2014年12月工资表								
			财务部 平均值							14169.49					9746.59
			行政部 平均值							13213.9					9601.64
			技术部 平均值							20429.81					15097.96
			人力资源 平均值							13473.89					9545.31
			生产部 平均值							11826.5					8111.69
			销售部 平均值							23827.72					17745.74
			总计平均值							18115.47					13204.32

图 1-4-42 各部门应发工资和实发工资汇总平均值

表 1-4-4 各部门应发工资和实发工资平均值

部门	应发工资	实发工资
生产部	11826.50	8111.69
行政部	13213.90	9601.64
人力资源部	13473.89	9545.31
财务部	14169.49	9746.59
技术部	20429.81	15097.96
销售部	23827.72	17745.74
总计平均值	18115.47	13204.32

将该公司内部各个部门应发工资由低到高进行排序的结果是：生产部、行政部、人力资源部、财务部、技术部、销售部。总体来讲，各个部门工资除生产部偏低外，其余部门是比

较合理的。生产部偏低，这是由于生产已经是流水线作业，生产部员工只做一些辅助工作，主要工作是由工业机器人在做。表 1-4-4 中的数据体现了公司重视销售、技术等能为公司带来利润和新产品的工作，是一个比较好的薪酬制度。

由表 1-4-4 可以看出，该公司员工的月平均应发工资为 18115.47 元，是 2014 年北京、上海、广州等城市职工月平均工资的 3 倍多（这 3 个城市的月平均工资在 5000 多元），是福利比较好的公司，这也反映了高科技公司的特点，即不断推出有利于社会发展的高技术产品，保持稳定的利润，为员工带来较好的福利。

（2）打印不同汇总结果

汇总结果有 3 级，如果想打印不同汇总级别的结果，只需先单击图 1-4-41 左上角的"123"按钮中的任意一个，如单击"2"按钮，则显示图 1-4-42 所示的 2 级内容，此时进行打印，就只打印图 1-4-42 的内容。1 级和 3 级汇总结果的显示和打印方法类似。

（3）高亮显示部门小计

先单击图 1-4-41 左上角的"123"按钮中的 2 级按钮"2"，结果如图 1-4-42 所示。选中图 1-4-42 中的 A2:O29 单元格区域，按【F5】键弹出"定位"对话框，如图 1-4-43 所示，单击"定位条件"按钮，弹出如图 1-4-44 所示的"定位条件"对话框。也可以单击"开始"选项卡→"编辑"组→"选择和查找"下拉菜单→"定位条件"命令，弹出"定位条件"对话框。

图 1-4-43 "定位"对话框

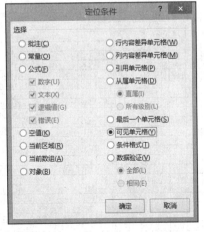

图 1-4-44 "定位条件"对话框

在图 1-4-44 中，选中"可见单元格"按钮，单击"确定"按钮。单击"开始"选项卡→"字体"组→"A"字体颜色下拉菜单，选择"红色"，则 A2:O29 单元格区域的可见区域设置成红色。如果此时单击图 1-4-41 左上角的"123"按钮中的 3 级按钮"3"，只有汇总区域的信息设置成了红色，而细节信息还是默认的黑色。

4.4 人事数据统计分析

人事数据的统计分析是人力资源部门的基础工作，不仅能为本单位提供详尽的人员量化信息，用于内部人员岗位调配、职位配置、需求预测等，而且对于人才队伍的培训、规划、政策研究等方面有重要的意义。本节将从人事数据表建立讲起，对人力资源管理中最常见的统计分析举例说明。

4.4.1　创建人事信息数据表

1. 人事数据表简介

人事数据表包括：工号、姓名、隶属部门、学历、身份证号、出生日期、工作日期、性别、年龄、工龄、职务、职称、婚否、联系电话、居住地址、Email 等信息。图 1-4-45 显示了截至 2014 年 12 月红火星集团人员基本情况数据表（由于页面宽度所限，这里省略了 Email 列数据）。为了更好地说明问题，表中给出的记录比前面计算个税和带薪年假天数的数据表多一些，共 51 条记录。

截至2014年12月红火星集团人员基本情况

序号	工号	姓名	隶属部门	学历	身份证号	出生日期	工作日期	性别	年龄	工龄	职务	职称	婚否	联系电话	居住地址
1	101	王中意	财务部	本科	440101219730512215X	1973/5/12	1995/9/1	男	41	19	部长	工程师	是	23612567789	北京某小区A座301
2	102	张志华	财务部	本科	450202219740716308X	1974/7/16	1997/8/30	女	40	17	副部长	助工	是	23712658977	北京某小区A座302
3	103	贾未来	财务部	专科	220102219770919508X	1977/9/19	1998/7/30	女	37	16	职员	工程师	是	25077891256	北京某小区A座303
4	104	黄卫城	财务部	专科	310102219781115409X	1978/11/15	1999/8/20	男	36	15	职员	助工	是	28656121289	北京某小区A座401
5	201	黄仙红	人力资源部	硕士	250302219790310108X	1979/3/10	2000/6/30	女	35	14	部长	工程师	是	23711125677	北京某小区A座402
6	202	邝美玉	人力资源部	硕士	410101219800516126X	1980/5/16	2001/6/29	女	34	13	副部长	工程师	是	23698761236	北京某小区A座403
7	203	蓝天空	人力资源部	本科	410101219710508513X	1971/5/8	1993/9/2	男	43	21	职员	助工	是	23612887659	北京某小区B座501
8	204	李媛媛	人力资源部	本科	510101219811112432X	1981/11/12	2002/9/2	女	33	12	职员	无	是	23987698961	北京某小区B座502
9	301	李志坚	生产部	本科	420101219820512413X	1982/5/12	2004/6/19	男	32	10	部长	工程师	是	23918793456	北京某小区B座503
10	302	刘骏	生产部	本科	110101219791012766X	1979/10/12	2000/7/8	男	35	14	副部长	工程师	是	23961256778	北京某小区C座301
11	303	刘万成	生产部	专科	110101219830515325X	1983/5/15	2004/6/8	男	31	10	职员	工程师	是	23712566778	北京某小区C座302
12	304	刘贤人	生产部	本科	650101219840922610X	1984/9/22	2005/8/7	女	30	9	职员	工程师	是	28681257677	北京某小区C座303
13	305	龙女	生产部	本科	210101219860502298X	1986/5/2	2007/12/11	女	28	7	职员	助工	是	28991277898	北京某小区A座601
14	306	卢正义	生产部	专科	200101219840919911X	1984/9/19	2005/12/12	男	30	9	职员	助工	是	23727112567	北京某小区A座602
15	307	陆必松	生产部	本科	120101219850115709X	1985/1/15	2006/11/10	男	30	8	职员	助工	是	25015812567	北京某小区A座603
16	308	陆大鹏	生产部	本科	710101219840905317X	1984/9/5	2004/12/1	男	30	10	职员	工程师	是	25015867789	北京某小区A座801
17	309	罗胡成	生产部	本科	110101219830912817X	1983/9/12	2004/12/29	男	31	10	职员	助工	是	28612565612	北京某小区A座802
18	310	马志华	生产部	本科	310101219850715115X	1985/7/15	2006/7/9	男	29	8	职员	无	是	28622331256	北京某小区A座803
19	401	麦丰收	销售部（国内）	本科	440101219830911736X	1983/9/11	2004/6/8	女	31	10	部长	工程师	是	28677896752	北京某小区A座201
20	402	麦收成	销售部（国内）	本科	110101219891215583X	1989/12/15	2010/12/10	男	25	4	副部长	助工	否	23913312567	北京某小区D座202
21	403	孟浩亮	销售部（国内）	本科	120101219890522111X	1989/5/22	2010/7/8	男	25	4	职员	助工	否	23799121256	北京某小区D座203
22	404	潘冬至	销售部（国内）	本科	310101219900309915X	1990/3/9	2011/5/8	男	24	3	职员	工程师	否	23644657812	北京某小区D座801
23	405	邱大致	销售部（国内）	本科	510101219880205515X	1988/2/5	2009/6/8	男	26	5	职员	助工	否	23681112567	北京某小区D座802
24	406	唐卓志	销售部（国内）	专科	210101219880717817X	1988/7/17	2009/8/8	男	26	5	职员	无	否	23987651239	北京某小区E座803
25	407	王人杰	销售部（国内）	本科	110101219901105128X	1990/11/5	2011/8/9	男	24	3	职员	助工	否	23898761237	北京某小区E座325
26	408	王太玉	销售部（国内）	本科	110601219871205123	1987/12/5	2008/7/5	男	27	6	职员	工程师	否	23987678236	北京某小区B座326
27	409	王中意	销售部（国内）	专科	120001219890407615	1989/4/7	2010/6/1	男	25	4	职员	助工	否	23724356123	北京某小区B座327
28	410	吴鹏志	销售部（国内）	本科	110101219860912501X	1986/9/12	2007/3/5	男	28	7	职员	无	否	25015823665	北京某小区B座328
29	501	冼美丽	销售部（海外）	硕士	110101219830812766X	1983/8/12	2004/9/23	女	31	10	部长	工程师	是	28976589123	北京某小区B座329
30	502	谢燕美	销售部（海外）	本科	510101219860626050X	1986/6/26	2007/11/18	女	28	7	副部长	工程师	是	28678325631	北京某小区C座330
31	503	严厚侨	销售部（海外）	本科	110101219880112365	1988/1/12	2009/4/16	男	27	5	职员	无	是	23923457682	北京某小区C座401
32	504	严至亮	销售部（海外）	本科	510101219870815769X	1987/8/15	2008/7/8	男	27	6	职员	工程师	是	23987691265	北京某小区C座402
33	505	颜慧美	销售部（海外）	本科	510101219891005278X	1989/10/5	2010/3/9	女	25	4	职员	工程师	是	23789087658	北京某小区C座403
34	506	叶丽倩	销售部（海外）	本科	110101219880412122X	1988/4/12	2009/5/16	女	26	5	职员	助工	是	23918908768	北京某小区C座404
35	507	张志坚	销售部（海外）	硕士	110101219891115214X	1989/11/15	2010/12/12	男	25	4	职员	工程师	是	28690879898	北京某小区C座405
36	508	钟勾	销售部（海外）	本科	210101219870705221X	1987/7/5	2008/7/9	男	27	6	职员	工程师	是	28623456789	北京某小区C座406
37	509	钟巨响	销售部（海外）	本科	110101219890904411X	1989/9/4	2010/10/10	男	25	4	职员	工程师	是	25015819897	北京某小区F座407
38	510	华燕	销售部（海外）	本科	110101219870402217X	1987/4/2	2007/8/9	男	27	6	职员	助工	是	23765431298	北京某小区F座408
39	601	朱奎臻	技术部	博士	110301219830319129X	1983/3/19	2004/5/21	男	31	10	部长	研究员	是	23987623412	北京某小区F座601
40	602	王达成	技术部	博士	510101219860107526X	1986/1/7	2007/5/22	女	29	7	副部长	研究员	是	23924357678	北京某小区G座601
41	603	万成功	技术部	硕士	110101219880815369X	1988/8/15	2009/11/2	女	26	5	职员	副研究员	是	23789564398	北京某小区G座602
42	604	章正义	技术部	硕士	510101219870912369X	1987/9/12	2008/12/12	男	27	6	职员	副研究员	是	23912987656	北京某小区G座603
43	605	谢谢君	技术部	硕士	110101219850712623X	1985/7/12	2006/9/15	男	29	8	职员	助工	是	23987900267	北京某小区G座604
44	606	周再见	技术部	本科	110101219850712623X	1985/7/12	2006/12/5	男	29	8	职员	级工程师	是	23725436822	北京某小区G座605
45	607	张虹	技术部	硕士	240101219880411342X	1988/4/11	2010/12/12	女	26	5	职员	工程师	是	28623678543	北京某小区G座606
46	608	李丽娟	技术部	博士	150104219890215126X	1989/2/15	2010/5/9	女	25	4	职员	工程师	是	23389267521	北京某小区H座501
47	609	伍志德	技术部	硕士	110101219861212817X	1986/12/12	2008/3/6	男	28	6	职员	工程师	是	23345768765	北京某小区H座502
48	610	伍志德	技术部	硕士	810101219850317299X	1985/3/17	2008/3/17	男	29	6	职员	工程师	是	23789009856	北京某小区H座503
49	611	郑国志	行政部	硕士	310101219861105221X	1986/11/5	2009/12/16	男	28	5	部长	工程师	是	23735462718	北京某小区H座504
50	612	钱途亮	行政部	本科	240101219880527216X	1988/5/27	2009/12/28	女	26	5	职员	工程师	是	23987602435	北京某小区H座505
51	613	周最美	行政部	本科	350101219890415528X	1989/4/15	2010/7/8	女	25	4	职员	助工	是	23789345456	北京某小区H座506

图 1-4-45　红火星集团 2014 年人事数据表

2. 创建人事数据表

创建人事数据表最直接的办法就是将数据通过键盘输入到 Excel 中。有些数据，比如序号，可以利用序列或公式输入，员工的性别、出生日期字段等可以借助 Excel 函数在身份证号中提取，工号、隶属部门、学历、职务、职称、婚否字段利用数据验证输入。这样，既能保证数据输入不容易出错，也能保证较高的输入效率。

由于姓名、身份证号、工作日期、联系电话、居住地址五列的内容没有规律，只能直接输入。注意身份证号、联系电话两列的数据，先将 F3:F53、O3:O53 单元格区域设置"数字"为"文本"格式，以免单元格出现科学记数法显示。

启动 Excel 2013，新建一个工作簿文档，保存为"红火星集团人事信息表.xlsx"。下面，对于人事数据表中有一定规律的数据的输入进行简要说明。

（1）序号的输入

在 A3 单元格中输入 1，A4 单元格中输入 2，选中 A3:A4 单元格区域，将指针指向 A4 右下角的填充柄(A4 单元格右下角的小方块)，按下左键并拖动鼠标到 A53 单元格，即可在 A1～A53 单元格中输入序号 1、2、……、51。

（2）利用数据验证防止工号重复输入

在实际工作中，由于员工较多，输入工号时可能会重复输入同一工号，利用数据验证可以避免工号的重复输入。创建工号数据验证规则的步骤如下：

① 选中 B3:B53 单元格区域，单击"数据"选项卡→"数据工具"组→"数据验证"下拉菜单→"数据验证"命令，弹出"数据验证"对话框。

② 单击"设置"选项卡，单击该选项卡中"允许"下拉列表按钮，选中"自定义"，在"公式"文本框中输入"=COUNTIF(B:B,B3)=1"，如图 1-4-46 所示。

③ 单击"输入信息"选项卡，单击"选定单元格时显示输入信息"复选框，然后在"输入信息"文本框里输入"每个员工请分配唯一工号"，如图 1-4-47 所示。

图 1-4-46　数据验证"设置"选项卡设置　　　图 1-4-47　数据验证"输入信息"选项卡设置

④ 单击"出错警告"选项卡，单击"输入无效数据时显示出错警告"复选框，在"样式"下拉列表中选中"警告"，在"错误信息"文本框里输入"此列有重复数据，请核对。"，如图 1-4-48 所示。

⑤ 单击"确定"按钮，完成数据验证规则的设置。

⑥ 在 B3:B53 单元格区域的各个单元格中输入每位员工的工号。如果输入了重复的员工工号并按了【Enter】键，系统就会弹出"警告"对话框，如图 1-4-49 所示。在图 1-4-49 中，

单击"是"按钮，就输入当前重复的员工号；单击"否"按钮，就回到该单元格进行修改；单击"取消"按钮，则取消输入的内容。

图 1-4-48　数据验证"出错警告"选项卡　　　　图 1-4-49　输入重复的员工工号的提示对话框

（3）利用数据验证输入隶属部门、学历、职务、职称、婚否内容

① 插入一个新工作表，并将该工作表重命名为"序列"。

② 在"序列"工作表的 A1:A7 单元格区域各单元格中分别输入"财务部""生产部""技术部""人力资源部""销售部（国内）""销售部（海外）""行政部"；在 B1:B4 单元格区域各单元格中分别输入"专科""本科""硕士""博士"；在 C1:C3 单元格区域各单元格中分别输入"部长""副部长""职员"；在 D1:D5 单元格区域各单元格中分别输入"助工""工程师""研究员""副研究员""高级工程师"；在 E1:E2 单元格区域各单元格中分别输入"是""否"。

③ 定义单元格区域名称。选中"序列"工作表的 A1:A7 单元格区域，单击"公式"选项卡→"定义的名称"组→"定义名称"下拉菜单→"定义名称"命令，弹出"新建名称"对话框。在"新建名称"对话框的"名称"文本框中输入"部门名称"，在"范围"下拉列表中选定"工作簿"，引用位置文本框会自动显示"=序列!$A$1:$A$7"（如果没有显示就直接输入），如图 1-4-30 所示。单击图 1-4-30 中的"确定"按钮，将 A1:A7 单元格区域定义名称为"部门名称"。

用类似的方法，将 B1:B4 单元格区域定义名称为"学历"，将 C1:C3 单元格区域定义名称为"职务"，将 D1:D5 单元格区域定义名称为"职称"，将 E1:E2 单元格区域定义名称为"婚否"。

④ 设置数据验证规则。单击工作表"人事数据表"，选中 D3:D53 单元格区域，单击"数据"选项卡→"数据工具"组→"数据验证"下拉菜单→"数据验证"命令，弹出"数据验证"对话框，在该对话框"设置"选项卡的"允许"下拉列表中选定"序列"，在"来源"文本框中输入"=部门名称"，如图 1-4-31 所示，完成 D3:D53 单元格区域数据验证规则设置。

用类似的方法，分别设置"人事数据表"中 E3:E53 单元格区域（学历）、L3:L53 单元格区域（职务）、M3:M53 单元格区域（职称）、N3:N53 单元格区域（婚否）的数据验证规则。

⑤ 利用数据验证规则输入数据。参见图 1-4-32，利用上述定义好的数据验证规则输入隶属部门、学历、职务、职称、婚否 5 列的内容。

（4）从身份证号中提取出生日期、性别等有效信息

身份证号中隐含着出生日期、性别等信息。身份证号的第 7 位至第 14 位为该人的出生日

期信息（7 到 10 位为年，11、12 位为月，13、14 位为日），第 17 位为性别信息（奇数为男性，偶数为女性）。下面利用函数来计算出生日期和性别信息。

① 计算出生日期。从身份证号中提取出生日期信息有多种计算方法，这里提供两种，供读者参考。

第一种方法。在 G3 单元格中输入公式：

$$=DATE(MID(F3,7,4),MID(F3,11,2),MID(F3,13,2))$$

第二种方法。在 G3 单元格中输入公式：

$$=TEXT(MID(F3,7,8),"\#-00-00")$$

上述任何一个公式都可从身份证号中计算出出生日期。将 G3 单元格的公式复制到 G4:G53 单元格区域，即可完成所有员工的出生日期的计算。关于 DATE、MID、TEXT 函数将在本小节的"3.有关函数的介绍"中详细讲解。

② 计算性别。在 I3 单元格输入公式：

$$=IF(MOD(RIGHT(LEFT(F3,17),1),2)=0,"女","男")$$

或者输入：

$$=IF(MOD(MID(F3,17,1),2)=0,"女","男")$$

将 I3 单元格中的公式复制到 I4:I53 单元格区域，即可完成所有员工性别提取的计算。关于 RIGHT、LEFT 函数前面已经介绍过，MOD 函数在本小结的"3.有关函数的介绍"中详细讲解。

（5）计算员工年龄和工龄

关于年龄和工龄的计算公式，在计算带薪年假的时候已经详细讲解，这里直接引用。在单元格 J3 输入公式"=DATEDIF(G3,TODAY(),"Y")"，将 J3 单元格中的公式复制到 J4:J53 单元格区域，即完成年龄的计算。

在 K3 单元格输入公式"=DATEDIF(H3,TODAY(),"Y")"将 K3 单元格中的公式复制到 K4:K53 单元格区域，即完成工龄的计算。

人事数据表最终的数据输入、计算效果如图 1-4-45 所示。

3. 有关函数的介绍

（1）DATE 函数

① 语法：DATE(Year,Month,Day)

参数含义：Year 指日期中的年份，Month 指日期中的月份，Day 指日期中的日。

② 功能：返回指定年、月、日所表示的日期序列数。如 DATE(2012,12,18)返回的数据是 41 261（距离 1900 年 1 月 1 日 0:00 点开始的天数，要求单元格"数字"格式设置为数值），如果该单元格"数字"格式设置为日期格式，则结果显示为 2012/12/18，即 2012 年 12 月 18 日。

（2）MID 函数

① 语法：MID(Text,Start_Num,Num_Chars)

参数含义：Text 是一个字符串；Start_Num 是字符串中开始的位置，取值范围为 1、2、……、n（假设该字符串有 n 个字符）；Num_Chars 是 MID 函数返回的字符个数，取值范围为正数。

② 功能：在 Text 中返回从 Start_Num 开始的 Num_Chars 个字符。如 A1 单元格数据是：1Excellent，则 MID(A1,1,9)返回结果是：Excellent；MID(A1,2,3)返回结果是：xce；MID(A1,8,2)返回结果是：nt；MID(A1,8,10)返回结果是：nt，因为 A1 中的字符串从第 8 个字符开始后面

最多只有 2 个字符，虽然要求返回 10 个，但只能返回 2 个，即这里的"nt"。

MID(F3,7,4)是指从 F3 单元格（身份证号）中的第 7 位开始取 4 位，即提取身份证号中的年份；MID(F3,11,2)是指从 F3 单元格（身份证号）中的第 11 位开始取 2 位，即提取身份证号中的月份；MID(F3,13,2)是指从 F3 单元格（身份证号）中的第 13 位开始取 2 位，即提取身份证号中的日。则 DATE(MID(F3,7,4),MID(F3,11,2),MID(F3,13,2))返回由年、月、日对应的日期，即该名员工的出生日期。

（3）TEXT 函数

① 语法：TEXT(Value,Format_Text)

参数含义：Value 是指一个数字型数据，可以是一个常量，也可以是表达式；Format_Text 是指需要设置的文本格式，可以是任何有效的数字格式编码。

② 功能：将给定的数字型字符串转换为指定格式的数据。

如 TEXT(123456,"$#,##0.00")计算后返回的值是：$123,456.00。

TEXT(19991208,"#-00-00")计算后返回的值是日期格式：1999-12-08。这里的"#"是数字占位符，显示有意义的位数；"-"连字符表示要将数字转换为日期；"00"表示有 2 位数字。如日期是 8 位数字，则"00-00"就占用月份（2 位）和日（2 位），"#"就代表剩余的 4 位，即年份。

根据该函数的说明可知，TEXT(MID(F3,7,8),"#-00-00")函数中的 MID(F3,7,8)将 F3 单元格字符串中从第 7 位开始的 8 位数字提取出来，刚好是年月日的 8 位数字串，经过函数 TEXT(MID(F3,7,8),"#-00-00")的计算，就提取出身份证号中的日期信息。

（4）MOD 函数

① 语法：MOD(Number1,Number2)

参数含义：Number1 和 Number2 都是指数值型数据，可以是一个常量，也可以是表达式；Number1 是被除数；Number2 是除数，不能为 0。

② 功能：返回 Number1 除以 Number2 的余数。

如函数 MOD(8,3)的返回值是 2。假设 A1 单元格中有数据 15，则 MOD(A1,6)返回值是 3。

IF(MOD(RIGHT(LEFT(F3,17),1),2)=0,"女","男")函数中的 LEFT(F3,17)函数是将身份证号的左边 17 位提取出来；RIGHT(LEFT(F3,17),1)是将 LEFT(F3,17)提取出来的 17 位中最右边的 1 位（即身份证号中的第 17 位）提取出来；而该位置的数刚好是性别判断数据，奇数是指男性，偶数是指女性；MOD(RIGHT(LEFT(F3,17),1),2)将身份证号的第 17 位数与 2 相除求余数，该余数只有 1 和 0 两个值；当该余数为 1 时，则身份证号的第 17 位数是奇数，当该余数为 0 时，则是偶数。所以 IF(MOD(RIGHT(LEFT(F3,17),1),2)=0,"女","男")公式就可以计算出该名员工的性别。

实际上，用 MID 函数更为简化一些，如 IF(MOD(MID(F3,17,1),2)=0,"女","男")。使用 MOD 函数是为了说明 LEFT 和 RIGHT 函数的区别。

4. 设置每页顶端标题行和底端标题行

由于员工数量多，在打印时会有多页的情况，为了保证每一页都打印出标题行，须设置每页顶端标题行和底端标题行。

（1）设置每页打印顶端标题行

① 单击"页面布局"选项卡→"页面设置"组→"打印标题"命令，弹出"页面设置"

对话框的"工作表"选项卡。

② 在人事数据表打印中，一般希望每页的顶端都出现数据表的标题（这里是 A1:P1 单元格区域）和各列的字段标题（这里是 A2:P2 单元格区域）。在设置每页打印顶端标题行时，要选择这两部分信息所在的行，即在"顶端标题行"文本框中输入"$1:$2"，即可完成设置每页打印顶端标题行，如图 1-4-50 所示。

关于"$1:$2"的输入，也可以用鼠标选择的方法，读者可以自己尝试操作，这里就不再叙述了。

（2）设置每页打印底端标题行

要在每页打印底端的位置显示文字信息，可以利用自定义页脚设置。

① 在图 1-4-50 中，单击"页眉/页脚"标签，进入"页眉/页脚"选项卡，如图 1-4-51 所示。

图 1-4-50 页面设置"工作表"选项卡 　　图 1-4-51 页面设置"页眉/页脚"选项卡

② 在图 1-4-51 中，单击中部的"自定义页脚"按钮，进入"页脚"对话框，如图 1-4-52 所示。在图 1-4-52 中"左"文本框中输入"制表人：黄仙红"；"右"文本框中输入"制表日期：2015 年 1 月 5 日"。效果如图 1-4-52 所示。

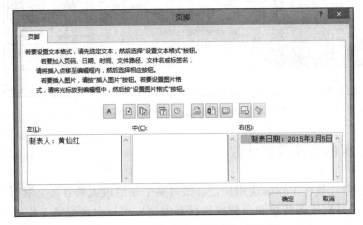

图 1-4-52 自定义"页脚"对话框

③ 单击图 1-4-52 中的"确定"按钮，返回到图 1-4-51。单击图 1-4-51 中的"打印预览"按钮，预览页面打印的效果。

单击图 1-4-51 中的"确定"按钮，即完成了设置每页打印顶端标题行和底端标题的信息。

5. 美化表格

（1）设置表格标题行格式

设置 A1 单元格的字体为：华文新魏；大小为：18 磅；并将 A1:P1 单元格区域合并单元格，设置水平和垂直方向都居中；第 1 行行高为：24 磅。

（2）设置数据区域格式

选中 A2:P53 单元格区域，设置该区域：外边框为粗实线，内边框为细实线；字体为：宋体；大小为：12 磅；第 2 至 53 行行高为：16 磅；列宽为容纳各列数据的适合宽度。

（3）页面设置

单击图 1-4-51 的"页边距"选项卡，设置上边距为：1.9；页眉为：0.8；下边距为：1.9；页脚为：0.8；左边距为：2.5；右边距为 2.5。

单击图 1-4-51 的"页面"选项卡，选择"方向"区域的"横向"单选按钮，即将该数据表打印时以页面横向为打印方向。其他设置为默认，不用修改，单击"确定"铵钮即可。

最终的人事数据表第一页打印预览效果如图 1-4-53 所示。图 1-4-53 中，为了保证图中文字的清晰显示，将联系电话、居住地址、EMAIL 3 个字段作省略处理，本小节下面的内容都采取这样的办法进行处理，请读者理解。读者自己练习时，可以将"联系电话""居住地址"EMAIL 3 个字段添加进表格里。

图 1-4-53　人事数据表打印预览效果

4.4.2　人事数据的条件求和计数

Excel 条件求和计数在工作中应用广泛，如对某个年龄段人数、某个学历人数、某个职称人数的计算等。通过利用条件求和函数解决这些问题，可以大大提高工作效率。

1. 人事数据的单字段单条件求和计数

这里以计算硕士学历人数、年龄大于等于 40 岁人数、工程师人数为例进行计算。

（1）输入标题

在人事数据表的 R3:R5 单元格区域分别输入"硕士学历人数""年龄大于等于 40 岁人数""工程师人数"。

（2）输入公式计算

在人事数据表的 S3:S5 单元格区域分别输入如下公式"=COUNTIF(E3:E53,"硕士")""=COUNTIF(J3:J53,">=40")""=COUNTIF(M3:M53,"工程师")"，则可以在 S3:S5 单元格区域分别计算出硕士学历人数、年龄大于等于 40 岁人数、工程师人数，这里分别是：11、3、24。

2. 人事数据的单字段多条件求和计数

单字段多条件计数计算，可以有多种方法。这里以计算 30~40 岁之间的员工人数为例进行介绍，分别利用 COUNTIF 函数、SUM 函数结合数组、SUMPRODUCT 函数计算。

（1）输入标题

在人事数据表的 R8:R10 单元格区域输入"30~40 岁的员工人数"。

（2）输入公式计算

① 利用 COUNTIF 函数计算

在人事数据表的 S8 单元格输入公式：

$$=COUNTIF(J3:J53,">=30")-COUNTIF(J3:J53,">40")$$

函数 COUNTIF(J3:J53,">=30")计算出 J3:J53 单元格区域中大于等于 30 的人数，COUNTIF(J3:J53,">40")计算出 J3:J53 单元格区域中大于 40 的人数，公式 COUNTIF(J3:J53,">=30")-COUNTIF(J3:J53,">40")就计算出 30~40 岁的员工人数。计算结果为：17。

② 利用 SUM 函数结合数组计算

在人事数据表的 S9 单元格输入公式：

$$=SUM((J3:J53>=30)*(J3:J53<=40))$$

输入上述公式后，同时按【Ctrl+Shift+Enter】组合键，此时，编辑栏显示：

$$\{=SUM((J3:J53>=30)*(J3:J53<=40))\}$$

"J3:J53>=30"依次判断 J3、J4、……、J53 是否大于等于 30，如果是就返回数值 1，否则就返回数值 0，例如 J3>=30 返回 1，J4>=30 返回 1，……、J53>=30 返回 0，最后构成一个数组{1,1,……,0}。"J3:J53<=40"依次判断 J3、J4、……、J53 是否小于等于 40，如果是就返回数值 1，否则就返回数值 0，例如 J3<=40 返回 0，J4<=40 返回 1，……、J53<=40 返回 1，最后构成一个数组{0,1,…,1}。数组{1,1,…,0}与{0,1,…,1}相乘，得到数组{0,1,…,0}，最后 SUM 函数对数组{0,1,…,0}各个元素求和，求得结果为 17。

③ 利用 SUMPRODUCT 函数计算

在人事数据表的 S10 单元格输入公式：

$$=SUMPRODUCT((J3:J53>=30)*(J3:J53<=40))$$

按【Enter】键即求得结果 17。该函数与 SUM 函数结合数组求解的过程一样。

3. 人事数据的多字段多条件求和计数

对于多字段多条件求和计数，可以利用 DCOUNT 函数来计算。例如求 30 岁以上男性的人数。须先建立条件区域，如在 R16:S17 单元格区域输入如下条件内容：

性别	年龄
男	>30

在 R11 单元格输入提示信息"30 岁以上男性的人数",在 S11 单元格输入公式:

$$=DCOUNT(A2:P53,,R16:S17)$$

即可求得结果 8。DCOUNT 函数在前面已经讲解过,这里不再赘述。

还可以根据 COUNTIFS 函数来计算多字段条件求和计数问题。输入公式:

$$=COUNTIFS(J3:J53,">=30",I3:I53, "男")$$

亦可求得同样的结果。

4.4.3 人事数据表的排序操作

数据表的排序功能是 Excel 的基本功能。对于单一字段的排序,只需选中该字段列有数据的任何一个单元格,单击"数据"选项卡→"排序和筛选"组→"升序"或"降序"命令,即可实现整个数据区域按该字段进行重新排列。例如单击"性别"字段列的 I3 单元格,单击"数据"选项卡→"排序和筛选"组→"升序"命令,如图 1-4-54 所示,也可以单击"开始"选项卡→"编辑"组→"排序和筛选"下拉菜单→"升序"命令。按性别升序排序的前 10 条记录如表 1-4-5 所示。

图 1-4-54 按"性别"升序操作界面

表 1-4-5 人事数据表按性别排序后的前 10 条记录

序号	工号	姓名	隶属部门	学历	身份证号	出生日期	工作日期	性别	年龄	工龄	职务	职称	婚否
1	101	王中意	财务部	本科	×××××19730512215X	1973/5/12	1995/9/1	男	41	19	部长	工程师	是
4	104	黄卫城	财务部	专科	×××××19781115409X	1978/11/15	1999/8/20	男	36	15	职员	无	是
7	203	蓝天空	人力资源部	本科	×××××19710508513X	1971/5/8	1993/9/2	男	43	21	职员	助工	是
9	301	李志坚	生产部	本科	×××××19820512413X	1982/5/12	2004/6/19	男	32	10	部长	工程师	是
10	302	刘骏	生产部	本科	×××××19791218155X	1979/12/18	2000/7/8	男	35	14	副部长	工程师	是
11	303	刘万成	生产部	专科	×××××19830515325X	1983/5/15	2004/6/8	男	31	10	职员	工程师	是
14	306	卢正义	生产部	专科	×××××19840919911X	1984/9/19	2005/12/12	男	30	9	职员	助工	是
15	307	陆必松	生产部	专科	×××××19850115709X	1985/1/15	2006/11/10	男	30	8	职员	助工	是

如果要进行两个以上字段的联动排序，就需要用"自定义排序"对话框设置。如先按"性别"降序排序，性别相同的情况下再按"学历"升序排序操作，按步骤如下：单击数据区域的任何一个单元格，单击"开始"选项卡→"编辑"组→"排序和筛选"下拉菜单→"自定义排序"命令，弹出"自定义排序"对话框，如图 1-4-55 所示。在图 1-4-55 中的"主要关键字"列表里选择字段"性别"，"排序依据"选择"数值"，"次序"选择"降序"；单击对话框左上角"添加条件"按钮，增加"次要关键字"设置行，将"次要关键字"选择为"学历"，"排序"依据选择"数值"，"次序"选择"升序"。单击"确定"按钮，完成联动排序操作。排序完成的前 10 条记录如表 1-4-6 所示。

图 1-4-55　自定义排序对话框

表 1-4-6　人事数据表按性别和学历联动排序后的前 10 条记录

序号	工号	姓名	隶属部门	学历	身份证号	出生日期	工作日期	性别	年龄	工龄	职务	职称	婚否
2	102	张志华	财务部	本科	×××××19740716308X	1974/7/16	1997/8/30	女	40	17	副部长	助工	是
8	204	李嫒嫒	人力资源部	本科	×××××19811112432X	1981/11/12	2002/9/2	女	33	12	职员	无	是
13	305	龙女	生产部	本科	×××××19860502298X	1986/5/2	2007/12/11	女	28	7	职员	助工	是
19	401	麦丰收	销售部（国内）	本科	×××××19830911736X	1983/9/11	2004/6/8	女	31	10	部长	工程师	是
33	505	颜慧美	销售部（海外）	本科	×××××19891005278X	1989/10/5	2010/3/9	女	25	4	职员	工程师	是
34	506	叶丽倩	销售部（海外）	本科	×××××19880412122X	1988/4/12	2009/5/16	女	26	5	职员	助工	是
38	510	周华燕	销售部（海外）	本科	×××××198606129321	1986/6/12	2007/8/9	女	28	7	职员	助工	是
50	612	钱途亮	行政部	本科	×××××19880527216X	1988/5/27	2009/12/28	女	26	5	职员	工程师	是
51	613	周最美	行政部	本科	×××××19890415528X	1989/4/15	2010/7/8	女	25	4	职员	助工	是
40	602	王达成	技术部	博士	×××××19860107526X	1986/1/7	2007/5/22	女	29	7	副部长	研究员	是

4.4.4　人事数据表的筛选操作

筛选满足要求的人员信息，也是人力资源管理的经常性工作。通常情况下，Excel 筛选工作可以利用自动筛选和高级筛选两种方法。如要将财务部、人力资源部、行政部三个部门的本科以上学历的人员筛选出来，并且复制到以 A60 单元格开始的区域，有两种方法。

1. 自动筛选方法

将光标定位到进行筛选操作数据区域的任何一个单元格（如 B3 单元格），单击"开始"选项卡→"编辑"组→"排序和筛选"下拉菜单→"筛选"命令，则字段名行中每个单元格右侧都会出现按钮 ▾ 。单击某个下拉按钮，弹出该列下拉列表，供用户选择操作。

单击"隶属部门"字段右边的下拉按钮，在弹出的下拉列表中只选中财务部、人力资源部、行政部三个部门的复选框，如图 1-4-56 所示。单击图 1-4-56 中的"确定"按钮，即完成财务部、人力资源部、行政部三个部门的筛选操作。

用同样的方法进行本科以上学历的人员筛选操作，如图 1-4-57 所示。

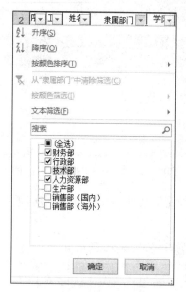

图 1-4-56　隶属部门字段选择

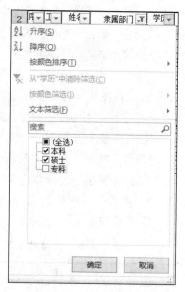

图 1-4-57　学历字段选择

将筛选出来的区域选中，单击"开始"选项卡→"剪贴板"组→"复制"按钮，将选中区域复制到剪贴板，单击 A60 单元格，单击"开始"选项卡→"剪贴板"组→"粘贴"按钮，即完成将筛选出来的数据复制到指定目标区域。筛选结果如表 1-4-7 所示。

表 1-4-7　财务部、人力资源部、行政部三个部门的本科以上学历的人员

序号	工号	姓名	隶属部门	学历	身份证号	出生日期	工作日期	性别	年龄	职务	职称	婚否
1	101	王中意	财务部	本科	××××××19730512215X	1973/5/12	1995/9/1	男	41	部长	工程师	是
2	102	张志华	财务部	本科	××××××19740716308X	1974/7/16	1997/8/30	女	40	副部长	助工	是
5	201	黄仙红	人力资源部	硕士	××××××19790310108X	1979/3/10	2000/6/30	女	35	部长	工程师	是
6	202	邝美玉	人力资源部	硕士	××××××19800516126X	1980/5/16	2001/6/29	女	34	副部长	工程师	是
7	203	蓝天空	人力资源部	本科	××××××19710508513X	1971/5/8	1993/9/2	男	43	职员	助工	是
8	204	李媛媛	人力资源部	本科	××××××19811112432X	1981/11/12	2002/9/2	女	33	职员	无	是
49	611	郑国志	行政部	硕士	××××××19861105221X	1986/11/5	2009/12/16	男	28	部长	工程师	是
50	612	钱途亮	行政部	本科	××××××19880527216X	1988/5/27	2009/12/28	男	26	职员	工程师	是
51	613	周最美	行政部	本科	××××××19890415528X	1989/4/15	2010/7/8	女	25	职员	助工	是

利用自动筛选也可以自定义筛选条件，如在上述筛选的基础上，筛选年龄在 35 周岁至 40 周岁（即大于等于 35 周岁同时小于等于 40 周岁）的人员。在上述操作的基础上，单击"年龄"字段右边的下拉按钮，如图 1-4-58 所示。单击图 1-4-58 中"数字筛选"命令→"自定义筛选"命令，弹出图 1-4-59 所示的"自定义自动筛选方式"对话框。在"年龄"下方的下拉列表中选择"大于或等于"，在右边的下拉列表中选择"30"（如果下拉列表中没有 30，就直接输入），选中逻辑运算符号"与"单选按钮，在"与"单选按钮下面的下拉列表中选择"小于或等于"，在右边的下拉列表中选择"40"（如果下拉列表中没有 40，就直接输入）。

单击图 1-4-59 中的"确定"按钮，完成该筛选操作。筛选出的记录如表 1-4-8 所示。

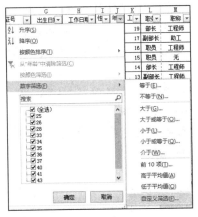

图 1-4-58 "年龄"字段选择

图 1-4-59 "自定义自动筛选方式"对话框

表 1-4-8 财务部、人力资源部、行政部三个部门的本科以上学历且 35 周岁到 40 周岁的人员

序号	工号	姓名	隶属部门	学历	身份证号	出生日期	工作日期	性别	年龄	职务	职称	婚否
2	102	张志华	财务部	本科	×××××19740716308X	1974/7/16	1997/8/30	女	40	副部长	助工	是
5	201	黄仙红	人力资源部	硕士	×××××19790310108X	1979/3/10	2000/6/30	女	35	部长	工程师	是
6	202	邝美玉	人力资源部	硕士	×××××19800516126X	1980/5/16	2001/6/29	女	34	副部长	工程师	是
8	204	李媛媛	人力资源部	本科	×××××19811112432X	1981/11/12	2002/9/2	女	33	职员	无	是

2. 高级筛选方法

高级筛选需要根据实际要求建立条件区域，然后利用"高级筛选"对话框进行数据区域、条件区域、筛选记录所在目标区域的设置，即可完成操作。要求将财务部、人力资源部、行政部三个部门的本科以上学历的人员筛选出来，并且复制到以 A60 单元格开始的区域。

（1）建立条件区域

选择一个距离数据区域有一定间隔的区域（最少相隔 1 个空白行和一个空白列）建立条件区域。本例在 R19:S28 单元格区域建立条件区域，如图 1-4-60 所示。

（2）进行高级筛选

将光标定位到进行筛选操作数据区域的任意一个单元格（如 B3），单击"数据"选项卡 → "排序和筛选"组 → "高级"命令，弹出"高级筛选"对话框，如图 1-4-61 所示。

	R	S
19	隶属部门	学历
20	财务部	本科
21	财务部	硕士
22	财务部	博士
23	人力资源部	本科
24	人力资源部	硕士
25	人力资源部	博士
26	行政部	本科
27	行政部	硕士
28	行政部	博士

图 1-4-60 本例的条件区域

图 1-4-61 "高级筛选"对话框

在图 1-4-61 中，选中"将筛选结果复制到其他位置"单选按钮；在"列表区域"右边文本框中输入或选择区域"$A$2:$N$53"；"条件区域"右边文本框中输入或选择区域"$R$19:$S$28"；"复制到"右边文本框中输入或选择单元格 A60；单击"确定"按钮，得到表 1-4-7 的筛选结果。

本例的筛选条件区域也可以用公式形式建立。如在 R30 单元格输入 AAAA，在 R31 单元格输入"=AND(OR(D3="财务部",D3="人力资源部",D3="行政部"),OR(E3="本科",E3="硕士",E3="博士"))"。在图 1-4-61 中的"条件区域"右边文本框中输入或选择区域"$R$30:$R$31"，其他操作与上述一样，即可得到与表 1-4-7 相同的筛选结果。

4.4.5 用数据透视表和数据透视图分析员工学历水平

学历分析是人事统计的一项重要工作，利用数据透视表和数据透视图对学历数据进行分析，直观明了。

1. 制作员工学历透视表

将光标定位在人事数据表中数据区域的任何一个单元格（如 B3 单元格），单击"插入"选项卡→"表格"组→"数据透视表"命令，弹出"创建数据透视表"对话框，如图 1-4-62 所示。在图 1-4-62 中，选中"选择一个表或区域"选项（该按钮默认状态是选中状态），"表/区域"右边文本框中默认显示数据区域地址，这里是"人事数据表!$A$2:$Q$53"；在"选择数据透视表放置的位置"区域选中"新工作表"单选按钮。

图 1-4-62 "创建数据透视表"对话框

单击图 1-4-62 中的"确定"按钮，进入新工作表（默认是"Sheet1"），并在该工作表右侧显示"数据透视表字段"任务窗格，如图 1-4-63 所示。在图 1-4-63 中，将"学历"字段拖放到列位置，将"隶属部门"字段拖放到行位置，将"学历"字段拖放到值位置，如图 1-4-64 所示。

图 1-4-63 "数据透视表"任务窗格

图 1-4-64 将字段拖放到相应位置

单击图 1-4-64 中"计数项：学历"，弹出如图 1-4-65 的快捷菜单，选择"值字段设置"命令，弹出"值字段设置"对话框，如图 1-4-66 所示。在图 1-4-66 中，用户可以选择值字段汇总方式，如求和、计数、平均值、最大值、最小值、乘积等，这里选择默认的值汇总方式"计数"。

图 1-4-65 "计数项：学历"弹出菜单

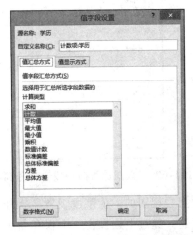

图 1-4-66 "值字段设置"对话框

单击图 1-4-66 中的"确定"按钮，在新工作表中就会出现设置数据的透视表，如图 1-4-67 所示。从图 1-4-67 可以清楚地看出各个部门员工学历的情况，为下一步人才队伍建设提供数据分析基础。

2. 制作员工学历透视图

将光标定位在人事数据表中数据区域的任何一个单元格（如 B3 单元格），单击"插入"选项卡→"图表"组→"数据透视图"下拉菜单→"数据透视图"命令，弹出"创建数据透视图"对话框，如图 1-4-68 所示。图 1-4-68 的参数设置与图 1-4-62 相同。单击图 1-4-68 中的"确定"按钮，在新工作表的右侧出现"创建数据透视图"任务窗格，如图 1-4-69 所示。

计数项:学历	学历				
隶属部门	本科	博士	硕士	专科	总计
财务部	2			2	4
行政部	2		1		3
技术部		5	5		10
人力资源部	2		2		4
生产部	6			4	10
销售部（国内）	6			4	10
销售部（海外）	7		3		10
总计	25	5	11	10	51

图 1-4-67 制作完成的数据透视表

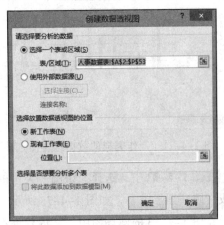

图 1-4-68 "创建数据透视图"对话框

在图 1-4-69 中，将"学历"字段拖放到列位置，将"隶属部门"字段拖放到行位置，将"学历"字段拖放到值位置，如图 1-4-70 所示。

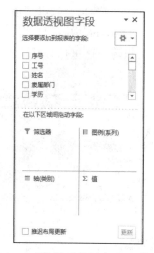

图1-4-69 "数据透视图字段"任务窗格

图1-4-70 字段拖放到相应位置

数据透视图的"值字段设置"操作与数据透视表的"值字段设置"操作完全一样，在此不再赘述。经过上述操作，不仅在新工作表中建立了数据透视表（如图1-4-67所示），同时也建立了数据透视图，如图1-4-71所示。图1-4-71以图的形式说明了各个部门人员学历分布情况。

图1-4-71中显示的图形是默认显示的簇状柱形图。在图形区域右击，在弹出的快捷菜单中选择"更改图表类型"命令，弹出"更改图表类型"对话框，如图1-4-72所示。

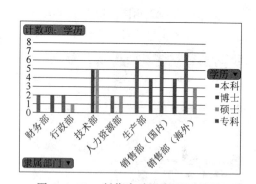

图1-4-71 制作完成的数据透视图

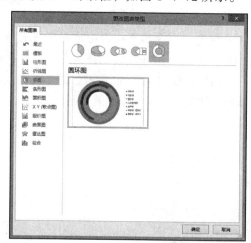

图1-4-72 "更改图表类型"对话框

在图1-4-72中，选择"饼图"类中的"圆环图"，单击"确定"按钮，则将数据透视表改成"圆环图"类型，如图1-4-73所示。

在图1-4-73的圆环图中，从内到外有4个环，分别代表各个部门的本科、博士、硕士、专科人数的分布情况。

将指针指向最内环并右击，在弹出的快捷菜单中选择"添加数据标签"命令，可在最内环相应位置添加各个部门本科的人数数字。依此方法，分别在其他3个环上添加数据标签。

从内环到外环依次选择其中的"数据标签",将"数据标签"的颜色设置成白色。最后效果如图 1-4-74 所示。

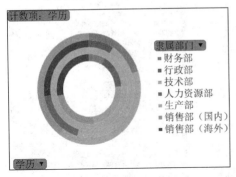

图 1-4-73 数据透视图的圆环图

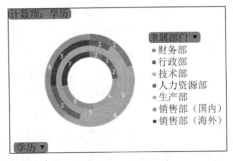

图 1-4-74 添加了数据标签的圆环图

根据实际情况,可以选择需要的图表类型作为数据透视图的类型。

4.4.6 人事数据表的数据核对

人力资源部在实际工作中,经常进行数据核对工作,如员工的姓名、身份证号、银行账号等信息。如果数据简单并且量少,人工核对就可以完成,如果数据复杂并且数量很大,人工核对就很麻烦,并且容易出错。用 Excel 提供的工具,如条件格式、数据透视表、函数核对数据,就简单而高效。

1. 利用条件格式核对数据

启动 Excel 2013,建立工作簿文档,并命名为"数据核对表"。将该工作簿文档的 Sheet1 工作表重命名为"数据表 1"。

在"数据表 1"的 A1:D12 单元格区域放置原始数据,在 F1:I12 单元格区域放置对照数据,如图 1-4-75 所示。

	A	B	C	D	E	F	G	H	I
1	工号	姓名	隶属部门	身份证号		工号	姓名	隶属部门	身份证号
2	103	贾未来	财务部	××××××19770919508X		204	李媛媛	人力资源部	×××××19811112432X
3	104	黄卫城	财务部	×××××19781115409X		410	吴鹏志	销售部（国内）	×××××19860912501X
4	204	李媛媛	人力资源部	×××××19811112432X		103	奔未来	财务部	×××××19770919508X
5	309	罗胡成	生产部	×××××19830912817X		610	伍志德	技术部	×××××19850317299X
6	310	马志华	生产部	×××××19850715115X		309	罗胡成	生产部	×××××19830912817X
7	409	王中意	销售部（国内）	×××××198904076151		409	王中意	销售部（国内）	×××××198904076151
8	410	吴鹏志	销售部（国内）	×××××19860912501X		510	周华燕	销售部（海外）	×××××198606129329
9	510	周华燕	销售部（海外）	×××××198606129321		104	黄卫城	财务部	×××××19781115409X
10	609	赵骏	技术部	×××××19861212817X		310	马至华	生产部	×××××19850715115X
11	610	伍志德	技术部	×××××19850317299X		609	赵骏	技术部	×××××19861212817X
12	613	周最美	行政部	×××××19890415528X		613	周最美	行政部	×××××19890415528X

图 1-4-75 核对原始数据和对照数据

以核对两个区域的身份证号为例,采用条件格式方法进行核对。选中 D2:D12 单元格区域,单击"开始"选项卡→"样式"组→"条件格式"下拉菜单→"新建规则"命令,在弹出的"新建格式规则"对话框中,单击"选择规则类型"区域的"使用公式确定要设置格式的单元格",如图 1-4-76 所示。在图 1-4-76 的"为符合此公式的值设置格式"下的文本框中输入公式:

=NOT(OR(D2=$I$2:$I$12))

OR(D2=$I$2:$I$12)的含义是将 D2 中的数据依次与 I2、I3、……、I12 单元格中的数据作比较,只要有一个是相同的,就返回值 TRUE,那么,NOT(OR(D2=$I$2:$I$12))就返回 FALSE,则该单元格不需要用条件格式规定的格式设置;反之,D2 中的数据依次与 I2、I3、……、I12 单元格中的数据作比较,没有相同的,就返回值 FALSE,那么,NOT(OR(D2=$I$2:$I$12))就返回 TRUE,则该单元格就要用条件格式规定的格式设置。依此类推,D3、D4……、D12 单元格进行相同的计算。

图 1-4-76 "新建格式规则"对话框

单击图 1-4-76 中的"格式"按钮,弹出"设置单元格格式"对话框,并在"设置单元格格式"对话框中设置"字形"为:加粗,颜色为:红色,如图 1-4-77 所示。单击图 1-4-77 中的"确定"按钮,返回图 1-4-76,再单击图 1-4-76 中的"确定"按钮,则将 D2:D12 单元格区域中与 I2:I12 单元格区域中内容不同的单元格以红色加粗字显示。用同样的办法核对两区域中"姓名"列的数据。最终核对效果如图 1-4-78 所示。由图 1-4-78 可知"姓名"列有两位员工的姓名与核对数据的对照有误,分别是贾未来和马志华;"身份证号"列也有两位员工的身份证号与核对数据的对照有误,分别是××××××19830912817X 和××××××198606129321,需要进一步确认。

图 1-4-77 "设置单元格格式"对话框

	A	B	C	D	E	F	G	H	I
1	工号	姓名	隶属部门	身份证号		工号	姓名	隶属部门	身份证号
2	103	奔未来	财务部	19770919508X		204	李媛媛	人力资源部	19811112432X
3	104	黄卫城	财务部	19781115409X		410	吴鹏志	销售部（国内）	19860912501X
4	204	李媛媛	人力资源部	19811112432X		103	奔未来	财务部	19770919508X
5	309	罗胡成	生产部	19830912817X		610	伍志德	技术部	19850317299X
6	310	马志华	生产部	19850715115X		309	罗胡成	生产部	19830912817X
7	409	王中意	销售部（国内）	198904076151		409	王中意	销售部（国内）	198904076151
8	410	吴鹏志	销售部（国内）	19860912501X		510	周华燕	销售部（海外）	198606129329
9	510	周华燕	销售部（海外）	198606129321		104	黄卫城	财务部	19781115409X
10	609	赵骏	技术部	19861212817X		310	马至华	生产部	19850715115X
11	610	伍志德	技术部	19850317299X		609	赵骏	技术部	19861212817X
12	613	周最美	行政部	19890415528X		613	周最美	行政部	19890415528X

图 1-4-78 最终核对结果

2. 利用"数据透视表"核对数据

在"数据核对表"文档中插入一个新工作表，并将该工作表重命名为"数据表 2"。将"数据表 1"工作表中的数据复制到"数据表 2"工作表中。并在"数据表 2"中将"数据表 1"中新建的"条件格式规则"删除，使"数据表 2"中的数据与图 1-4-75 中的数据一致。

将"数据表 2"F2:I12 单元格区域的数据复制到 A13 单元格开始的区域中，将 F1:I12 单元格区域的数据删除。选中 A1:D23，单击"插入"选项卡→"表格"组→"数据透视表"命令，弹出"创建数据透视表"对话框，如图 1-4-79 所示。在图 1-4-79 中，选中"选择一个表或区域"选项按钮（该按钮默认是选中状态），"表/区域"右边文本框中默认显示数据区域地址，这里是"数据表 2!$A$1:$D$23"；在"选择数据透视表放置的位置"区域选中"现有工作表"单选按钮，在"位置"右边文本框中输入 I2。单击图 1-4-79 中的"确定"按钮，在当前工作表右侧显示"数据透视表字段"任务窗格，如图 1-4-80 所示。在图 1-4-80 中，将"姓名"和"身份证号"字段拖放至"行"位置，则在 I2 单元格开始的区域显示如图 1-4-81 的内容。

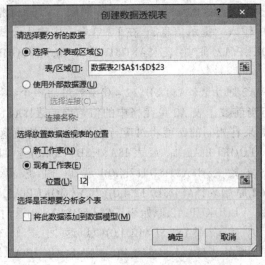

图 1-4-79 "创建数据透视表"对话框

在图 1-4-81 中，"奔未来"和"贾未来"的身份证号都是：××××××19770919508X；"马至华"和"马志华"的身份证号都是：××××××19850715115X；罗胡成有两个身份证号：

×××××19830912817X 和×××××19830912817X；周华燕有两个身份证号：×××××198606129321 和×××××198606129329。这些数据就需要进一步核对。

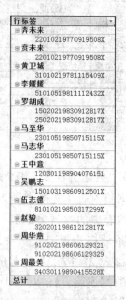

图 1-4-80 "数据透视表"任务窗格　　　　　图 1-4-81 数据透视表的结果

3. 利用 VLOOKUP 函数核对数据

在"数据核对表"文档中插入两个新工作表，并将他们分别重命名为"原始表"和"对照表"。将"数据表 1"中 A1:D12 单元格区域的数据复制到"原始表"A1 单元格为左上角的区域中，并将"原始表"A1:D12 单元格区域中的"条件格式规则"删除。将"数据表 1"中 F1:I12 单元格区域的数据复制到"对照表"A1 单元格为左上角的区域中。

本例以核对身份证号为例进行比对计算。在"对照表"F1 单元格中输入"VLOOKUP 查找函数"；在 G1 单元格中输入"提示信息"。在 F2 单元格中输入公式：

=IF(ISERROR(VLOOKUP(A2,原始表!$A$1:$D$12,4,0)),"",VLOOKUP(A2,原始表!$A$1:$D$12,4,0))

公式中的 VLOOKUP(A2,原始表!$A$1:$D$12,4,0)函数最后一个参数是 0，表示以精确方式查找，该函数的意思是将当前数据表 A2 单元格中的值与原始表!$A$1:$D$12 区域中的每一个单元格的值进行比对，如果有相同的，就将对应行中的第 4 列的值返回，如果没有，就返回错误值。如果函数 VLOOKUP(A2,原始表!$A$1:$D$12,4,0) 返回错误值，那么函数 ISERROR(VLOOKUP(A2,原始表!$A$1:$D$12,4,0)) 就返回逻辑值 TRUE，则函数 IF(ISERROR(VLOOKUP(A2,原始表!$A$1:$D$12,4,0)),"",VLOOKUP(A2,原始表!$A$1:$D$12,4,0)) 就返回空字符；如果函数 VLOOKUP(A2,原始表!$A$1:$D$12,4,0)返回查找到的值，那么函数 ISERROR(VLOOKUP(A2,原始表!$A$1:$D$12,4,0)) 就返回逻辑值 FALSE，则函数 IF(ISERROR(VLOOKUP(A2,原始表!$A$1:$D$12,4,0)),"",VLOOKUP(A2,原始表!$A$1:$D$12,4,0)) 就返回查找到的值。将 F2 单元格中的公式复制到 F3:F12 单元格区域，即完成函数 VLOOKUP 查找计算。

在 G2 单元格输入公式"=IF(D2<>F2,"有错误","")"，公式将 D2 单元格中的数据与 F2 单元格中的数据进行比较，如果不匹配，就返回"有错误"，否则就返回空字符。将 G2 单元格中的公式复制到 G3:G12 单元格区域。

核对计算的效果如图 1-4-82 所示。罗胡成和周华燕的身份证号有错误，需要进一步核对。

图 1-4-82　用 VLOOKUP 函数核对计算效果

4.4.7　员工人事信息查询表

在人事数据表的基础上可以实现信息查询卡片的制作，方便查找人员信息和打印。在实际工作中，人事信息应填写完整，不缺项、漏项，并应动态调整，以保证信息及时、准确。最终效果如图 1-4-83 所示。

1. VLOOKUP 函数查询人员信息

图 1-4-84 为隐藏了部分列的人事数据表，这里隐藏了 A、E、G、H、J、K、N 列的内容，以便需要的信息更清晰地显示。本例 VLOOKUP 函数将用到图 1-4-84 显示的列的数据。打开"红火星集团人事信息表.xlsx"文档，同时，插入一个新工作表，并将其重命名为"员工信息卡片"。

图 1-4-83　员工信息卡片

（1）定义名称

选中"人事数据表"的 B3:B53 单元格区域，单击"公式"选项卡→"定义的名称"组→"定义名称"下拉菜单→"定义名称"命令，弹出"新建名称"对话框，参见图 1-4-30。在图 1-4-30"名称"右边的文本框中输入"工号"；"范围"右边的下拉列表中选择"工作簿"；"引用位置"右边文本框会自动显示 "=人事数据表!$B$3:$B$53"。这样就将人事数据表!$B$3:$B$53 区域定义名称为"工号"。

图 1-4-84　隐藏了部分列的人事数据表

（2）输入基本数据

单击工作表"员工信息卡片"，使其成为当前工作表。在"员工信息卡片"工作表的 A1 单元格输入：员工信息卡片；A2 单元格输入"所属部门"；A3 单元格输入"工号"；A4 单元格输入"性别"；A5 单元格输入"电子邮箱"；A6 单元格输入"联系电话"；A7 单元格输入"联系地址"；C3 单元格输入"姓名"；C4 单元格输入"职务"；E3 单元格输入"身份证号"；E4 单元格输入"职称"。

（3）利用数据验证输入工号

选中"员工信息卡片"工作表的 B3 单元格，单击"数据"选项卡→"数据工具"组→"数据验证"下拉菜单→"数据验证"命令，弹出"数据验证"对话框，参见图 1-4-31。单击"数据验证"对话框的"设置"选项卡，在"允许"下拉列表中选择"序列"；在"来源"下的文本框中输入"=工号"。单击"数据验证"对话框的"确定"按钮，完成数据验证规则的设置。

（4）利用公式输入动态查询数据

在 B2 单元格中输入公式：

=IF(ISERROR(VLOOKUP(B3,人事数据表!$B$3:$Q$53,3,0)),"",VLOOKUP(B3,人事数据表!$B$3:$Q$53,3,0))

该公式的内涵前面已经做过解释，这里不再讲解。在 B4、B5、B6、B7、D3、D4、F3、F4 单元格中分别输入如下公式：

=IF(ISERROR(VLOOKUP(B3,人事数据表!$B$3:$Q$53,8,0)),"",VLOOKUP(B3,人事数据表!$B$3:$Q$53,8,0))

=IF(ISERROR(VLOOKUP(B3,人事数据表!$B$3:$Q$53,16,0)),"",VLOOKUP(B3,人事数据表!$B$3:$Q$53,16,0))

=IF(ISERROR(VLOOKUP(B3,人事数据表!$B$3:$Q$53,14,0)),"",VLOOKUP(B3,人事数据表!$B$3:$Q$53,14,0))

=IF(ISERROR(VLOOKUP(B3,人事数据表!$B$3:$Q$53,15,0)),"",VLOOKUP(B3,人事数据表!$B$3:$Q$53,15,0))

=IF(ISERROR(VLOOKUP(B3,人事数据表!$B$3:$Q$53,2,0)),"",VLOOKUP(B3,人事数据表!$B$3:$Q$53,2,0))

=IF(ISERROR(VLOOKUP(B3,人事数据表!$B$3:$Q$53,11,0)),"",VLOOKUP(B3,人事数据表!$B$3:$Q$53,11,0))

=IF(ISERROR(VLOOKUP(B3,人事数据表!$B$3:$Q$53,5,0)),"",VLOOKUP(B3,人事数据表!$B$3:$Q$53,5,0))

=IF(ISERROR(VLOOKUP(B3,人事数据表!$B$3:$Q$53,12,0)),"",VLOOKUP(B3,人事数据表!$B$3:$Q$53,12,0))

至此，"员工信息卡片"所有单元格中的数据都已输入完毕。

2. 美化表格

（1）基本格式设置

将"员工信息卡片"工作表的 A1 单元格设置字体为：宋体、加粗、18 磅；将 A2:A7、C3:C4、E3:E4 单元格区域设置为：宋体、加粗、10 磅；将 A1:F1、B2:C2、B5:F5、B6:F6、B7:F7 单元格区域分别进行合并单元格并居中操作；将 B2:C2、B3:B4、D3:D4、F3:F4、B5:F5、B6:F6、B7:F7 单元格区域设置字体为：宋体、10 磅；将 A3:F7 单元格区域设置外边框为：粗实线、内部线为：细实线。单击"视图"选项卡→"显示"组→"网格线"，即将"网格线"复选框的"√"取消，使工作表隐藏网格线。

（2）插入公司 LOGO 图片

假设公司 LOGO 图片（本例为图片 Red Mars.JPG）已经保存在 G 盘的"picture"文件夹下。单击"插入"选项卡→"插图"组→"图片"命令，弹出"插入图片"对话框，定位到

G 盘 "picture" 文件夹下的 Red Mars.JPG 文件，如图 1-4-85 所示。

单击图 1-4-85 中的 "插入" 按钮，图片 Red Mars.JPG 就被插入到当前工作表中。将该图片拖放到 F1 单元格，并调整该图片大小到适当尺寸，使其刚好显示在 F1:F2 单元格区域。单击 B3 单元格，在下拉列表中选择工号 101，效果如图 1-4-83 所示。再次单击 B3 单元格，在下拉列表中选择工号为其他数据，则整个表格数据会自动变化。

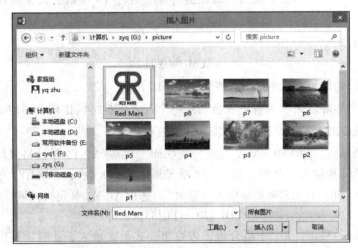

图 1-4-85 "插入图片" 对话框

4.4.8 统计不同年龄段员工信息

人力资源管理工作经常需要统计不同年龄段员工的人数，借助 Excel 公式可以很容易完成这项工作，这里介绍两种函数。

1. 应用 COUNTIF 函数统计分段信息

将当前工作表设置为人事数据表，并将 "年龄" 字段显示出来，该字段在 J 列。

在 U2 单元格输入 "COUNTIF 函数统计不同年龄段员工人数"，并将 U2:V2 单元格区域进行单元格合并居中；在 U3 单元格输入 "年龄分组"；V3 单元格输入 "人数"；在 U4:U7 区域的单元格分别输入 ">50"、">40"、">30"、">20"；在 U8 输入 "合计"。在 V4 单元格输入公式：

$$=COUNTIF(\$J\$3:\$J\$53,U4)$$

该公式统计年龄数据区域 $J\$3:\$J\$53 中有多少大于 50 岁的人，这里计算结果是：0。

在 V5 单元格输入公式：

$$=COUNTIF(\$J\$3:\$J\$53,U5)-SUM(V\$4:V4)$$

公式 COUNTIF($J\$3:\$J\$53,U5)统计年龄数据区域 $J\$3:\$J\$53 中大于 40 岁的人数，SUM(V\$4:V4)统计的是大于 50 岁的人数，COUNTIF($J\$3:\$J\$53,U5)-SUM(V\$4:V4)统计的是大于 40 岁小于等于 50 岁的人数，计算结果是：2。

在 V6 单元格输入公式：

$$=COUNTIF(\$J\$3:\$J\$53,U6)-SUM(V\$4:V5)$$

公式 COUNTIF($J\$3:\$J\$53,U6)统计年龄数据区域 $J\$3:\$J\$53 中大于 30 岁的人数，SUM(V\$4:V5)统计大于 40 岁的人数，COUNTIF($J\$3:\$J\$53,U6)-SUM(V\$4:V5)统计大于 30 岁小于等

于 40 岁的人数，计算结果是：13。

在 V7 单元格输入公式：

$$=COUNTIF(\$J\$3:\$J\$53,U7)-SUM(V\$4:V6)$$

该公式统计的结果是大于 20 岁小于等于 30 岁的人数，计算结果是：36。

对于 V6、V7 单元格的公式输入，最快捷的办法是将 V5 中的公式复制到 V6:V7 单元格区域。

在 V8 单元格输入公式：

$$=SUM(V4:V7)$$

该公式计算公司的所有人数，计算结果是：51。

从该公司各个年龄段人数来看，该公司是一个人才年龄结构比较合理的公司。

2. 使用 FREQUENCY 数组公式法统计分段信息

在 X2 单元格输入 "FREQUENCY 数组公式统计"，并将 X2:Y2 单元格区域进行单元格合并居中；在 X3 单元格输入 "年龄分组"；Y3 单元格输入 "人数"；在 X4:X7 单元格区域分别输入 30、40、50、60；在 X8 单元格输入 "合计"。选中 Y4:Y7 单元格区域，并输入公式：

$$=FREQUENCY(J3:J53,X4:X7)$$

同时按下【Ctrl+Shift+Enter】组合键，以数组公式形式输入，此时，编辑栏显示数组形式公式：

$$\{=FREQUENCY(J3:J53,X4:X7)\}$$

Y4:Y7 单元格区域分别显示：36（小于等于 30 岁的人数）、13（大于 30 岁并且小于等于 40 岁的人数）、2（大于 40 岁并且小于等于 50 岁的人数）、0（大于 50 岁并且小于等于 60 岁的人数）。

上述公式计算结果如图 1-4-86 所示。

图 1-4-86 年龄分组员工人数统计

3. FREQUENCY 函数讲解

（1）语法：FREQUENCY(Data_Array,Bins_Array)。

参数意义：Data_Array 是数据源，可以是一个数组或对一个区域数值的引用；Bins_Array 是分段点区域，具体可以是一个区间数组或对区域的引用，该区间用于对 Data_Array 中的数值进行分组。

（2）功能：计算目标数值在某个区域内出现的次数，返回一个垂直数组。

Bins_Array 可以是一组数，也可以是一个数。如果 Bins_Array 是一组数（如本例是 X4:X7

单元格区域的引用，该区域含有 30、40、50、60 四个数的一组数），需要先将输出区域选中（如本例选中 Y4:Y7 单元格区域），再输入公式：

$$=FREQUENCY(J3:J53,X4:X7)$$

并且要同时按下【Ctrl+Shift+Enter】组合键，以数组公式形式输入，才能计算出正确结果，结果的含义如前所述。

如果 Bins_Array 是一个数，就不需要选中输出区域。例如，在 Z4 单元格中输入公式：

$$=FREQUENCY(J\$3:J\$53,X4)$$

该公式是从 J\$3:J\$53 中统计出小于等于 X4 单元格中数值（这里是 30）的个数，按【Enter】键后得结果：36。

将 Z4 单元格中的公式复制到 Z5 单元格。Z5 单元格中的公式是"=FREQUENCY(J\$3:J\$53,X5)"。Z5 单元格中公式的意义是从 J\$3:J\$53 单元格区域中统计出小于等于 X5 单元格中数值（这里是 40）的个数，按【Enter】键后，得结果：49，这个结果统计的是小于等于 40 的人数，不符合题意，因此将公式改为"=FREQUENCY(J\$3:J\$53,X5)–SUM(Z\$4:Z4)"即可。将 Z5 单元格中的公式复制到 Z6:Z7 单元格区域，就完成正确的计算。读者可以自行尝试该种计算方法。

4.4.9　人力资源月报动态图表

通过制作人力资源月报表，人力资源部可以及时掌握人员变动和相关信息情况。人力资源月报表除了以表格形式显示员工数据以外，还可以以图表形式出现，更加直观。本案例的人力资源动态图表由部门人数分布分析图表、学历人数分布分析图表、年龄结构人数分布图表组成。通过窗体控件的切换，将 3 个分析图汇总在一张工作表里，使页面更加直观。

1. 数据分析汇总

在 Excel 文档"红火星集团人事信息表"中插入一个新工作表，并将该工作表重命名为"人力资源月动态图表"。本小节所有操作如不特殊说明，都在该工作表进行。

在 A2:A9 单元格区域分别输入：1、财务部、生产部、技术部、行政部、人力资源部、销售部(海外)、销售部(国内)；在 B2 单元格输入：人数分布；在 B3 单元格输入公式：

$$=COUNTIF(人事数据表!D\$3:D\$53,A3)$$

将 B3 单元格中的公式复制到 B4:B9 单元格区域，完成各个部门人数的统计。

在 D2:D6 单元格区域分别输入：2、博士、硕士、本科、专科；在 E2 单元格输入：人数分布；在 E3 单元格输入公式：

$$=COUNTIF(人事数据表!E\$3:E\$53,D3)$$

将 E3 单元格中的公式复制到 E4:E6 单元格区域，完成各种学历人数的统计。

在 G2:G6 单元格区域分别输入：3、>50、>40、>30、>20；在 H2 单元格输入：人数分布；分别在 H3、H4 单元格输入公式：

$$=COUNTIF(人事数据表!J\$3:J\$53,G3)$$

$$=COUNTIF(人事数据表!J\$3:J\$53,G4)–SUM(H\$3:H3)$$

将 H4 单元格中的公式复制到 H5:H6 单元格区域，完成各个年龄段人数的统计。

以上各个公式，前面都有讲解，这里不再讲述。

2. 建立窗体控件

（1）添加"开发工具"选项卡

添加分组框等控件需要用到"开发工具"选项卡。Excel 2013 默认安装情况下，主选项卡中没有"开发工具"。可以通过单击"文件"→"选项"命令，弹出"Excel 选项"对话框，选择该对话框的"自定义功能区"选项，如图 1-4-87 所示。在图 1-4-87 中，选中"开发工具"复选框，并单击"确定"按钮，"开发工具"选项卡就会出现在 Excel 2013 主选项卡界面中。

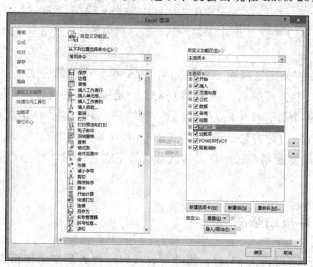

图 1-4-87　设置"开发工具"的 Excel 2013 选项对话框

（2）添加分组框

单击"开发工具"选项卡→"控件"组→"插入"命令，弹出"表单控件"面板，如图 1-4-88 所示。单击图 1-4-88 的"分组框（窗体控件）"按钮，在 K2 单元格左上角开始拖动鼠标到适当大小，创建一个分组框控件，如图 1-4-89 所示。将指针指向图 1-4-89 分组框的边框线，当指针变成"+"字箭头时，右击并在弹出的快捷菜单中选择"编辑文字"命令，如图 1-4-90 所示。将"分组框"控件的标题"分组框 1"删除，删除后的分组框控件如图 1-4-91 所示。

图 1-4-88　"表单控件"面板

图 1-4-89　建立的分组框

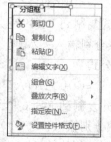

图 1-4-90　快捷菜单

图 1-4-91　删除标题后的分组框

（3）添加选项控件

单击图 1-4-88 中的选项按钮"◉"，在 K3 单元格左上角开始拖动鼠标到适当大小，创建一个选项按钮控件，如图 1-4-92 所示。将指针指向"选项按钮 1"控件并右击，在弹出的快捷菜单中选择"编辑文字"命令，将"选项按钮 1"改为"部门人数分布"，如图 1-4-93 所示。用同样的方法添加"学历人数分布"和"年龄人数分布"两个选项按钮控件，最后效果如图 1-4-94 所示。

图 1-4-92　添加选项控件

图 1-4-93　控件标题修改

图 1-4-94　添加好的控件

（4）设置选项的连接区域

单击 L8 单元格，输入"窗体控件值"：1。右击选项控件"部门人数分布"，在弹出的快捷菜单中（见图 1-4-90）单击"设置控件格式"命令，弹出"设置控件格式"对话框，如图 1-4-95 所示。在图 1-4-95 的"控制"选项卡中，选中"已选择"单选按钮，在"单元格链接"文本框中输入"$L$8"。单击"确定"按钮。此时，L8 单元格里显示数字"1"；如果单击"学历人数分布"按钮，则 L8 单元格里显示数字"2"；如果单击"年龄人数分布"按钮，则 L8 单元格里显示数字"3"。

图 1-4-95　"设置控件格式"对话框

3. 创建动态数据汇总表

（1）建立动态数据汇总表

在 D11 单元格输入"汇总项目"；E11 单元格输入"员工人数"；C12:C19 区域输入：1、2、3、4、5、6、7、8。在单元格 D12 中输入公式：

$$=OFFSET(\$A\$2,\$C12,(\$L\$8-1)*3,1,1)$$

将 D12 单元格中的公式复制到 D13:D19 单元格区域，完成汇总项目的动态引用。

在 E12 单元格中输入公式：

$$=OFFSET(\$A\$2,\$C12,(\$L\$8-1)*3+1,1,1)$$

将 E12 单元格中的公式复制到 E13:E19 单元格区域，完成汇总员工人数的动态引用。

计算结果如图 1-4-96 所示。此时，单击不同的选项按钮“部门人数分布”“学历人数分布”“年龄人数分布”，D12:E19 单元格区域的数据会随着动态变化。

	A	B	C	D	E	F	G	H	I	J	K	L
2	1	人数分布		2	人数分布		3	人数分布				
3	财务部	4		博士	5		>50	0			◉ 部门人数分布	
4	生产部	10		硕士	11		>40	3			○ 学历人数分布	
5	技术部	10		本科	26		>30	18			○ 年龄人数分布	
6	行政部	4		专科	10		>20	51				
7	人力资源部	4										
8	销售部(海外)	10										1
9	销售部(国内)	10										
10												
11				汇总项目	员工人数							
12			1	财务部	4							
13			2	生产部	10							
14			3	技术部	10							
15			4	行政部	4							
16			5	人力资源部	4							
17			6	销售部(海外)	10							
18			7	销售部(国内)	10							
19			8									

图 1-4-96　动态数据汇总效果

（2）OFFSET 函数简介

① 语法：OFFSET(Reference,Rows,Cols,Height,Width)

参数含义：

Reference 是目标引用区域，可以是单元格，也可以是单元格区域。

Rows 是相对于目标引用区域左上角单元格上下偏移的行数，正数为向下方偏移，负数为向上方偏移。

Cols 是相对于目标引用区域左上角单元格左右偏移的列数，正数为向右方偏移，负数为向左方偏移。

Height 为引用的高度，即引用返回的行数，该参数必须是正数。

Width 为引用的宽度，即引用返回的列数，该参数必须是正数。

② 功能

根据给定的参数，返回一个新引用区域的数据。

假如在某个工作表输入如图 1-4-97 所示的数据。在图 1-4-97 的 E2 单元格输入公式“=OFFSET(A1,5,0,1,1)”，该函数的意义是以 A1 单元格为起点，向下移动 5 行到第 6 行，第三个参数是 0，列不变还是 A 列，返回的高度和宽度都是 1，即返回单元格 A6 的值，是：5。

	A	B	C	D
1				
2	1	6	11	16
3	2	7	12	17
4	3	8	13	18
5	4	9	14	19
6	5	10	15	20

图 1-4-97　OFFSET 函数测试数据

再比如在 E3 单元格输入公式“=SUM(OFFSET(A1,2,1,2,3))”。OFFSET(A1,2,1,2,3)函数的意义是以 A1 单元格为起点，向下移动 2 行到第 3 行，第三个参数是 1，列向右移动 1 列到 B 列（此时移到了 B3 单元格），返回的高度是 2、宽度是 3，即返回 B3:D5 单元格区域。SUM(OFFSET(A1,2,1,2,3))就是计算 SUM(B3:D5)，结果是：75。

请读者根据上述分析 OFFSET 函数功能的思路，分析“人力资源月动态图表”工作表中的相关公式。这里只对其中一个单元格公式给予解释，比如 D12 单元格中的公式“=OFFSET($A$2,$C12,($L$8-1)*3,1,1)”，其中第 3 个参数是一个表达式：($L$8-1)*3，是根据 A 列（部门名称所在列）到 D 列（学历所在列）相差 3 列，到 G 列相差 6 列构建的；$L$8 单元格中的数据是一个动态数据，当选择“部门人数分布”按钮时，$L$8 单元格中数据的值是 1，($L$8-1)*3 等于 0，即列的偏移量为 0，选择的数据来自 A 列；当选择"学历人数分布"按钮时，$L$8 单元格中数据的值是 2，($L$8-1)*3 等于 3，即列的偏移量为 3，选择的数据来自 D 列（A 列 +3 列等于 D 列）；当选择"年龄人数分布"按钮时，$L$8 单元格中数据的值是 3，($L$8-1)*3 等于 6，即列的偏移量为 6，选择的数据来自 G 列（A 列 +6 列等于 G 列）。当选择"部门人数分布"按钮时，$L$8 单元格中数据的值是 1，($L$8-1)*3 等于 0，OFFSET($A$2,$C12,($L$8-1)*3,1,1) 就等于 OFFSET($A$2,$C12,0,1,1)，该公式返回的是以 $A$2 单元格为起点，向下移动 1 行（$C12 等于 1），列不变（即 A 列），即从 A3 单元格开始返回，又由于最后的两个参数都是 1，所以返回的是 A3 单元格的值，即：财务部。

4. 设置数据自动降序排列

为了更好地分析图表，最好使图表数据源的数据能够有序地排列。现在利用公式将 E12:E19 单元格区域中的数据从大到小排列起来。在 J11:L11 单元格区域中分别输入：分析项目、员工人数、百分比。K12:K19 单元格区域是用来存放排序好的员工人数。选中 K12:K19 单元格区域，并输入公式：

=LARGE(E12:E19,ROW(INDIRECT("1:"&ROWS(E12:E19))))

并同时按下【Ctrl+Shift+Enter】组合键，此时编辑栏的公式变为：

{=LARGE(E12:E19,ROW(INDIRECT("1:"&ROWS(E12:E19))))}

即变为数组公式。同时，K12:K19 单元格区域将 E12:E19 单元格区域的数据从大到小显示出来，如图 1-4-98 所示。

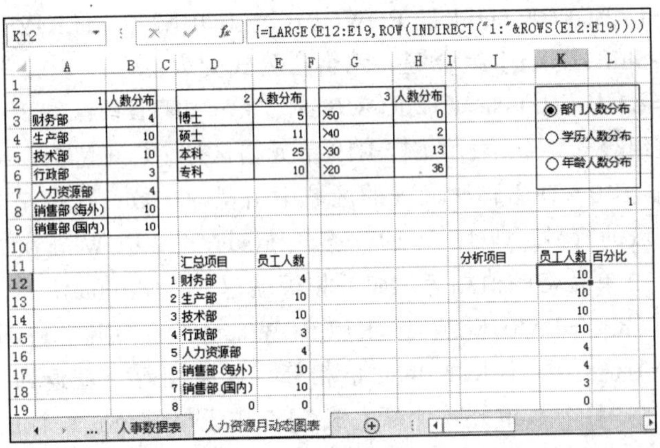

图 1-4-98　计算自动降序排列数据

公式中 ROWS 函数是返回一个区域的行数。E12:E19 单元格区域包含 8 行，因此 ROWS(E12:E19) 返回值是 8。

"1:"&ROWS(E12:E19) 是一个字符串连接表达式，计算结果是"1:8"。

ROW 函数返回的是行号，ROW(1:8) 就是依次返回 1 到 8。

INDIRECT 函数是返回由文本值表示的引用，如公式 INDIRECT("D3") 中的参数"D3"是文本值，该函数返回的就是 D3 单元格的值：博士。

LARGE(Reference,Num) 的功能是在区域 Reference 中返回第 Num 个最大值。公式：{=LARGE(E12:E19,ROW(1:8))} 就是依次从 E12:E19 单元格区域中返回第 1 个最大值、第 2 个最大值、第 3 个最大值、第 4 个最大值、第 5 个最大值、第 6 个最大值、第 7 个最大值、第

8个最大值，这里分别是 10、10、10、10、4、4、3、0，如图 1-4-98 所示。

5. 定义动态数据区域名称

如何将经过排序员工人数对应的部门名称依次放在 J12:J19 单元格区域，需要进一步用函数来计算，计算时的参考数据区域仍然是 E12:E19 单元格区域。为了便于在公式中引用 E12:E19 单元格区域，将 E12:E19 单元格区域定义名称 aaa。定义名称的操作过程前面已经讲解过，这里就不再赘述了。

6. 计算行号

由于经过排序的员工人数对应的部门名称目前仍然放在 D12:D9 单元格区域（列号是 4），如果能求出每个排序以后的员工人数原来对应的行号，就可以取出对应部门名称了。为了求解行号，需要一个辅助字段，来判断有多少个重复员工人数单元格。因此，在 G11:H11 单元格区域分别输入"求行号辅助数""行号"。在 G12 单元格输入：0，表示单元格内数据是没有重复的（第一个值肯定是不重复的），在 G13 单元格输入公式：

$$=IF(K13=K12,G12+1,0)$$

该公式表示，如果 K13 单元格的值与 K12 单元格的值相等，则 G13 单元格的值将在 G12 单元格的值的基础上加 1。

将 G13 单元格中的公式复制到 G14:G19 单元格区域，即完成重复员工人数单元格的计数工作。下面求解 K12:K19 单元格区域员工人数对应的行号问题将借助该"求行号辅助数"。

在 H12 单元格输入如下公式：

$$=LARGE(IF(aaa=K12,ROW(aaa),""),COUNTIF(aaa,K12))$$

同时按下【Ctrl+Shift+Enter】组合键，编辑栏公式变为：

$$\{=LARGE(IF(aaa=K12,ROW(aaa),""),COUNTIF(aaa,K12))\}$$

该公式是一个数组公式，aaa 表示 E12:E19 单元格区域。COUNTIF(aaa,K12)计算的是 K12 单元格中的值（本例是 10）在名称所代表的区域中出现的次数，这里是 4；ROW(aaa)返回的是 E12:E19 单元格区域的行号，即 12 至 19；公式 IF(aaa=K12,ROW(aaa),"")首先判断 aaa 中是否有单元格的值与 K12 单元格的值相等，如果相等就返回 ROW(aaa)，即 12 至 19，如果不相等，就返回空字符；公式{=LARGE(IF(aaa=K12,ROW(aaa),""),COUNTIF(aaa,K12))}是依次判断区域 aaa 中单元格中的值是否与 K12 单元格相等，如果相等，就返回 ROW(aaa)，并计算 COUNTIF(aaa,K12)的值，整个数组公式计算完成，H2 单元格的公式统计的是 K12 单元格的值在 aaa 区域中第 4 次出现所在单元格的行号，这里计算的结果是：13（这里计算 K12 在 aaa 区域第一次至第四次出现的顺序是从行号大的开始到行号小的方向计数）。

在 H13 单元格输入如下公式：

=IF(K13=K12,LARGE(IF(aaa=K13,ROW(aaa),""),COUNTIF(aaa,K13)−G13),LARGE(IF(aaa=K13,ROW(aaa),""),COUNTIF(aaa,K13)))

同时按下【Ctrl+Shift+Enter】组合键，编辑栏公式变为：

{=IF(K13=K12,LARGE(IF(aaa=K13,ROW(aaa),""),COUNTIF(aaa,K13)−G13),LARGE(IF(aaa=K13,ROW(aaa),""),COUNTIF(aaa,K13)))}

该公式首先判断 K13 单元格的值是否与 K12 单元格的值相等，如果相等，就执行公式：LARGE(IF(aaa=K13,ROW(aaa),""),COUNTIF(aaa,K13)−G13)；如果不相等，就执行公式：LARGE(IF(aaa=K13,ROW(aaa),""),COUNTIF(aaa,K13))。这两个公式的内涵与 H12 单元格中的

内涵基本一样，请读者自己分析。

将 H13 单元格中的公式复制到 H14:H19 单元格区域，就统计出了每个排序后的员工人数在原来区域对应的行号。

7. 计算分析项目和百分比

已知每个员工人数对应的行号与列号，就可以计算出对应的部门名称（这里统一称为"分析项目"）了。在 J12 单元格输入公式：

$$=INDIRECT(ADDRESS(H12,4))$$

ADDRESS 函数返回的是由行号和列号确定的单元格地址，是文本型数据。如 ADDRESS(H12,4)就返回 13 行（这里 H12 单元格中的值是 13）、4 列单元格的地址，就是：D13。

INDIRECT(ADDRESS(H12,4))由 ADDRESS(H12,4)确定的单元格地址中的值，即 D13 单元格中的值：生产部。

将 J12 单元格中的公式复制到 J13:J19 单元格区域，就完成了"分析项目"的提取计算。

在 L12 单元格输入公式：

$$=K12/SUM(K\$12:K\$19)$$

将 K12 单元格中的公式复制到 K13:K19 单元格区域，并将 K12:K19 单元格区域设置成百分比格式，完成每个部门（项目）人数占公司所有人数的百分比的计算。

计算后的总体效果如图 1-4-99 所示。

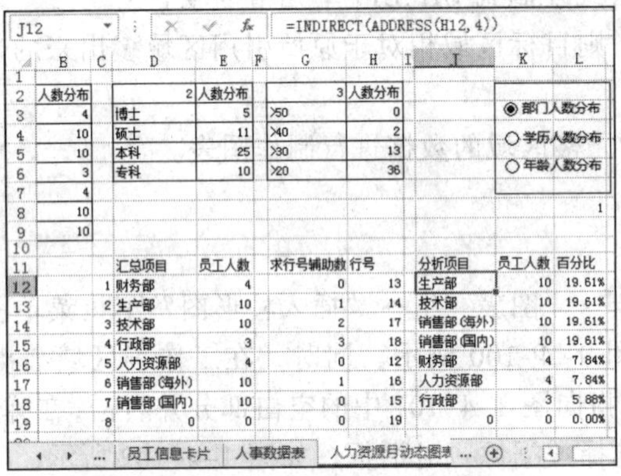

图 1-4-99　分析项目和百分比的计算

如果单击分组框中的不同选项按钮，D12:L19 单元格区域的数据会随着动态变化。

在图 1-4-99 中，发现如果原始数据区域单元格的数量小于目标区域单元格的数量时，目标区域多出的单元格会以数字 0 填充。例如 E12:E19 单元格区域有 8 个单元格，原引用区域 A3:A9 单元格区域有 7 个单元格，则 E19 单元格就填充 0，这很不美观，在插入图的时候，图就更不美观。为此，对上述单元格公式加以改进，增加一个条件判断，将填充数字 0 的单元格以空白代替。

将 D12 单元格中的公式改为：

　　=IF(OFFSET(\$A\$2,\$C12,(\$L\$8−1)*3,1,1)="","",OFFSET(\$A\$2,\$C12,(\$L\$8−1)*3,1,1))

将 D12 单元格中的公式复制到 D13:D19 单元格区域。

将 E12 单元格中的公式改为：

　　=IF(OFFSET(\$A\$2,\$C12,(\$L\$8−1)*3+1,1,1)="","",OFFSET(\$A\$2,\$C12,(\$L\$8−1)*3+1,1,1))

将 E12 单元格中的公式复制到 E13:E19 单元格区域。

将 G13 单元格中的公式改为：

$$=IF(K13="","",IF(K13=K12,G12+1,0))$$

将 G13 单元格中的公式复制到 G14:E19 单元格区域。

将 H13 单元格中的公式改为：

=IF(K13="","",IF(K13=K12,LARGE(IF(aaa=K13,ROW(aaa),""),COUNTIF(aaa,K13)−G13),LARGE(IF(aaa=K13,ROW(aaa),""),COUNTIF(aaa,K13)))))

并同时按下【Ctrl+Shift+Enter】组合键，将 H13 单元格中的公式复制到 H14:H19 单元格区域。

将 J12 单元格中的公式改为：

$$=IF(H12="","",INDIRECT(ADDRESS(H12,4)))$$

将 J12 单元格中的公式复制到 J13:J19 单元格区域。

将 K12:K19 选中，并修改公式为：

=IFERROR(LARGE(E12:E19,ROW(INDIRECT("1:"&ROWS(E12:E19)))),"")

并同时按下【Ctrl+Shift+Enter】组合键。

将 L12 单元格中的公式改为：

$$=IF(K12="","",K12/SUM(K\$12:K\$19))$$

将 L12 单元格中的公式复制到 L13:L19 单元格区域。

上述公式修改以后，则目标区域相对于原始引用区域多出来的单元格就不会以数字 0 出现了。

下面就以 J11:L19 单元格区域的数据进行制作图表。

8. 创建图表

（1）创建三维柱形图

单击"插入"选项卡→"图表"组→"插入柱形图"下拉菜单→"三维柱形图"区域的"三维簇状柱形图"，如图 1-4-100 所示。同时，在工作表区域会出现一个空白图表区，如图 1-4-101 所示。将指针指向图 1-4-101 中的空白部分并右击，在弹出的快捷菜单中单击"选择数据"命令，弹出"选择数据源"对话框，如图 1-4-102 所示。

图 1-4-100　插入三维簇状柱形图

图 1-4-101　插入的空白图表区

单击图 1-4-102 中"图表数据区域"右边文本框，选择工作表中的 J11:K18 单元格区域，"选择数据源"对话框变为如图 1-4-103 所示。单击图 1-4-103 中的"确定"按钮，工作表区域会出现如图 1-4-104 所示的三维簇状柱形图。

图 1-4-102 "选择数据源"对话框 | 图 1-4-103 选择数据后的"选择数据源"对话框

右击图 1-4-104 中的蓝色柱形区域，在弹出的快捷菜单中选择"添加数据标签"命令，在图表的柱形区域上方添加相应的数字。添加了数据标签的三维簇状柱形图如图 1-4-105 所示。将图 1-4-105 拖放到以 A20 单元格为左上角的区域。

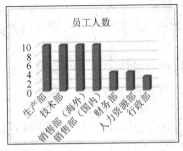

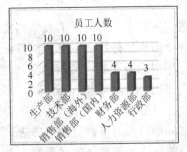

图 1-4-104 三维簇状柱形图 | 图 1-4-105 添加了"数据标签"的三维簇状柱形图

（2）创建三维饼图

单击"插入"选项卡→"图表"组→"插入饼图或圆环图"下拉菜单→"三维饼图"，在工作表区域会出现一个空白图表区。将指针指向图表的空白部分并右击，在弹出的快捷菜单中单击"选择数据"命令，弹出"选择数据源"对话框，如图 1-4-102 所示。

单击图 1-4-102 中"图表数据区域"右边文本框，选择工作表中的 J11:J18 单元格区域，按【Ctrl】键并选择 L11:L12 单元格区域，实现同时选择两个不连续的数据区域，选择不连续区域数据后的"选择数据源"对话框如图 1-4-106 所示。单击图 1-4-106 中的"确定"按钮，工作表数据区域就会出现三维饼图，如图 1-4-107 所示。

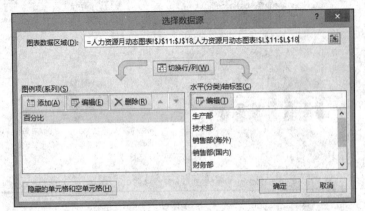

图 1-4-106 选择了不连续数据区域的"选择数据源"对话框

右击图 1-4-107 中的饼图，在弹出的快捷菜单中选择"添加数据标签"命令，在饼图的周围就添加了相应的数字。添加了数据标签的三维饼图如图 1-4-108 所示。将图 1-4-108 拖放到以 G20 单元格为左上角的区域。

图 1-4-107　三维饼图

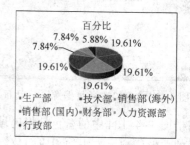

图 1-4-108　添加了"数据标签"的三维饼图

9. 美化图表

根据实际要求，可以对图表中的文字、背景填充、边框线、阴影等进行美化设置。本例只是对两个图表的标题文字字体进行设置。

指针指向三维簇状柱形图的标题"员工人数"，当指针变成"十"字箭头时，选中"员工人数"，设置字体为"方正舒体"。用相同的办法将"三维饼图"的标题"百分比"字体也设置成"方正舒体"。

设置好的"人力资源月动态图表"工作表整体效果如图 1-4-109 所示。单击组合框中不同的选项按钮，相应区域的数据和图表会随着动态变化。

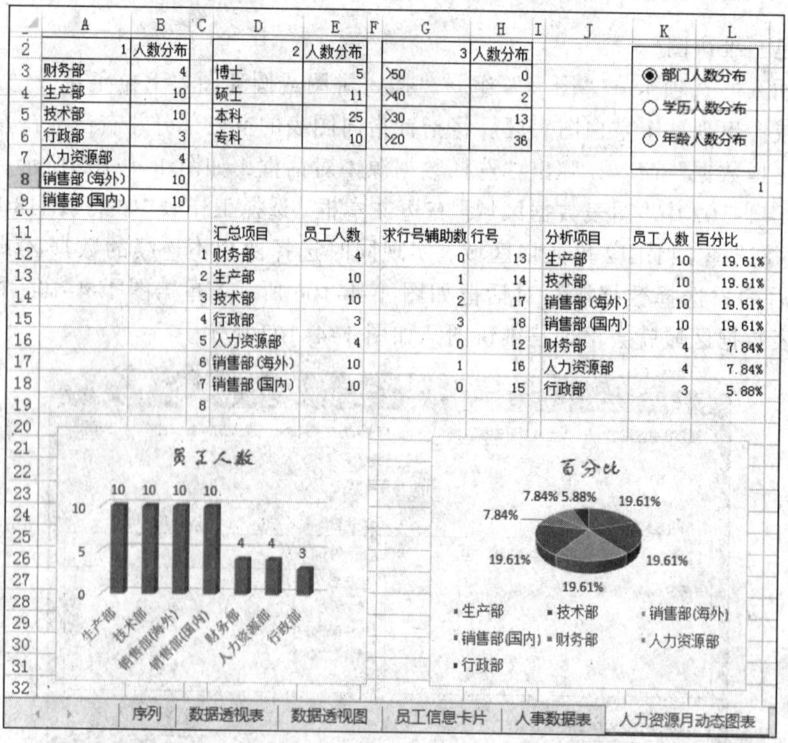

图 1-4-109　"人力资源月动态图表"总体效果

4.5 职工社保管理

4.5.1 职工"五险一金"统计表

1. 创建"五险一金"统计表

社会保险是指国家通过立法强制建立社会保险基金，对参加劳动关系的劳动者在丧失劳动能力或失业时给予必要的特质帮助的制度。社会保险的主要项目包括养老社会保险、医疗社会保险、失业保险、工伤保险、生育保险。养老社会保险、医疗社会保险、失业保险由个人和单位共同缴交，工伤保险和生育保险由单位缴交。

住房公积金，是指国家机关、国有企业、城镇集体企业、外商投资企业、城镇私营企业及其他城镇企业、事业单位、民办非企业单位、社会团体及其在职职工缴存的长期住房储存金，具有强制性、互助性、保障性。单位和职工个人必须依法履行缴存住房公积金的义务。

每个地区对于社会保险和住房公积金的实际缴交比例不完全一样，由于红火星集团总部位于北京市，所以按照北京市政府的规定进行缴交。

表 1-4-9 是红火星集团按照北京市 2014 年的规定并结合企业自身的实际情况为职工 2014 年 12 月缴交的"五险一金"统计情况（这里给出了部分员工）。

表 1-4-9 说明了月度代缴基数以及"五险一金"的构成比例。对于表 1-4-9 的创建，序号、工号、部门、姓名、月度代缴基数等数据可直接输入。这里给出养老保险单位上缴的计算公式。假设表中序号为 1 的员工王中意在 D4 单元格，则在 F4 单元格输入公式：

$$=ROUND(E4*20\%,2)$$

表 1-4-9 2014 年 12 月红火星集团员工五险一金统计表

序号	工号	部门	姓名	年度代缴基数	养老保险			医疗保险			失业保险			工伤保险	生育保险	住房公积金		个人缴费合计	单位缴费合计
					单位20%	个人8%	合计	单位11%	个人2%+3	合计	单位1%	个人0.2%	合计	单位1%	单位1%	单位12%	个人12%		
1	101	财务部	王中意	16000	3200	1280	4480	1760	323	2083	160	32	192	160	160	1920	1920	3555	7360
2	102	财务部	张志华	16000	3200	1280	4480	1760	323	2083	160	32	192	160	160	1920	1920	3555	7360
3	201	人力资源	黄仙红	14000	2800	1120	3920	1540	283	1823	140	28	168	140	140	1680	1680	3111	6440
4	202	人力资源	邝美玉	14000	2800	1120	3920	1540	283	1823	140	28	168	140	140	1680	1680	3111	6440
5	301	生产部	李志坚	14000	2800	1120	3920	1540	283	1823	140	28	168	140	140	1680	1680	3111	6440
6	302	生产部	刘骏	14000	2800	1120	3920	1540	283	1823	140	28	168	140	140	1680	1680	3111	6440
7	303	生产部	刘万成	14000	2800	1120	3920	1540	283	1823	140	28	168	140	140	1680	1680	3111	6440
8	401	销售部	麦丰收	14000	2800	1120	3920	1540	283	1823	140	28	168	140	140	1680	1680	3111	6440
9	402	销售部	麦收成	10000	2000	800	2800	1100	203	1303	100	20	120	100	100	1200	1200	2223	4600
10	403	销售部	孟浩亮	10000	2000	800	2800	1100	203	1303	100	20	120	100	100	1200	1200	2223	4600
11	501	销售部	冼美丽	14000	2800	1120	3920	1540	283	1823	140	28	168	140	140	1680	1680	3111	6440
12	502	销售部	谢燕美	12000	2400	960	3360	1320	243	1563	120	24	144	120	120	1440	1440	2667	5520
13	503	销售部	严厚侨	12000	2400	960	3360	1320	243	1563	120	24	144	120	120	1440	1440	2667	5520
14	601	技术部	朱至臻	14000	2800	1120	3920	1540	283	1823	140	28	168	140	140	1680	1680	3111	6440
15	602	技术部	王达成	12000	2400	960	3360	1320	243	1563	120	24	144	120	120	1440	1440	2667	5520
16	603	技术部	万成功	12000	2400	960	3360	1320	243	1563	120	24	144	120	120	1440	1440	2667	5520
17	604	技术部	章正义	12000	2400	960	3360	1320	243	1563	120	24	144	120	120	1440	1440	2667	5520
18	605	技术部	谢谢君	12000	2400	960	3360	1320	243	1563	120	24	144	120	120	1440	1440	2667	5520
19	611	行政部	郑国志	12000	2400	960	3360	1320	243	1563	120	24	144	120	120	1440	1440	2667	5520
20	612	行政部	钱途亮	12000	2400	960	3360	1320	243	1563	120	24	144	120	120	1440	1440	2667	5520

将 F4 单元格的公式复制到 F5:F23 单元格区域，则完成了所有员工养老保险单位上缴的金额计算。用相同的办法计算所有的上缴项目。

其他项目的计算以及表格的设置工作请读者自行完成。

2. 设置工作表保护防止修改

由于保险费率和数据不能进行随意改动，只有具有相应权限的人员才可以打开，因此可以设置工作表保护。

单击"审阅"选项卡→"更改"选项组→"保护工作表"命令，弹出"保护工作表"对话框，如图 1-4-110 所示。在图 1-4-110 中"取消工作表保护时使用的密码"下方的文本框中输入密码，这里输入：Excel（用户实际保护自己的工作表时应设置强壮的密码）。单击图 1-4-110 中的"确定"按钮，弹出"确认密码"对话框，如图 1-4-111 所示。在图 1-4-111 中"重新输入密码"下方的文本框中再次输入密码：Excel，单击图 1-4-111 中的"确定"按钮，即完成工作表的保护。工作表保护后，其他用户不能再对工作表的数据进行改动，但可以进行数据复制、插入工作表操作。

图 1-4-110 "保护工作表"对话框

图 1-4-111 "确认密码"对话框

单击"审阅"选项卡→"更改"选项组→"保护工作簿"命令，弹出"保护结构和窗口"对话框，可以设置保护工作簿的密码，假设这里设置的密码也是：Excel。具体设置过程与设置保护工作表相似，这里就不再讲述。设置工作簿保护密码以后，插入工作表操作不再允许，但仍然可以将数据选中，复制到其他工作表。

设置工作簿打开时的密码，可以按如下方法操作。单击"文件"选项卡→"另存为"命令，并在"另存为"面板中选择"计算机"，然后单击"浏览"按钮，弹出"另存为"对话框，如图 1-4-112 所示。单击图 1-4-112 中的"工具"按钮，在弹出的下拉菜单中单击"常规选项"命令，弹出"常规选项"对话框，如图 1-4-113 所示。在图 1-4-113 中的"打开权限密码"和"修改权限密码"右边的文本框中输入密码，本例都输入：Excel，单击"确定"按钮，弹出"确认密码"对话框，如图 1-4-114 所示。在图 1-4-114 中的"重新输入密码"文本框中输入：Excel，单击"确定"按钮，弹出"重新输入修改权限密码"的"确认密码"对话框，在文本框中仍然输入密码：Excel，单击"确定"按钮，完成该工作簿打开和修改的密码设置。密码设置后，再打开该工作簿文档，就需要输入密码。

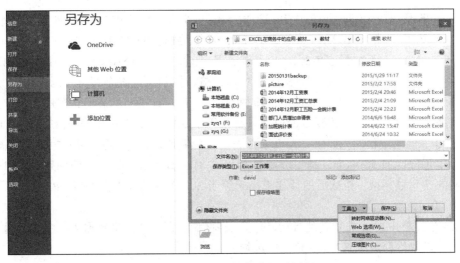

图 1-4-112 "另存为"对话框

图 1-4-113 "常规选项"对话框

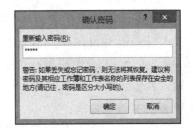

图 1-4-114 "确认密码"对话框

4.5.2 职工退休到龄提醒表

按照目前国家的规定，男性年满六十周岁，女性干部年满五十五周岁，一般女性职工年满五十周岁，即达到正式退休年龄。对于特殊工种，还有特殊规定。

红火星集团是高科技企业，所有员工退休年龄都按男性年满六十周岁，女性干部年满五十五周岁计算。

在实际工作中，在员工即将到退休年龄、办理退休手续之前，人力资源管理部门还有很多工作要做，如工作的交接、核定退休工资、照片准备等。人力资源管理部门需要提前了解哪些员工即将退休，以便做好准备工作。本例制作一个工作表，具有对即将到退休年龄人员的提醒功能。

下面以提前 30 天为提醒的最早日期，即从现在开始，如果在未来 30 天之内（含 30 天）有员工达到正式退休年龄，就进行提示。设计过程如下：

1. 从"人事数据表"提取满足条件的工号

打开"红火星集团人事信息表"Excel 文档，插入一个新工作表，并将该工作表重命名为"职工退休到龄提醒表"。本小节如无特殊说明，则在该工作表进行操作。

在 X2 单元格输入"30 天内即将退休人员的工号"。在 X3 单元格输入公式：

=IF(人事数据表!I3=" 男 ",IF(DATE(YEAR(人事 数 据表!G3)+60,MONTH(人事 数 据表!G3),DAY(人事数据表!G3))–TODAY()<=30,人事数据表!B3,""),IF(DATE(YEAR(人事数据表!G3)+55,MONTH(人事数据表!G3),DAY(人事数据表!G3))–TODAY()<=30,人事数据表!B3,""))

该函数的功能是判断"人事数据表"I3 单元格（性别）是否是"男"，如果是，就将该名员工的出生年份增加 60 年（只是年份增加 60 年，月、日不变）后的日期序列号求出来，与当前日期的序列号相减，相减后的值如果小于等于 30，就取人事数据表!B3（工号）的值，如果大于 30，就取空值""；如果"人事数据表"I3（性别）不是"男"（是"女"），就将该名员工的出生年份增加 55 年（只是年份增加 55 年，月、日不变）后的日期序列号求出来，与当前日期的序列号相减，相减后的值如果小于等于 30，就取"人事数据表"B3（工号）的值，如果大于 30，就取空值""。

将 X3 单元格中的公式复制到 X4:X53 单元格区域。即将"人事数据表"中满足退休条件员工的工号提取后存放在 X3:X53 单元格区域。

2. 降序排列工号

选中 A3:A53 单元格区域，输入公式：

=IFERROR(LARGE(X3:X53,ROW(INDIRECT("1:"&ROWS(X3:X53)))),"")

同时按下【Ctrl+Shift+Enter】组合键，完成将 X3:X53 区域的工号降序排列，并放在 A3:A53 单元格区域。该公式前文有讲解，这里不再赘述。

3. 输入其他公式

在 A1 单元格输入公式：

=IF(A3<>"","30 天内即将退休的员工情况","")

如果 A3 单元格不是空的，即输入"30 天内即将退休的员工情况"，如果 A3 单元格是空的，就输入空字符""。设置 A1 单元格字体为：宋体，18 磅；将 A1:P1 单元格区域合并单元格并居中操作。

在 A2 单元格输入公式：

=IF($A$3<>"",人事数据表!B2,"")

将 A2 单元格公式复制到 A2:P2 单元格区域，将"人事数据表"中的字段名行信息（人事数据表!B2:Q2）复制到 A2:P2 单元格区域。

在 B3 单元格输入公式：

=IF($A3<>"",VLOOKUP($A3,人事数据表!$B$3:$Q$53,2),"")

判断 A3 单元格的数据是否为空，如果不是（即 A3 单元格中存放有一个工号值），就在人事数据表!$B$3:$Q$53 第 1 列中（即 B 列）查找是否含有 A3 单元格中的值，如果有，就返回人事数据表!$B$3:$Q$53 第 2 列中（C 列）对应行的值（即工号对应的姓名）；如果 A3 单元格中是空值，就返回空值。

在 C3 单元格中输入公式：

=IF($A3<>"",VLOOKUP($A3,人事数据表!$B$3:$Q$53,3),"")

判断 A3 单元格的数据是否为空，如果不是（即 A3 单元格中存放有一个工号值），就在人事数据表!$B$3:$Q$53 第 1 列中（即 B 列）查找是否含有 A3 单元格中的值，如果有，就返回人事数据表!$B$3:$Q$53 第 3 列中（D 列）对应行的值（即工号对应的隶属部门名称）；如果 A3 单元格中是空值，就返回空值。

分别在 D3:P3 单元格区域中输入如下公式：

=IF($A3<>"",VLOOKUP($A3,人事数据表!$B$3:$Q$53,4),"")

=IF($A3<>"",VLOOKUP($A3,人事数据表!$B$3:$Q$53,5),"")

=IF($A3<>"",VLOOKUP($A3,人事数据表!$B$3:$Q$53,6),"")

=IF($A3<>"",VLOOKUP($A3,人事数据表!$B$3:$Q$53,7),"")

=IF($A3<>"",VLOOKUP($A3,人事数据表!$B$3:$Q$53,8),"")

=IF($A3<>"",VLOOKUP($A3,人事数据表!$B$3:$Q$53,9),"")

=IF($A3<>"",VLOOKUP($A3,人事数据表!$B$3:$Q$53,10),"")

=IF($A3<>"",VLOOKUP($A3,人事数据表!$B$3:$Q$53,11),"")

=IF($A3<>"",VLOOKUP($A3,人事数据表!$B$3:$Q$53,12),"")

=IF($A3<>"",VLOOKUP($A3,人事数据表!$B$3:$Q$53,13),"")

=IF($A3<>"",VLOOKUP($A3,人事数据表!$B$3:$Q$53,14),"")

=IF($A3<>"",VLOOKUP($A3,人事数据表!$B$3:$Q$53,15),"")

=IF($A3<>"",VLOOKUP($A3,人事数据表!$B$3:$Q$53,16),"")

将 B3:P3 单元格区域选中并复制到 B4:P53 单元格区域。

至此，完成"职工退休到龄提醒表"所有设置工作。

当"人事数据表"中员工从当前日期开始到退休日期的距离天数没有小于等于 30 天的人员时，职工退休到龄提醒表!A1:P53 区域不显示任何信息；如果"人事数据表"中员工从当前日期开始到退休日期的距离天数有小于等于 30 天的人员时，职工退休到龄提醒表!A1:P53 区域显示未来 30 天内即将退休员工的信息。

假设今天日期是 2015 年 2 月 5 日。将"人事数据表"中工号是 302 的员工出生日期改为 1955/3/1（身份证号信息不改，这里只是验证"职工退休到龄提醒表"的功能），将工号是 612 的员工出生日期改为：1960/2/20（身份证号信息也不改）。修改上述员工的出生日期数据后，"职工退休到龄提醒表"就会显示这两名员工的信息情况，如图 1-4-115 所示。

工号	姓名	隶属部门	学历	身份证号	出生日期	工作日期	性别	年龄	工龄	职务	职称	婚否	联系电话	居住地址	EMAIL
						30天内即将退休的员工情况									
612	钱途亮	行政部	本科	24010219880527216X	1960/2/20	2009/12/28	女	54	5	职员	工程师	是	23987602435	北京某小区H座505	Red_Mars_abc@212.com
302	刘骏	生产部	本科	11010219791218155X	1955/3/1	2000/7/8	男	59	14	副部长	工程师	是	23961256778	北京某小区C座301	Red_Mars_abc@172.com

序列　数据透视表　数据透视图　员工信息卡片　职工退休到龄提醒表　人事数据表　人力资源月 …

图 1-4-115　30 天内即将退休的员工情况提醒表

4.6　函数扩展讲解

Excel 2013 有财务、日期与时间、数学与三角、统计、查找与引用、数据库、文本、逻辑、信息、工程、多维数据集、兼容性、Web 共 13 种函数。本章前面结合案例介绍了部分函数，下面再介绍一些在人力资源管理中还可能遇到的常用函数，如日期与时间、数学与三角、统计、查找与引用、文本、逻辑和信息函数。

4.6.1　日期与时间函数

1. DATEVALUE 函数

（1）语法：DATEVALUE(Date_Text)。

参数含义：Date_Text 是文本格式的日期。

（2）功能：将文本形式的日期转换为序列号。

如公式：=DATEVALUE("2015/5/8")，返回的结果是：42132。

2. DAY 函数

（1）语法：DAY(Date_Number)。

参数含义：Date_Number 指日期序列号。

（2）功能：返回日期序列号对应某月的第几天，取值范围是 1 至 31。

如公式：=DAY(42132)，返回的结果是：8。

3. DAYS 函数

（1）语法：DAYS(End_Date,Start_Date)。

参数含义：End_Date 指结束日期，Start_Date 指开始日期。

（2）功能：返回两个日期之间相差的天数。

如公式：=DAYS("2015/5/8","2014/5/8")，返回的结果是：365。

4. HOUR 函数

（1）语法：HOUR(Date_Number)。

参数含义：Date_Number 指日期序列号。

（2）功能：返回日期序列号对应的小时，取值范围为 0 至 23 之间的一个整数。

如公式：=HOUR(12345)，返回的结果是：0；公式：=HOUR(12345.5)，返回的结果是：12。

5. MINUTE 函数

（1）语法：MINUTE(Date_Number)。

参数含义：Date_Number 指日期序列号。

（2）功能：返回日期序列号对应的分钟，取值范围为 0 至 59 之间的一个整数。

如公式：=MINUTE(12345)，返回的结果是：0；公式：=MINUTE(12345.01)，返回的结果是：14（0.01 单位是天，转换成分钟为：0.01*24*60=14.4，取整数 14）。

6. MONTH 函数

（1）语法：MONTH(Date_Number)。

参数含义：Date_Number 指日期序列号。

（2）功能：返回日期序列号对应的月份，取值范围为 1 至 12 之间的一个整数。

如公式：=MONTH(42132)，返回的结果是：5。

7. NOW 函数

（1）语法：NOW()。

无参数。

（2）功能：返回当前日期和时间的序列号，如果单元格指定了日期时间格式，则返回指定的格式。

如公式：=NOW()，返回的结果是：2015/5/8 9:58（指执行该函数时的日期和时间）。

8. SECOND 函数

（1）语法：SECOND(Date_Number)。

参数含义：Date_Number 指日期序列号。

（2）功能：返回日期序列号对应的秒，取值范围为 0 至 59 之间的一个整数。

如公式：=SECOND(12345)，返回的结果是：0；公式：=SECOND(12345.01)，返回的结果是：24，这里的 0.01 单位是天，转换成秒为：

0.01*24*60*60−INT(0.01*24*60)*60=864−840=24。

9. TIME 函数

（1）语法：TIME(Hour,Minute,Second)。

参数含义：Hour 指小时数，取值范围为 0～23 之间的一个整数；Minute 指分钟数，取值范围为 0～59 之间的一个整数；Second 指秒数，取值范围为 0～59 之间的一个整数。

（2）功能：返回特定时间的序列号，如果单元格指定了时间格式，则返回指定的格式。

如公式：=TIME(18,58,58)，返回的结果是：0.79。

10. TODAY 函数

（1）语法：TODAY()。

无参数。

（2）功能：返回当前日期的序列号，如果单元格指定了日期格式，则返回指定的格式。

如公式：=TODAY()，返回的结果是：2015/5/8（指执行该函数时的日期）。

11. YEAR 函数

（1）语法：YEAR(Date_Number)。

参数含义：Date_Number 指日期序列号。

（2）功能：返回日期序列号对应的年份。

如公式：=YEAR(42132)，返回的结果是：2015。

4.6.2 数学与三角函数

1. RAND 函数

（1）语法：RAND()。

无参数

（2）功能：返回一个介于 0 和 1 之间的随机数。

如公式：=RAND()，返回的结果是：0.888888（每次计算结果不一样）。

2. RANDBETWEEN 函数

（1）语法：RANDBETWEEN(Bottom,Top)。

参数含义：Bottom 指数字区间的下限值；Top 指数字区间的上限值，Top 必须大于等于 Bottom。

（2）功能：返回一个介于所指定数字之间的随机整数。

如公式：=RANDBETWEEN(1,100)，返回的结果是：98（该函数返回 1 到 100 之间的随机整数，每次计算结果不一样）。

4.6.3 统计函数

1. MEDIAN 函数

（1）语法：MEDIAN (Number 1,Number 2,…,Number n)。

参数含义：Number 1,Number 2,…,Number n 指若干个数字，也可以是若干个引用单元格区域。

（2）功能：返回所指定数字的中位数。

如公式：=MEDIAN(10,5,3,8,9)，返回的结果是：8；公式：=MEDIAN(10,5,3,8,4,9)返回的结果是：6.5(这里所有数字的数量是偶数 6，取大小为居中的 2 个数字，即 5 和 8 的平均值)。

2. SMALL 函数

（1）语法：SMALL (Num_Array,Number)。

参数含义：Num_Array 是一个数值型数组或一个数值单元格区域引用。

（2）功能：返回数组中第 Number 个最小值。

如公式：=SMALL({10,5,3,8,4,9},3)返回的结果是：5（5 是该组数中第 3 个最小值，该函数一般用于某个数值区从小到大的排序）。

4.6.4 查找和引用函数

1. COLUMN 函数

（1）语法：COLUMN (Reference)。

参数含义：Reference 指引用单元格区域。

（2）功能：返回所指定引用单元格区域第一列的列号（A 列列号为 1，B 列列号为 2，依此类推）。

如公式：=COLUMN(D3)，返回的结果是：4；公式：=COLUMN(B2:D3)返回的结果是：2。类似的函数 ROW 的功能是返回引用单元格区域第一行的行号。

2. COLUMNS 函数

（1）语法：COLUMNS (Reference)。

参数含义：Reference 指引用单元格区域。

（2）功能：返回所指定引用单元格区域的列数。

如公式：=COLUMNS(D3)，返回的结果是：1；公式：=COLUMNS(B2:D3)，返回的结果是：3。类似的函数 ROWS 的功能是返回引用单元格区域的行数。

3. INDEX 函数

（1）语法：INDEX (Reference,Row_Num,Col_Num)。

参数含义：Reference 指引用单元格区域或指定的数组；Row_Num 指数组或单元格区域

的行号；Col_Num 指数组或单元格区域的列号。

（2）功能：返回 Row_Num 和 Col_Num 交叉位置的数据。

如公式：=INDEX({1,2,3,4;5,6,7,8;9,10,11,12},2,3)，返回的结果是第 2 行第 3 列交叉位置的值：7。

4.6.5 文本函数

1. FIND 函数

（1）语法：FIND (Find_Text,Within_Text,Start_Num)。

参数含义：Find_Text 指要查找的字符串，Within_Text 指要在其中搜索的字符串，Start_Num 指起始搜索位置。

（2）功能：返回一个字符串在另一个字符串中的起始位置（区分大小写）。

如公式：=FIND("a","teacher",2)，返回的结果是：3（"a"从第 1、第 2、第 3 个位置算起，在"teacher"中的位置都是 3，这里给出的是从第 2 个位置算起）；公式：=FIND("a","teacher",4)，返回的结果是：#VALUE!（"teacher"从第 4 个及以后的位置算起，已经没有"a"了，所以返回 #VALUE!）。公式：=FIND("A","teacher",2)，返回的结果是：#VALUE!，因为"teacher"中没有"A"。

类似的查找函数还有 SEARCH，该函数不区分大小写，其他与 FIND 函数功能一样。如公式：=SEARCH("A","teacher",2)，返回的结果是：3。

2. TRIM 函数

（1）语法：TRIM (Text)。

参数含义： Text 指要删除含有空格的字符串。

（2）功能：删除字符串中多余的空格，但会保留一个作为词与词之间分隔的空格。

如公式：=TRIM(" I am a   teacher.")，返回的结果是：I am a teacher.

文本函数有很多都比较有用，如 LEN 求字符串包含字符数量的函数、LOWER 将字母转换小写的函数、UPPER 将字母转换大写的函数等。

4.6.6 信息函数

1. CELL 函数

（1）语法：CELL(Info_Type,Reference)。

参数含义：Info_Type 指要返回的信息类型，具体信息类型格式见表 1-4-10 所示；Reference 指要引用的单元格区域。

表 1-4-10 Info_Type 信息类型格式

Info_type	返回结果
"address"	reference 中第一个单元格的引用，文本类型
"col"	reference 中单元格的列号
"color"	如果单元格中的负值以不同颜色显示，则为值 1；否则返回 0（零）
"contents"	reference 中左上角单元格的值；不是公式

续表

Info_type	返回结果
"filename"	包含 reference 的文件名（包括全部路径），文本格式
	如果包含 reference 的工作表尚未保存，则返回空文本（""）
"format"	与单元格中的数字格式对应的文本值。表 1-4-11 显示了不同格式的文本值
	如果单元格中的负值以不同颜色显示，则在文本值结尾处返回 "–"
	如果单元格中为正值或所有值加括号，则在文本值结尾处返回 "()"
"parentheses"	如果单元格中为正值或全部值加括号，则值为 1；否则，返回 0
"prefix"	与单元格中"标签前缀"相对应的文本值。如果单元格文本左对齐，则返回单引号（'）
	如果单元格文本右对齐，则返回双引号（"）；如果单元格文本居中，则返回插字号（^）
	如果单元格文本两端对齐，则返回反斜线（\）；如果是其他情况，则返回空文本（""）
"protect"	如果单元格未锁定，则值为 0；如果单元格锁定，则返回 1
"row"	reference 中单元格的行号
"type"	与单元格中数据类型对应的文本值。如果单元格为空，则返回 "b"
	如果单元格包含文本常量，则返回 "1"；如果单元格包含其他内容，则返回 "v"
"width"	取整后的单元格列宽。列宽以默认字号的一个字符宽度为单位

（2）功能：返回所引用中第一个单元格的格式、位置或内容等信息。

如公式：=CELL("row",A18)返回的结果是：18；公式：=CELL("col",A18)返回的结果是：1。其他情况，请读者自行尝试。

表 1-4-11　与单元格中的数字格式对应的文本值

如果 Excel 的格式为	CELL 返回值	如果 Excel 的格式为	CELL 返回值
常规	"G"	0.00E+00	"S2"
0	"F0"	# ?/? 或# ??/??	"G"
#,##0	",0"	m/d/yy 或 m/d/yy h:mm 或 mm/dd/yy	"D4"
0	"F2"	d-mmm-yy 或 dd-mmm-yy	"D1"
#,##0.00	",2"	d-mmm 或 dd-mmm	"D2"
$#,##0_);($#,##0)	"C0"	mmm-yy	"D3"
$#,##0_);[Red]($#,##0)	"C0-"	mm/dd	"D5"
$#,##0.00_);($#,##0.00)	"C2"	h:mm AM/PM	"D7"
$#,##0.00_);[Red]($#,##0.00)	"C2-"	h:mm:ss AM/PM	"D6"
0%	"P0"	h:mm	"D9"
0.00%	"P2"	h:mm:ss	"D8"

2. TYPE 函数

（1）语法：TYPE(Value)。

参数含义：Value 指引用的常量、单元格。

（2）功能：以整数形式返回参数的数据类型，数字=1；文本=2；逻辑=4；错误=16；数组=64。

如公式"=TYPE(123)"返回结果 1；公式"=TYPE("ABCD")"返回结果 2；公式"=TYPE(TRUE)"返回结果 4；公式"=TYPE(TRUE+"ABCD")"返回结果 16；公式"=TYPE({1,2,3,4,5})"返回结果 64。

4.6.7 逻辑函数

IFERROR 函数

（1）语法：IFERROR(Value,Value_If_Error)。

参数含义：Value 指要测试的值或表达式；Value_If_Error 是指 Value 错误时的取值。

（2）功能：如果 Value 是错误的值，就取 Value_If_Error 的值；否则就取 Value 的值。

如公式：=IFERROR(5<3,3)的结果是：FALSE；公式：=IFERROR(5>3,3)的结果是：TRUE；公式：=IFERROR(5<3+abcd,"该表达式是错误的！")的结果是"该表达式是错误的！"。

除上述介绍的函数外，附录 A 列出了 Excel 2013 所有函数的名称和功能，在习题和实验练习中也提供了一些函数的应用举例，读者可以自行学习。

第 5 章　Excel 在财务管理中的应用

　　财务分析，又称财务报表分析，是指在企业的财务报表及其相关资料的基础上，通过一定的方法和手段，对财务报表提供的数据进行系统和深入的分析研究，揭示有关指标之间的关系、变动情况及其形成原因，从而对企业的财务状况和经营成果、财务信用和财务风险、财务总体情况和未来发展趋势等进行分析和评价。企业的基本财务报表包括资产负债表、利润表和现金流量表。由于财务报表的使用者涉及一系列的利益关系人，包括投资者、债权人、经营者、政府、员工和工会、中介机构等，不同人员所关心的问题和侧重点各不相同，因此财务分析的目的也有所不同，主要可归为以下四个方面：

　　（1）评价企业的财务状况。通过对企业的财务报表等会计资料进行分析，了解企业资产的流动性、负债水平和偿债能力，从而评价企业的财务状况和经营成果。

　　（2）评价企业的资产管理水平。企业的生产经营过程就是利用资产取得收益的过程。资产是企业生产经营活动的经济资源，资产的管理水平直接影响到企业的收益，它体现了企业的整体素质。通过财务分析可以了解到企业资产的管理水平和资金周转情况，为评价经营管理水平提供依据。

　　（3）评价企业的获利能力。利润是企业经营最终成果的体现，是企业生存和发展的最终目的，所有利益关系人都十分关心企业的获利能力，因此需要通过财务分析对企业的获利能力进行评价。

　　（4）评价企业的发展趋势。通过财务分析可以判断出企业的发展趋势，预测企业的经营前景，从而避免因决策失误而带来的重大经济损失。

　　总而言之，财务分析的目的是为企业的投资者、债权人、经营者及其他关心企业的组织或者个人提供准确的信息或者依据，以便于他们了解企业的过去、评价企业的现状、预测企业的未来，从而作出正确的决策。

　　财务分析的目的不同，在实际分析时必然采用不同的分析方法。常用的财务分析方法包括比率分析法、比较分析法、图解分析法、趋势分析法以及综合分析法等，本章主要介绍比率分析法、比较分析法及综合分析法。

　　从企业管理层的角度来看，历年的企业财务比率变动情况可以作为管理部门的一个评估企业经营绩效的指标，以便随时调整企业的经营管理策略，协助企业达成长期的发展目标，因此企业财务比率分析在企业管理部门的经营方针的制订上起到了不可估量的作用。

　　财务分析的最终目的在于全面、准确、客观地揭示企业的财务状况和经营成果，并借以对企业经济效益的优劣作出合理评价，然而仅仅计算几个简单的、孤立的财务比率不可能作出合理、公允的综合性结论。综合财务分析法就是将有关财务指标按其内在联系结合起来，系统、全面、综合的对企业的财务状况和经营成果进行剖析、解释和评价，说明企业整体财务状况和经营成果的优劣。

计算出财务比率后，使用者往往会发现无法判断它是偏高还是偏低。此时可以将其与本企业的历史数据比较，分析出自身的变化，还可以将其与同行业、同规模的其他企业的数据进行比较，分析企业间的区别，为发现问题和查找差距提供线索，从而找出在市场竞争中的优势和劣势，进一步改进管理方式和提高经营效益。

5.1 偿债能力分析

企业能否生存和发展，关键要看企业是否具有偿债能力。如果不能如期偿还债务，企业可能就要面临破产。因此无论投资者、债权人还是经营者，都会关心企业偿债能力的大小。偿债能力分析正是通过分析企业资产的流动性、负债水平和偿债能力，来评价企业的财务状况和经营成果。偿债能力分析包括短期偿债能力分析和长期偿债能力分析两个方面的内容。

短期偿债能力分析主要通过短期偿债能力比率来衡量，短期偿债能力比率又称变现能力比率或流动性比率，是企业产生现金的能力的财务指标，用以衡量企业短期偿债能力及紧急应变能力，其数值取决于企业可以在近期转变为现金的流动资产的多少。此类指标主要包括流动比率、速动比率和现金比率等。

长期偿债能力分析主要通过长期偿债能力比率来衡量，长期偿债能力比率又称负债比率或财务杠杆比率，是说明债务和资产、净资产间关系的比率。通过对其分析，可以看出企业的资本结构是否健全合理，从而评价企业偿还到期长期债务的能力。此类指标主要包括资产负债率、产权比率、有形净值债务率和获取利息倍数等。

5.1.1 流动比率

流动比率是流动资产与流动负债的比率。它表示企业每单位流动负债有多少流动资产作为偿还的保证，反映了企业有多少流动资产可以在短期内转化为现金对到期的流动负债进行偿还的能力。其计算公式如下：

流动比率=流动资产÷流动负债

其中流动资产一般包括库存现金、有价证券、应收账款及库存商品；流动负债一般包括应付账款、应付票据、1 年内到期的债务、应付未付的各项税费及其他应付未付的开支。

流动比率是评价企业偿债能力较为常用的比率。一般来说，流动比率越高，企业偿还流动负债的能力越强，流动负债得到偿还的保障越大。它可以衡量企业短期偿债能力的大小，它要求企业的流动资产在清偿完流动负债以后，还有余力来应付日常经营活动中的其他资金需要。根据一般经验判定，流动比率应在 2 以上才能保证企业既有较强的偿债能力，又能保证企业生产经营顺利进行。在运用流动比率评价企业财务状况时，应注意到各行业的经营性质不同，营业周期不同，对资产流动性要求也不一样，因此，200%的流动比率标准并不是绝对的。另外，营业周期、流动资产中的应收账款和存货的周转速度是影响流动比率的主要因素，因此在分析流动比率时还要结合流动资产的周转速度和构成情况。

【例 5-1】以红火星集团 2014 年度的资产负债表和利润表的数据（见图 1-5-1 和图 1-5-2）为依据，运用 Excel 计算该集团 2014 年末的流动比率。

具体操作如下：

资产负债表

会企01表

资 产	年初余额	期末余额	负债和所有者权益	年初余额	期末余额
流动资产:			流动负债:		
货币资金	2,314,886.40	2,887,954.80	短期借款	4,100,000.00	4,500,000.00
交易性金融资产			交易性金融负债		
应收票据	1,933,626.00	3,205,312.20	应付票据		
应收账款	2,171,207.40	2,721,854.40	应付账款	2,915,942.40	3,662,133.00
预付款项			预收款项	423,878.00	520,530.70
其他应收款			应付职工薪酬	325,689.12	362,309.43
存货	1,620,609.00	2,023,524.60	应交税费	106,644.60	119,988.00
一年内到期的非流动资产			其他应付款	205,239.08	496,967.27
其他流动资产			一年内到期的非流动负债		
			其他流动负债		
流动资产合计	8,040,328.80	10,838,646.00	流动负债合计	8,077,393.20	9,661,928.40
非流动资产:			非流动负债:		
可供出售金融资产			长期借款	1,122,030.60	2,693,578.20
持有至到期投资			应付债券		
长期应收款	2,563,892.40	2,904,395.90	长期应付款		
固定资产	538,940.40	615,985.60	专项应付款		
减:累计折旧	138,492.60	154,839.40	其他非流动负债		
固定资产净值	400,447.80	461,146.20	非流动负债合计	1,122,030.60	2,693,578.20
减:固定资产减值准备			负债合计	9,199,423.80	12,355,506.60
固定资产净额	400,447.80	461,146.20	所有者权益:		
在建工程			实收资本	600,000.00	600,000.00
工程物资			资本公积		
固定资产清理			减:库存股		
无形资产	9,586.80	11,225.50	专项储备		
长期待摊费用			盈余公积	907,416.00	929,953.50
其他非流动资产			未分配利润	307,416.00	329,953.50
非流动资产合计	2,973,927.00	3,376,767.60	所有者权益合计	1,814,832.00	1,859,907.00
资产总计	11,014,255.80	14,215,413.60	负债和所有者权益合计	11,014,255.80	14,215,413.60

编制单位:红火星集团　2014-12-31　单位:元

图 1-5-1　2014 年度资产负债表

利 润 表

会计02表

项 目	本月数	本年数
一、营业收入	1,987,029.80	25,044,357.60
减:营业成本	1,706,440.70	21,677,288.40
营业税金及附加	6,343.20	76,118.00
销售费用	85,761.60	1,149,139.20
管理费用	104,332.40	1,371,988.80
财务费用	6,233.70	72,404.40
资产减值损失		
加:公允价值变动收益(损失以"-"号填列)		
投资收益(损失以"-"号填列)		
二、营业利润(亏损以"-"号填列)	77,918.20	697,418.80
加:营业外收入	1,490.60	17,888.00
减:营业外支出	314.80	3,777.60
三、利润总额(亏损总额以"-"号填列)	79,094.00	711,529.20
减:所得税费用	29,342.20	138,514.20
四、净利润(净亏损以"-"号填列)	49,751.80	573,015.00

编制单位:红火星集团　2014-12-31　单位:元

图 1-5-2　2014 年度利润表

（1）打开"2014 年财务报表"Excel 文档，单击"财务比率分析"工作表，如图 1-5-3 所示。

（2）选中 B3 单元格，设置该单元格格式："数字"→分类为"数值"→小数位数为 2→ "确定"，在该单元格中输入以下公式"=资产负债表!C16/资产负债表!F16"，按【Enter】键完 成输入，即返回计算结果。

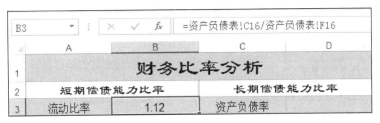

图 1-5-3 计算流动比率

5.1.2 速动比率

流动比率有时并不能很好地衡量企业的偿债能力，因为并不是所有的流动资产都具有很好的变现能力，能在短时间内转换成现金以偿还债务，因此通常在使用流动比率时会结合另一个衡量企业偿还能力的指标，即速动比率。

速动比率又称酸性测试比率，是企业流动资产扣除变现能力较差且不稳定的存货、预付账款等资产后形成的速动资产与流动负债的比率。它反映了企业流动资产中可以立即变现用于偿还流动负债的能力。其计算公式如下：

$$速动比率 = 速动资产 \div 流动负债$$

其中：

速动资产 = 货币资金 + 交易性金融资产 + 应收账款 + 应收票据

= 流动资产 - 存货 - 预付账款 - 一年内到期的非流动资产 - 其他流动资产

报表中如有应收利息、应收股利和其他应收款项目，可视情况归入速动资产项目。

速动比率的作用与流动比率类似，但速动比率能更敏锐地测定企业运用流动资金偿还短期负债的能力。速动比率的高低能直接反映企业的短期偿债能力强弱，是对流动比率的补充，并且比流动比率更加直观可信。即使流动比率较高，但流动资产的流动性很低，则企业的短期偿债能力仍然不高。在流动资产中交易性金融资产一般可在证券市场上即时出售以转化为现金，应收账款、应收票据、预付账款等项目也可在短期内变现，但存货、待摊费用等项目的变现时间较长，特别是存货很可能发生积压、滞销等情况，其流动性较差，因此流动比率较高的企业，并不一定偿还短期债务的能力很强，而速动比率则避免了这种情况的发生。一般来说，速动比率应保持在 1 以上，而速动比率与流动比率的比值则在 1:1.5 左右最为合适。

【例 5-2】以红火星集团 2014 年度的资产负债表和利润表的数据（见图 1-5-1 和图 1-5-2）为依据，运用 Excel 计算该集团 2014 年末的速动比率。

具体操作如下：

（1）打开"2014 年财务报表"Excel 文档，单击"财务比率分析"工作表。

（2）选中 B4 单元格，设置该单元格格式："数字"→分类为"数值"→小数位数为 2→"确定"，在该单元格中输入以下公式"=(资产负债表!C6+资产负债表!C7+资产负债表!C8+资产负债表!C9)/资产负债表!F16"，按【Enter】键完成输入，随即返回计算结果，如图 1-5-4 所示。

B4				f_x	=(资产负债表!C6+资产负债表!C7+资产负债表!C8+资产负债表!C9)/资产负债表!F16		

	A	B	C	D	E	F	G	H
1			财务比率分析					
2	短期偿债能力比率		长期偿债能力比率					
3	流动比率	1.12	资产负债率					
4	速动比率	0.91	产权比率					

图 1-5-4　计算速动比率

5.1.3　现金比率

现金比率又称现金资产比率，是企业现金及现金等价资产总量与当前流动负债的比率，用以衡量企业资产的流动性，反映了企业在不依靠存货销售及应收款的情况下支付当前债务的能力，即企业的即时付现能力。其计算公式如下：

现金比率 =(货币资金 + 交易性金融资产)÷流动负债×100%

虽然流动比率、速动比率能够反映资产的流动性或偿债能力，但这种反映具有一定的局限性，因为真正能用于偿还短期债务的是现金，有利润的年份不一定有足够的现金来偿还短期债务，所以利用现金比率可以更好地反映偿债能力的强弱。现金比率一般认为 20% 以上为好，但这一比率过高，就意味着企业拥有闲置资金过多，资金未能得到合理运用。因此，企业应根据行业实际情况确定最佳比率，债权人也不应过分看重该比率，因为企业不可能一直保持足够还债的现金资产，如果是这样，企业也就没有借款的必要了。

【例 5-3】以红火星集团 2014 年度的资产负债表和利润表的数据(见图 1-5-1 和图 1-5-2)为依据，运用 Excel 计算该集团 2014 年末的现金比率。

具体操作如下：

（1）打开"2014 年财务报表"Excel 文档，单击"财务比率分析"工作表。

（2）选中 B5 单元格，设置该单元格格式："数字"→分类为"百分比"→小数位数为 2→"确定"，在该单元格中输入以下公式"=(资产负债表!C6+资产负债表!C7)/资产负债表!F16"，按【Enter】键完成输入，即返回计算结果，如图 1-5-5 所示。

B5				f_x	=(资产负债表!C6+资产负债表!C7)/资产负债表!F16	

	A	B	C	D	E
1			财务比率分析		
2	短期偿债能力比率		长期偿债能力比率		
3	流动比率	1.12	资产负债率		
4	速动比率	0.91	产权比率		
5	现金比率	29.89%	有形净值债务率		

图 1-5-5　计算现金比率

5.1.4　资产负债率

资产负债率又称举债经营比率，是企业负债总额与资产总额的比率。它反映了企业的资产总额中有多大比例是通过举债而得到的，可用以衡量企业利用债权人提供资金进行经营活动的能力，以及企业在清算时保护债权人利益的程度。其计算公式如下：

资产负债率=负债总额÷资产总额×100%

资产负债率是从总体上反映企业的债务状况、负债能力和债权保障程度的一个综合指标。资产负债率越高，表明企业的偿还能力越差，反之表明偿还能力越强。如果资产负债率达到 100% 或超过 100%，说明企业已经没有净资产或资不抵债。但要判断资产负债率是否合理，不同的利益关系人的立场不同，判断标准也各不相同。

　　从债权人的立场看，最关心的是贷给企业的款项的安全程度，也就是能否按期收回本金和利息。如果股东提供的资本与企业资产总额相比，只占较小的比例，则企业的风险主要由债权人负担，这对债权人来讲是不利的。因此，债权人希望资产负债率越低越好，企业偿债有保证，则贷款给企业也不会有太大的风险。

　　从投资者的立场看，由于企业通过举债筹措的资金与投资者提供的资金在经营中发挥着同样的作用，因此投资者所关心的是全部资本利润率是否超过借入资本的利率，即借入资金的代价。若企业所得的全部资本利润率超过因借款而支付的利息率，投资者所得到的利润就会加大，反之投资者所得到的利润就会减少从而导致对投资者不利，因为借入资本的多余利息要用投资者所得的利润份额来弥补。因此在全部资本利润率高于借入资本利息的前提下，投资人希望资产负债率越高越好，否则反之。企业股东常常采用举债经营的方式，以有限的资本、付出有限的代价而取得对企业的控制权，并且可以得到举债经营的杠杆利益。在财务分析中也因此被人们称为财务杠杆。

　　从经营者的立场看，如果举债数额很大，超出债权人的心理承受程度，企业就融不到资金；如果企业不举债，或负债比例很小，说明企业畏缩不前，对前途信心不足，利用债权人资本进行经营活动的能力很差。因此，经营者希望资产负债率稍高些，通过举债经营，扩大生产规模，开拓市场，增强企业活力，获取较高的利润。

　　【例 5-4】以红火星集团 2014 年度的资产负债表和利润表的数据（见图 1-5-1 和图 1-5-2）为依据，运用 Excel 计算该集团 2014 年末的资产负债率。

　　具体操作如下：

　　（1）打开"2014 年财务报表"Excel 文档，单击"财务比率分析"工作表。

　　（2）选中 D3 单元格，设置该单元格格式："数字"→分类为"百分比"→小数位数为 2→"确定"，在该单元格中输入以下公式"=资产负债表!F24/资产负债表!C33"，按【Enter】键完成输入，即返回计算结果，如图 1-5-6 所示。

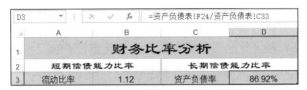

图 1-5-6　计算资产负债率

5.1.5　产权比率

　　产权比率又称负债权益比率，是负债总额与所有者权益总额的比率。一般来说，产权比率可反映股东所持股权是否过多，或者是尚不够充分等情况，从另一个侧面表明企业借款经营的程度，是企业财务结构稳健与否的重要标志。其计算公式如下：

$$产权比率 = 负债总额 \div 所有者权益总额 \times 100\%$$

产权比率与资产负债率具有相同的经济意义，只是资产负债率侧重于分析债务偿付安全性的物质保障程度，产权比率则侧重于揭示财务结构的稳健程度以及自有资金对偿债风险的承受能力。

产权比率不仅反映了由债权人提供的资本与投资者提供的资本的相对关系，而且反映了企业自有资金偿还全部债务的能力，因此它又是衡量企业负债经营是否安全有利的重要指标。该指标同时也表明债权人投入的资本受到投资者权益保障的程度，或者说是企业清算时对债权人利益的保障程度。产权比率越高，说明企业偿还长期债务的能力越弱，是高风险、高报酬的财务结构；产权比率越低，说明企业偿还长期债务的能力越强，是低风险、低报酬的财务结构。一般来说，投资者提供的资本大于借入资本为好，即该比率应为100%以下，此时表明企业是具有偿债能力的。但由于各个企业的资本结构不同，因此没有最佳固定比率，分析时应结合企业的具体情况。当企业的资产收益率大于负债成本率时，负债经营有利于提高资金收益率，获得额外的利润，这时的产权比率可适当高些。

【例5-5】以红火星集团2014年度的资产负债表和利润表的数据（见图1-5-1和图1-5-2）为依据，运用Excel计算该集团2014年末的产权比率。

具体操作如下：

（1）打开"2014年财务报表"Excel文档，单击"财务比率分析"工作表。

（2）选中D4单元格，设置该单元格格式："数字"→分类为"百分比"→小数位数为2→"确定"，在该单元格中输入以下公式"=资产负债表!F24/资产负债表!F32"，按【Enter】键完成输入，即返回计算结果，如图1-5-7所示。

图1-5-7　计算产权比率

5.1.6　有形净值债务率

有形净值债务率是企业负债总额与有形净值的比率。有形净值是所有者权益减去无形资产后的净值，即股东具有所有权的有形资产的净值。无形资产包括商誉、商标、专利权以及非专利技术等。有形净值债务率实质上是产权比率的延伸，它能更加谨慎、保守的反映在企业清算时债权人投入的资本受到所有者权益的保障程度。

有形净值债务率计算公式如下：

$$有形净值债务率=负债总额÷有形净值总额×100\%$$
$$=负债总额÷（所有者权益-无形资产）×100\%$$

有形净值债务率主要是用于衡量企业的风险程度和对债务的偿还能力。该指标越大，表明风险越大；反之，则越小。同理，该指标越小，表明企业长期偿债能力越强，反之，则越弱。对有形净值债务率指标的分析，可从以下几个方面进行：①该指标揭示了负债总额与有形资产净值之间的关系，能够计量债权人在企业处于破产清算时能获得多少有形财产保障。从长期偿债能力来讲，指标越低越好；②该指标最大的特点是在可用于偿还债务的净资产中扣除了无形资产,这主要是由于无形资产的计量缺乏可靠的基础,也不一定都能用来偿债,因此为谨慎起见,一律视其为不能偿还债务的资产而将其从所有者权益中扣除,这样有利于更切实际地衡量公司的偿债能力;③该指标的分析与产权比率分析相同,负债总额与有形资产净值应维持 1:1 的比例;④在使用产权比率时,必须结合该指标作进一步分析;⑤当无形资产的计量被认为缺乏可靠的基础时,有形资产的计量也不能被认为是绝对可靠的,因此需要从会计、财务和经营的角度实事求是地分析才能得出结论。

【例 5-6】以红火星集团 2014 年度的资产负债表和利润表的数据(见图 1-5-1 和图 1-5-2)为依据,运用 Excel 计算该集团 2014 年末的有形净值债务率。

具体操作如下:

(1)打开"2014 年财务报表"Excel 文档,单击"财务比率分析"工作表。

(2)选中 D5 单元格,设置该单元格格式:"数字"→分类为"百分比"→小数位数为 2 →"确定",在该单元格中输入以下公式"=资产负债表!F24/(资产负债表!F32-资产负债表!C29)",按【Enter】键完成输入,即返回计算结果,如图 1-5-8 所示。

D5		✕ ✓ fx	=资产负债表!F24/(资产负债表!F32-资产负债表!C29)	
	A	B	C	D	E
1	**财务比率分析**				
2	**短期偿债能力比率**		**长期偿债能力比率**		
3	流动比率	1.12	资产负债率	86.92%	
4	速动比率	0.91	产权比率	664.31%	
5	现金比率	29.89%	有形净值债务率	668.34%	

图 1-5-8　计算有形净值债务率

5.1.7　利息保障倍数

利息保障倍数又称已获利息倍数或获取利息倍数,是企业息税前利润总额与利息费用的比率。它反映了企业的经营收益支付债务利息的能力。其计算公式如下:

利息保障倍数 = 息税前利润总额 ÷ 利息费用

其中息税前利润总额包括企业的净利润、企业支付的利息费用、企业支付的所得税;该公式分母中利息费用只包括财务费用中的利息支出,而分子中的利息费用包括财务费用中的利息支出和资本化利息。

使用利息保障倍数来衡量企业的长期偿债能力,是因为长期债务在到期前只需定期支付利息,不需支付本金。对于一般企业来说,只要其资本结构基本稳定,并且经营情况良好,就能够举借新的债务来偿还到期债务的本金.付息能力的重要性实际上不亚于偿还债务能力。保持良好偿付利息记录的企业,很可能永远不需要偿还债务本金,而且也更容易筹集到较高比例的债务。一般情况下,利息保障倍数越高,说明企业偿还债务利息的能力越强。分析时要根据企业实际情况并结合行业平均水平进行确定。国际上通常认为,该指标达到 3 倍或以上时较为适当,表示企业不能偿付其债务利息的可能性较小;达到 4 倍时,意味着企业偿付其利息债务的能力"良好";达到 4.5 倍或以上时,则为"优秀"。从长期来看,该指标至少应大于 1,否则意味着企业难以偿还债务及利息。该指标为负值时没有任何意义。

利息保障倍数在时间上往往有着较显著的波动性,这是由于企业的盈利水平和利息费用都会受经济周期或产业周期的显著影响而发生波动。但无论年景好坏,利息是必须要支付的。

因此为了考察企业偿付利息能力的稳定性，一般应至少计算 5 年或以上的利息保障倍数，并选择最低的数值作为依据以了解企业的偿付利息能力。

【例 5-7】以红火星集团 2014 年度的资产负债表和利润表的数据（见图 1-5-1 和图 1-5-2）为依据，运用 Excel 计算该集团 2014 年末的利息保障倍数。

具体操作如下：

（1）打开"2014 年财务报表"Excel 文档，单击"财务比率分析"工作表。

（2）选中 D6 单元格，设置该单元格格式："数字"→分类为"数值"→小数位数为 2→"确定"，在该单元格中输入以下公式"=(利润表!C10+利润表!C18+利润表!C19)/利润表!C10"，按【Enter】键完成输入，即返回计算结果，如图 1-5-9 所示。

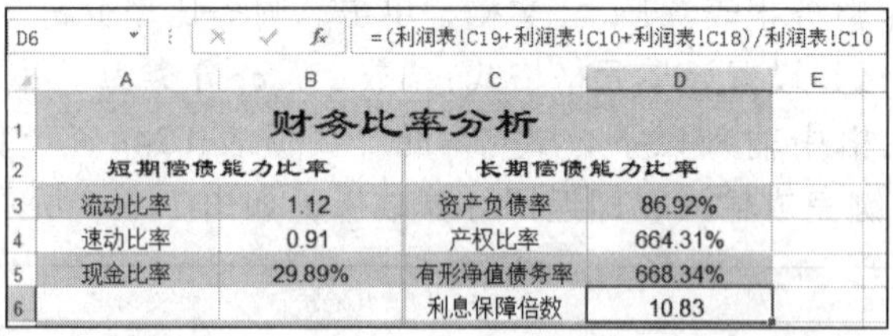

图 1-5-9　计算利息保障倍数

5.2　营运能力分析

判断企业的营运能力高低，主要通过营运效率比率来衡量。营运效率比率又称资产管理比率，是用来衡量企业在资产管理方面效率高低的财务指标。通过对这些指标的高低及其成因的考察，利益关系人能够对资产负债表的资产是否在有效运转、资产结构是否合理、所有的资产是否能有效利用以及资产总量是否合理等问题，作出较为客观的评价。此类指标主要包括应收账款周转率、存货周转率、流动资产周转率、固定资产周转率和总资产周转率等。

5.2.1　应收账款周转率

应收账款周转率又称应收账款周转次数，是一定时期内（通常是 1 年）营业收入与应收账款平均余额的比率，是反映一定时期内企业应收账款转换为现金的平均次数的指标。用时间表示的应收账款周转速度是应收账款周转天数，也称为平均应收款回收期，是表示企业从取得应收账款的权利到收回款项所需要的时间的指标。应收账款周转速度反映了企业的变现速度和管理效率。其计算公式如下：

应收账款周转率（次数）=营业收入÷应收账款平均余额

其中：

应收账款平均余额=(应收账款期初数+应收账款期末数)÷2

应收账款周转天数=360÷应收账款周转率

=(应收账款平均余额×360)÷营业收入

应收账款在流动资产中占有举足轻重的地位，及时收回应收账款不仅能增强企业的偿债能力，也反映出企业管理应收账款的效率，有利于对企业现有信用政策进行评价并加以完善，同时还可以指示企业是否存在利用应收账款操纵利润的行为。一般情况下，应收账款周转率越高越好，表明公司收账速度快，平均收账期短，坏账损失少，资产流动快，偿债能力强。与之相对应，应收账款周转天数则是越短越好。如果企业实际收回账款的天数超过了企业规定的应收账款天数，则说明债务人拖欠时间长、资信度低，增加了发生坏账损失的风险；同时也说明企业催收账款不力，使资产形成了呆账甚至坏账，造成了流动资产不流动，这对企业正常的生产经营是很不利的。但从另一方面说，如果企业的应收账款周转天数太短，则表明企业奉行较紧的信用政策，付款条件过于苛刻，这样会限制企业销售量的扩大，进而影响企业的盈利水平。另外，有一些因素会影响应收账款周转率和周转天数计算的正确性，如企业生产经营的季节性原因导致该指标不能正确反映公司销售的实际情况、大量使用分期付款方式、大量使用现金结算进行销售、年末销售量大量增加或大幅度减少等。因此在分析这两个指标时应将公司本期指标和公司前期指标、行业平均水平或其他类似公司的指标相比较，判断该指标的高低。

【例 5-8】以红火星集团 2014 年度的资产负债表和利润表的数据（见图 1-5-1 和图 1-5-2）为依据，运用 Excel 计算该集团 2014 年的应收账款周转率和应收账款周转天数。

具体操作如下：

（1）打开"2014 年财务报表"Excel 文档，单击"财务比率分析"工作表，如图 1-5-10 和图 1-5-11 所示。

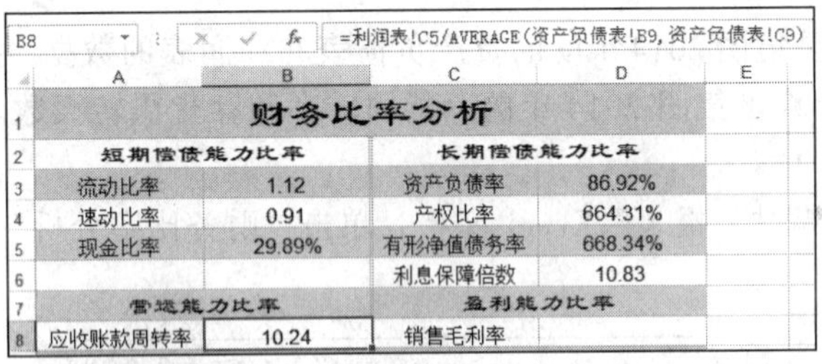

图 1-5-10　计算应收账款周转率

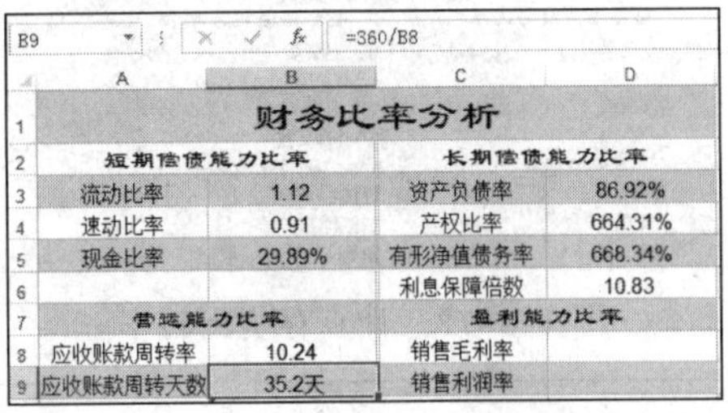

图 1-5-11　计算应收账款周转天数

（2）选中 B8 单元格，设置该单元格格式："数字"→分类为"数值"→小数位数为 2→"确定"，在该单元格中输入以下公式"=利润表!C5/AVERAGE(资产负债表!B9,资产负债表!C9)"，按【Enter】键完成输入，随即返回计算结果。

（3）选中 B9 单元格，设置该单元格格式："数字"→分类为"自定义"→类型中输入"0.0"天""→"确定"，在该单元格中输入以下公式"=360/B8"，按【Enter】键完成输入，即返回计算结果。

5.2.2 存货周转率

存货周转率又称库存周转率或存货周转次数，是一定时期内（通常是 1 年）企业的营业成本与存货平均余额的比率。它反映了企业的存货周转速度和销售能力，可用以衡量企业生产经营中存货营运效率。用时间表示的存货周转速度是存货周转天数。其计算公式如下：

$$存货周转率（次数）= 营业成本 \div 存货平均余额$$
$$存货周转天数 = 360 \div 存货周转率$$
$$= (存货平均余额 \times 360) \div 营业成本$$

其中：

$$存货平均余额 = (存货期初数 + 存货期末数) \div 2$$

在流动资产中，存货所占的比重较大，存货的变现能力将直接影响企业资产的利用效率，因此必须特别重视对存货的分析。存货周转率是企业营运能力分析的重要指标之一，是对流动资产周转率的补充说明，在企业管理决策中被广泛使用。存货周转率不仅可用于衡量和评价企业购入存货、投入生产、销售收回等各环节管理状况，还被用来评价企业的经营业绩、反映企业的绩效。存货周转率指标的好坏反映企业存货管理水平的高低，它影响到企业的短期偿债能力，是整个企业管理的一项重要内容。一般来说，存货周转率越高，存货的占用水平越低，流动性越强，存货转换为现金或应收账款的速度越快。因此，提高存货周转率可以提高企业的变现能力。

【例 5-9】以红火星集团 2014 年度的资产负债表和利润表的数据（见图 1-5-1 和图 1-5-2）为依据，运用 Excel 计算该集团 2014 年的存货周转率和存货周转天数。

具体操作如下：

（1）打开"2014 年财务报表"Excel 文档，单击"财务比率分析"工作表，如图 1-5-12 和图 1-5-13 所示。

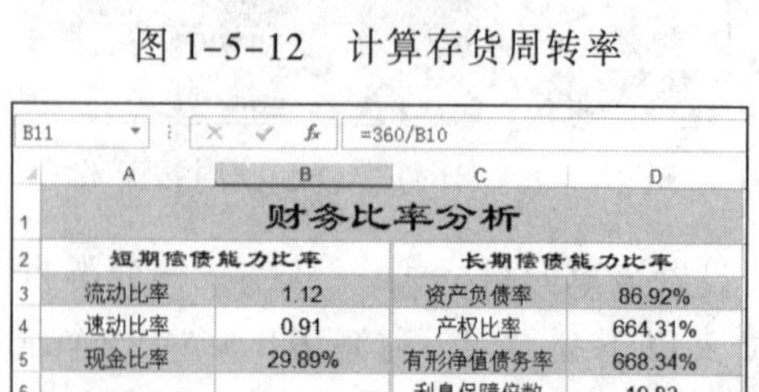

图 1-5-12 计算存货周转率

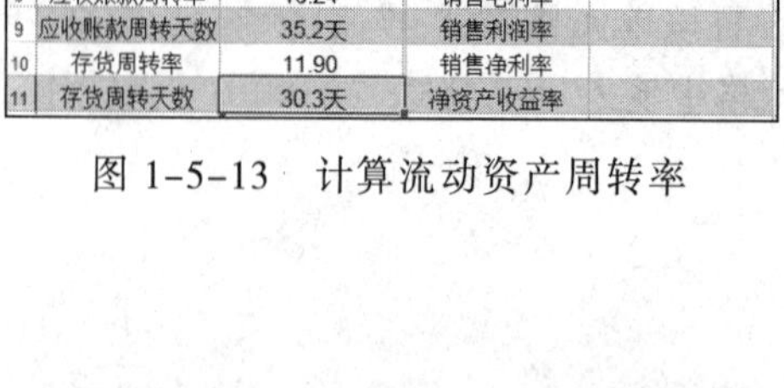

图 1-5-13 计算流动资产周转率

（2）选中 B10 单元格，设置该单元格格式："数字"→分类为"数值"→小数位数为 2 →"确定"，在该单元格中输入以下公式"=利润表!C6/AVERAGE(资产负债表!B12,资产负债表!C12)"，按【Enter】键完成输入，随即返回计算结果。

（3）选中 B11 单元格，设置该单元格格式："数字"→分类为"自定义"→类型中输入"0.0"天""→"确定"，在该单元格中输入以下公式"=360/B10"，按【Enter】键完成输入，即返回计算结果。

5.2.3 流动资产周转率

流动资产周转率是一定时期内（通常是 1 年）企业的营业收入与流动资产平均总额的比率。它反映了企业流动资产的利用效率，是衡量企业一定时期内（通常是 1 年）流动资产周转速度的快慢及利用效率的综合性指标。用时间表示的流动资产周转速度是流动资产周转天数。其计算公式如下：

$$流动资产周转率 = 营业收入 \div 流动资产平均总额$$
$$流动资产周转天数 = 360 \div 流动资产周转率$$
$$= (流动资产平均总额 \times 360) \div 营业收入$$

其中：

$$流动资产平均总额 = (流动资产期初数 + 期末流动资产期末数) \div 2$$

流动资产周转率反映了企业流动资产的周转速度，通过该指标的对比分析，可以促进企业加强内部管理，充分有效地利用流动资产，如降低成本、调动暂时闲置的货币资金用于短期投资创造收益等，还可以促进企业采取措施扩大销售，提高流动资产的综合使用效率。一般情况下，该指标越高，表明企业流动资产周转速度越快，流动资产会相对节约，相当于增加了流动资产的投入，在一定程度上增强了企业的盈利能力；而周转速度延缓，则需要补充流动资金参加周转，会形成资金浪费，降低企业盈利能力。

【例 5-10】 以红火星集团 2014 年度的资产负债表和利润表的数据（见图 1-5-1 和图 1-5-2）为依据，运用 Excel 计算该集团 2014 年的流动资产周转率和流动资产周转天数。

具体操作如下：

（1）打开"2014 年财务报表"Excel 文档，单击"财务比率分析"工作表，如图 1-5-14 和图 1-5-15 所示。

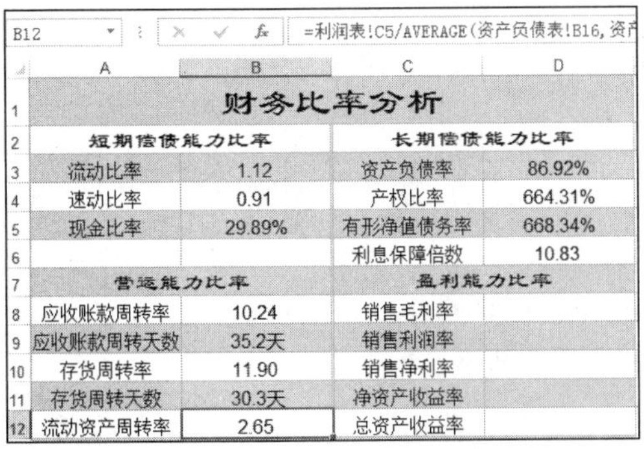

图 1-5-14 计算流动资产周转率

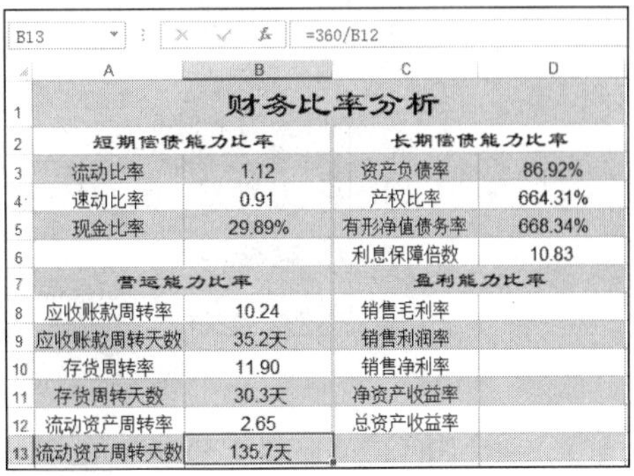

图 1-5-15 计算流动资产周转天数

（2）选中 B12 单元格，设置该单元格格式："数字"→分类为"数值"→小数位数为 2 →"确定"，在该单元格中输入以下公式"=利润表!C5/AVERAGE(资产负债表!B16,资产负债表!C16)"，按【Enter】键完成输入，随即返回计算结果。

（3）选中 B13 单元格，设置该单元格格式："数字"→分类为"自定义"→类型中输入"0.0"天""→"确定"，在该单元格中输入以下公式"=360/B12"，按【Enter】键完成输入，即返回计算结果。

5.2.4 固定资产周转率

固定资产周转率又称固定资产利用率，是企业营业收入与固定资产平均净值的比率。它是反映企业固定资产周转情况，从而衡量固定资产利用效率的一项指标。其计算公式如下：

固定资产周转率=营业收入÷固定资产平均净值

其中：

固定资产平均净值=(固定资产期初净值+固定资产期末净值)÷2

固定资产周转率主要用于分析对厂房、设备等固定资产的利用效率，没有绝对的判断标准，一般通过与企业原来的水平相比较加以考察，因为种类、数量、时间均基本相似的机器设备与厂房等外部参照物几乎不存在，难以找到外部可以借鉴的标准企业和标准比率。一般情况下，比率越高，表明单位固定资产创造的营业收入越多，固定资产的利用效率越高，同时也表明固定资产投资得当、结构分布合理、能充分发挥效率，企业管理水平好；反之，则表明固定资产利用率不高，企业的营运能力较差。

【例 5-11】 以红火星集团 2014 年度的资产负债表和利润表的数据（见图 1-5-1 和图 1-5-2）为依据，运用 Excel 计算该集团 2014 年的固定资产周转率。

具体操作如下：

（1）打开"2014 年财务报表"Excel 文档，单击"财务比率分析"工作表，如图 1-5-16 所示。

B14		× ✓ fx	=利润表!C5/AVERAGE(资产负债表!B23,资产负债表!C23)			
	A	B	C	D	E	F
1	**财务比率分析**					
2	**短期偿债能力比率**		**长期偿债能力比率**			
3	流动比率	1.12	资产负债率	86.92%		
4	速动比率	0.91	产权比率	664.31%		
5	现金比率	29.89%	有形净值债务率	668.34%		
6			利息保障倍数	10.83		
7	**营运能力比率**		**盈利能力比率**			
8	应收账款周转率	10.24	销售毛利率			
9	应收账款周转天数	35.2天	销售利润率			
10	存货周转率	11.90	销售净利率			
11	存货周转天数	30.3天	净资产收益率			
12	流动资产周转率	2.65	总资产收益率			
13	流动资产周转天数	135.7天				
14	固定资产周转率	58.13				

图 1-5-16 计算固定资产周转率

（2）选中 B14 单元格，设置该单元格格式："数字"→分类为"数值"→小数位数为 2 →"确定"，在该单元格中输入以下公式"=利润表!C5/AVERAGE(资产负债表!B23,资产负债表!C23)"，按【Enter】键完成输入，即返回计算结果。

5.2.5 总资产周转率

总资产周转率又称总资产利用率，是企业营业收入与资产平均总额的比率。它反映了企业全部资产的管理质量和利用效率。其计算公式如下：

总资产周转率=营业收入÷资产平均总额

其中：

资产平均总额=(期初资产总额+期末资产总额)÷2

总资产周转率是考察企业资产运营效率的一项重要指标，体现了企业经营期间全部资产从投入到产出的流转速度，反映了企业全部资产的管理质量和利用效率。该指标通常与本企业历史数据或者同行业数据对比，以反映企业本年度以及以前年度总资产的运营效率和变化，发现企业与同类企业在资产利用上的差距，促进企业挖掘潜力、积极创收、提高产品市场占有率、提高资产利用效率。一般情况下，该指标越高，表明企业总资产周转速度越快、销售能力越强、资产利用效率越高。如果该指标较低，说明企业利用其资产进行经营的效率较差，这不仅会影响企业的获利能力，而且会直接影响上市企业的股利分配。与流动资产周转率一样，总资产周转率也是衡量公司资产运营效率的指标，一般来说流动资产周转率越高，总资产周转率也越高，这两个指标从不同的角度对公司资产的运营进行了评价。

【例 5-12】 以红火星集团 2014 年度的资产负债表和利润表的数据（见图 1-5-1 和图 1-5-2）为依据，运用 Excel 计算该集团 2014 年的总资产周转率。

具体操作如下：

（1）打开"2014 年财务报表"Excel 文档，单击"财务比率分析"工作表，如图 1-5-17 所示。

B15		f_x	=利润表!C5/AVERAGE(资产负债表!B33,资产负债表!C33)		
	A	B	C	D	E	F
1	**财务比率分析**					
2	**短期偿债能力比率**		**长期偿债能力比率**			
3	流动比率	1.12	资产负债率	86.92%		
4	速动比率	0.91	产权比率	664.31%		
5	现金比率	29.89%	有形净值债务率	668.34%		
6			利息保障倍数	10.83		
7	**营运能力比率**		**盈利能力比率**			
8	应收账款周转率	10.24	销售毛利率			
9	应收账款周转天数	35.2天	销售利润率			
10	存货周转率	11.90	销售净利率			
11	存货周转天数	30.3天	净资产收益率			
12	流动资产周转率	2.65	总资产收益率			
13	流动资产周转天数	135.7天				
14	固定资产周转率	58.13				
15	总资产周转率	1.99				

图 1-5-17 计算总资产周转率

（2）选中 B15 单元格，设置该单元格格式："数字"→分类为"数值"→小数位数为 2 →"确定"，在该单元格中输入以下公式"=利润表!C5/AVERAGE(资产负债表!B33,资产负债表!C33)"，按【Enter】键完成输入，即返回计算结果。

5.3 盈利能力分析

企业的盈利能力是指企业获取利润的能力，它反映企业在一定时期内赚钱的多少和水平的高低。不论是投资者、债权人还是经营者，都日益重视和关心企业的盈利能力。企业的盈利能力主要通过盈利能力比率来衡量。盈利能力比率体现了企业正常经营赚取利润的能力，是企业生存发展的基础。此类指标分为两大类，其中与销售额有关的包括销售毛利率、销售利润率和销售净利率；与投资额有关的包括净资产收益率和总资产收益率。

5.3.1 销售毛利率

销售毛利率又称毛利率，是企业的销售毛利与营业收入的比率。它表示每单位营业收入扣除营业成本后有多少剩余可以用于各项期间费用的补偿和形成盈利，反映了企业主营业务经营成果状况和企业主要盈利能力。其计算公式如下：

销售毛利率 = 销售毛利 ÷ 营业收入 × 100%

其中：

销售毛利 = 营业收入 - 营业成本

销售毛利率反映了企业主营业务的基本盈利能力，只有较高的毛利率，才能保证企业能够获得较高的净利润，因此该指标越高，说明企业盈利能力越强；反之，盈利能力越弱。同时，将销售毛利与销售毛利率结合分析，能够分别从绝对数和相对数两个角度分析企业的盈利能力，更为全面。一般来说，同行业的销售毛利率通常比较接近，出现差别说明企业在价格制定和变动成本控制方面的情况不同，企业可以与同行业平均值或先进水平进行比较，以揭示企业在定价政策、产品或商品推销及生产成本控制方面存在的问题。毛利率是企业产品经过市场竞争后的结果，很难单方面主观地左右毛利率变化，因此毛利率是个可信的指标。如果毛利率连续不断提升，就说明企业产品市场需求强烈，产品竞争力不断增加；反之，毛利率连续下跌，说明企业在走下坡路。

【例5-13】以红火星集团2014年度的资产负债表和利润表的数据（见图1-5-1和图1-5-2）为依据，运用Excel计算该集团2014年的销售毛利率。

具体操作如下：

（1）打开"2014年财务报表"Excel文档，单击"财务比率分析"工作表，如图1-5-18所示。

| D8 | ▼ | : | × | ✓ | fx | =(利润表!C5-利润表!C6)/利润表!C5 |

	A	B	C	D
1	**财务比率分析**			
2	**短期偿债能力比率**		**长期偿债能力比率**	
3	流动比率	1.12	资产负债率	86.92%
4	速动比率	0.91	产权比率	664.31%
5	现金比率	29.89%	有形净值债务率	668.34%
6			利息保障倍数	10.83
7	**营运能力比率**		**盈利能力比率**	
8	应收账款周转率	10.24	销售毛利率	13.44%

图1-5-18 计算销售毛利率

（2）选中 D8 单元格，设置该单元格格式："数字"→分类为"百分比"→小数位数为 2 →"确定"，在该单元格中输入以下公式"=(利润表!C5-利润表!C6)/利润表!C5"，按【Enter】键完成输入，即返回计算结果。

5.3.2 销售利润率

销售利润率是企业的营业利润与营业收入的比率。该指标扣除了变动成本和主要固定成本并加上投资收益后利润占营业收入的比率，是评价企业盈利能力的重要指标。其计算公式如下：

$$销售利润率=营业利润÷营业收入×100\%$$

与销售毛利率相比，在评价企业的盈利能力方面销售利润率更加完善，不仅考虑了变动成本（即营业成本）和主要固定成本（即期间费用），同时还考虑了投资收益。同样，该指标越高，反映企业经营状况越好，盈利能力越强；反之，说明企业盈利能力较弱。

【例 5-14】以红火星集团 2014 年度的资产负债表和利润表的数据（见图 1-5-1 和图 1-5-2）为依据，运用 Excel 计算该集团 2014 年的销售利润率。

具体操作如下：

（1）打开"2014 年财务报表"Excel 文档，单击"财务比率分析"工作表，如图 1-5-19 所示。

（2）选中 D9 单元格，设置该单元格格式："数字"→分类为"百分比"→小数位数为 2 →"确定"，在该单元格中输入以下公式"=利润表!C14/利润表!C5"，按【Enter】键完成输入，即返回计算结果。

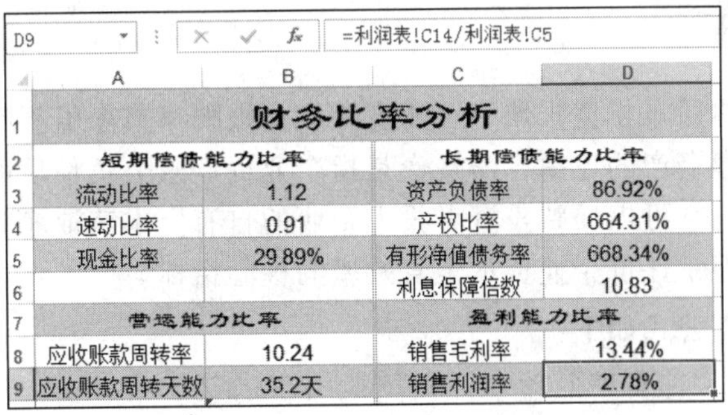 D9				fx	=利润表!C14/利润表!C5	
	A		B		C	D
1	**财务比率分析**					
2	**短期偿债能力比率**			**长期偿债能力比率**		
3	流动比率		1.12	资产负债率		86.92%
4	速动比率		0.91	产权比率		664.31%
5	现金比率		29.89%	有形净值债务率		668.34%
6				利息保障倍数		10.83
7	**营运能力比率**			**盈利能力比率**		
8	应收账款周转率		10.24	销售毛利率		13.44%
9	应收账款周转天数		35.2天	销售利润率		2.78%

图 1-5-19 计算销售利润率

5.3.3 销售净利率

销售净利率是企业的净利润与营业收入的比率，它表示每单位营业收入带来净利润的多少，反映了通过营业收入获得利润的水平。其计算公式如下：

$$销售净利率 = (净利润÷营业收入) × 100\%$$

销售净利率对经营者特别重要，反映了企业的价格策略以及控制管理成本的能力。销售净利率越高，说明企业最终盈利能力越强；反之，则说明企业最终盈利能力越弱。指标的净利润是企业的最终利润，能够用于评价企业最终获取利润的水平。通常来说，越是资本密集型企业，其销售净利率就越高；反之，资本密集程度较低的企业，其销售净利率也较低。

【例5-15】 以红火星集团2014年度的资产负债表和利润表的数据（见图1-5-1和图1-5-2）为依据，运用Excel计算该集团2014年的销售净利率。

具体操作如下：

（1）打开"2014年财务报表"Excel文档，单击"财务比率分析"工作表，如图1-5-20所示。

D10	✕ ✓ fx	=利润表!C19/利润表!C5	
	A		C	D

财务比率分析			
短期偿债能力比率		**长期偿债能力比率**	
流动比率	1.12	资产负债率	86.92%
速动比率	0.91	产权比率	664.31%
现金比率	29.89%	有形净值债务率	668.34%
		利息保障倍数	10.83
营运能力比率		**盈利能力比率**	
应收账款周转率	10.24	销售毛利率	13.44%
应收账款周转天数	35.2天	销售利润率	2.78%
存货周转率	11.90	销售净利率	2.29%

图1-5-20 计算销售净利率

（2）选中D10单元格，设置该单元格格式："数字"→分类为"百分比"→小数位数为2→"确定"，在该单元格中输入以下公式"=利润表!C19/利润表!C5"，按【Enter】键完成输入，即返回计算结果。

5.3.4 净资产收益率

净资产收益率又称股东权益报酬率、所有者权益报酬率或净值报酬率，它是一定时期内企业的净利润与平均净资产的比率，净资产是指企业资产减去负债后的余额，即资产负债表中的所有者权益部分。它可以反映投资者投入企业的自有资本获取净收益的能力，即反映投资与报酬的关系，因而是评价企业资本经营效率的核心指标。

净资产收益率计算公式如下：

$$净资产收益率=净利润÷平均净资产×100\%$$

其中：

$$平均净资产=(所有者权益期初数+所有者权益期末数)÷2$$

净资产收益率是从投资者角度考核企业的盈利能力的，其比值越高越好。但净资产收益率会受当期净利润与企业净资产规模的影响，净资产规模基本稳定时，净利润越高，权益报酬率越高；若企业有增资扩股行为，当期会出现权益报酬率下降的现象，因为新融进资金不能马上发挥效用，但这种现象若长期持续的话，说明企业盈利能力下降。而且，当企业净资产规模很小时，不能单纯通过净资产收益率的高低来判断企业的盈利能力。另外，所得税率的变动也会影响净资产收益率，通常所得税率提高会导致净资产收益率下降，反之则上升。

【例5-16】 以红火星集团2014年度的资产负债表和利润表的数据（见图1-5-1和图1-5-2）为依据，运用Excel计算该集团2014年的净资产收益率。

具体操作如下：

（1）打开"2014 年财务报表"Excel 文档，单击"财务比率分析"工作表，如图 1-5-21 所示。

| D11 | | ✕ ✓ fx | =利润表!C19/AVERAGE(资产负债表!E32,资产负债表!F32) |

	A	B	C	D	E	F
1			财务比率分析			
2	短期偿债能力比率		长期偿债能力比率			
3	流动比率	1.12	资产负债率	86.92%		
4	速动比率	0.91	产权比率	664.31%		
5	现金比率	29.89%	有形净值债务率	668.34%		
6			利息保障倍数	10.83		
7	营运能力比率		盈利能力比率			
8	应收账款周转率	10.24	销售毛利率	13.44%		
9	应收账款周转天数	35.2天	销售利润率	2.78%		
10	存货周转率	11.90	销售净利率	2.29%		
11	存货周转天数	30.3天	净资产收益率	31.19%		

图 1-5-21　计算净资产收益率

（2）选中 D11 单元格，设置该单元格格式："数字"→分类为"百分比"→小数位数为 2 →"确定"，在该单元格中输入以下公式"=利润表!C19/AVERAGE(资产负债表!E32,资产负债表!F32)"，按【Enter】键完成输入，即返回计算结果。

5.3.5　总资产收益率

总资产收益率是一定时期内企业净利润与资产平均总额的比率。它反映了企业资产的综合利用效果，用以衡量企业总体资产盈利能力。其计算公式如下：

总资产收益率=净利润÷资产平均总额

其中：

资产平均总额=(资产总额期初数+资产总额期末数)÷2

总资产收益率是站在企业总体资产利用效率的角度上来衡量企业的盈利能力，是对企业分配和管理资源效益的基本衡量。总资产收益率越大，说明企业的获利能力越强。它与净资产收益率的区别在于：前者反映投资者和债权人共同提供资金所产生的利润率，后者则反映仅由投资者投入的资金所产生的利润率。在企业资产总额一定的情况下，通过总资产收益率可以分析企业盈利能力的稳定性和持久性，确定企业所面临的风险。

【例 5-17】 以红火星集团 2014 年度的资产负债表和利润表的数据（见图 1-5-1 和图 1-5-2）为依据，运用 Excel 计算该集团 2014 年的总资产收益率。

具体操作如下：

（1）打开"2014 年财务报表"Excel 文档，单击"财务比率分析"工作表，如图 1-5-22 所示。

（2）选中 D12 单元格，设置该单元格格式："数字"→分类为"百分比"→小数位数为 2 →"确定"，在该单元格中输入以下公式"=利润表!C19/AVERAGE(资产负债表!B33,资产负债表!C33)"，按【Enter】键完成输入，即返回计算结果。

图 1-5-22　计算总资产收益率

5.4　综合财务分析

综合财务分析是将企业偿债能力、营运能力、盈利能力和发展能力等方面的分析纳入一个有机的分析系统中，全面对企业的财务状况和经营成果进行剖析、解释和评价，从而对企业经济效益作出较为准确的评价与判断。

每个企业的财务指标都有很多，而单个财务指标只能说明问题的某一个方面，且不同财务指标之间可能会有一定的矛盾或不协调性。如偿债能力很强的企业，其盈利能力可能会很弱。因此，只有将一系列的财务指标有机地联系起来，作为一套完整的体系，相互配合，作出系统的评价，才能对企业经济活动的总体变化规律作出本质的描述，才能对企业的财务状况和经营成果作出总括性的结论。综合财务分析的意义正在于此。

综合财务分析的方法有很多，常用的方法有：沃尔分析法、财务比率综合评分法和杜邦分析法等。

5.4.1　沃尔分析法

财务状况综合评价的先驱者之一是亚历山大·沃尔。他在 1928 年出版的《信用晴雨表研究》和《财务报表比率分析》中提出了信用能力指数的概念，把若干个财务比率用线性关系结合起来，以此评价企业的信用水平。沃尔选择了 7 种财务比率，即流动比率、产权比率、固定资产比率、存货周转率、应收账款周转率、固定资产周转率和自有资金周转率等，分别给定各指标在总评价中的比重，总和为 100 分，然后确定标准比率（以行业平均值为基础），将实际比率与标准比率相比，得出相对比率，将此相对比率与各指标比重相乘，确定各项指标的得分及总体指标的累计分数，从而得到对企业评价的总分。表 1-5-1 所示为沃尔所选用的 7 个指标及标准比率。

表 1-5-1　沃尔指标及标准比重

财 务 比 率	比　　重	标 准 比 率
流动比率 X_1	25%	2.00
净资产／负债 X_2	25%	1.50
资产／固定资产 X_3	15%	2.50
销售成本／存货 X_4	10%	8.00
销售额／应收账款 X_5	10%	6.00
销售额／固定资产 X_6	10%	4.00
销售额／净资产 X_7	5%	3.00

则综合财务指标 Y 如下：

$$Y=25\% X_1+25\% X_2+15\%X_3+10\%X_4+10\% X_5+10\% X_6+5\%X_7$$

现代社会与沃尔所处的时代相比，已经发生很大的变化。沃尔最初提出的 7 项指标已经难以完全适应当前企业评价的需要。现在认为，在选择评价指标时，应包括偿债能力、营运能力、盈利能力和发展能力等方面的指标。此外，还应当选取一些非财务指标作为参考。

5.4.2　财务比率综合评分法

现代社会中，在进行财务状况的综合评价时，一般认为企业财务评价的内容主要是盈利能力，其次是偿债能力，此外还有成长能力。它们之间大致可按 5:3:2 来分配比重。盈利能力的主要指标是净资产收益率、销售净利率和总资产收益率。虽然总资产收益率很重要，但前两个指标已经分别使用了净资产和净利润，为了减少重复影响，3 个指标可按 2:2:1 安排。偿债能力有 4 个常用指标：资产负债率、流动比率、应收账款周转率和存货周转率。成长能力有 3 个常用指标：销售增长率、净利增长率和人均净利增长率。

采用财务比率综合评分法进行企业状况的综合分析时，一般遵循以下步骤：

（1）选定评价企业财务状况的财务比率。选择时要求将反映企业偿债能力、营运能力和盈利能力的三大类财务比率都包括在内。

（2）确定各项财务比率的标准评分值，各项标准评分值之和应等于 100 分。

（3）确定各项财务比率评分值的上限和下限，这主要是为了避免个别财务比率的异常对总分造成不合理的影响。

（4）确定各项财务比率的标准值，通常可参照同行业的平均水平，并经过调整后确定。

（5）计算企业在一定时期各项财务比率的实际值。

（6）计算关系比率，即各项财务指标实际值与标准值的比率。

（7）计算各项财务比率的实际得分，即关系比率与标准评分值的乘积，每项财务比率的得分都不得超过所设定的上下限，所有实际得分的合计数就是企业财务状况的综合得分。

企业的综合得分反映了企业综合财务状况是否良好。如果综合得分等于或接近 100 分，说明企业的财务状况是良好的，达到了预先确定的标准；如果综合得分低于 100 分，说明企业的财务状况较差，应采取适当的措施加以改善；如果综合得分超过 100 分很多，说明企业的财务状况很理想。

【例5-18】以5.1～5.3节工作簿中"财务比率分析"中的数据为依据（见图1-5-22），运用Excel编制沃尔比重评分表，并对红火星集团2014年度的总体财务状况进行评价。

具体操作如下：

（1）打开"2014年财务报表"Excel文档，单击"财务比率综合评分表"工作表。

（2）选择评价企业财务状况的财务比率。在所选择的财务比率中，财务比率要具有全面性、代表性和一致性，根据企业的不同情况，选择合适的财务比率。经过综合考虑，将该企业中有代表性的财务比率包括流动比率、速动比率、资产负债率、存货周转率、应收账款周转率、总资产周转率、总资产收益率、净资产收益率、销售利润率，分别输入到A3～A11单元格中，如图1-5-23所示。

财务比率	评分值	标准值	实际值	关系比率	实际得分
流动比率					
速动比率					
资产负债率					
存货周转率					
应收账款周转率					
总资产周转率					
总资产收益率					
净资产收益率					
销售利润率					

图1-5-23　财务比率综合评分表

（3）设定评分值。根据各项财务比率的重要程度，确定其标准评分值，即重要性系数，并分别输入到对应的B3～B11单元格中，如图1-5-24所示。

财务比率	评分值	标准值	实际值	关系比率	实际得分
流动比率	10				
速动比率	10				
资产负债率	12				
存货周转率	10				
应收账款周转率	8				
总资产周转率	10				
总资产收益率	15				
净资产收益率	15				
销售利润率	10				

图1-5-24　确定评分值

（4）设定标准值。确定各项财务比率的标准值，即企业现实条件下比率的最优值。标准值也可以参考同行业的平均水平，并经过调整后确定。分别将标准值输入到相应的C3:C11单元格区域中，如图1-5-25所示。

财务比率	评分值	标准值	实际值	关系比率	实际得分
流动比率	10	1.62			
速动比率	10	1.1			
资产负债率	12	0.43			
存货周转率	10	6.5			
应收账款周转率	8	13			
总资产周转率	10	2.1			
总资产收益率	15	0.16			
净资产收益率	15	0.58			
销售利润率	10	0.15			

图1-5-25　确定标准值

（5）计算企业在某一定时期内的各项财务比率的实际值。采用数据链接的方式，每个财务比率计算所引用的公式及单元格位置，如图 1-5-26 所示。

	A	B	C	D	E	F
1	财务比率综合评分表					
2	财务比率	评分值	标准值	实际值	关系比率	实际得分
3	流动比率	10	1.62	=财务比率分析!B3		
4	速动比率	10	1.1	=财务比率分析!B4		
5	资产负债率	12	0.43	=财务比率分析!D3		
6	存货周转率	10	6.5	=财务比率分析!B10		
7	应收账款周转率	8	13	=财务比率分析!B8		
8	总资产周转率	10	2.1	=财务比率分析!B15		
9	总资产收益率	15	0.16	=财务比率分析!D12		
10	净资产收益率	15	0.58	=财务比率分析!D11		
11	销售利润率	10	0.15	=财务比率分析!D9		

图 1-5-26　实际值的引用公式

（6）计算企业在该时期内各项财务比率的实际值与标准值之比，即计算关系比率。选中 E3 单元格，设置该单元格格式："数字"→分类为"数值"→小数位数为 2→"确定"，在该单元格中输入计算公式"=D3/C3"。利用 Excel 的填充柄功能，将 E3 单元格中所使用的公式复制到 D4:D11 单元格区域中，如图 1-5-27 所示。

	A	B	C	D	E	F
1	财务比率综合评分表					
2	财务比率	评分值	标准值	实际值	关系比率	实际得分
3	流动比率	10	1.62	1.12	0.69	
4	速动比率	10	1.1	0.91	0.83	
5	资产负债率	12	0.43	0.87	2.02	
6	存货周转率	10	6.5	11.90	1.83	
7	应收账款周转率	8	13	10.24	0.79	
8	总资产周转率	10	2.1	1.99	0.95	
9	总资产收益率	15	0.16	0.05	0.28	
10	净资产收益率	15	0.58	0.31	0.54	
11	销售利润率	10	0.15	0.03	0.19	

图 1-5-27　计算关系比率值

（7）利用关系比率计算出各项财务比率的实际得分。各项财务比率的实际得分是关系比率和标准评分值的乘积。选中 F3 单元格，设置该单元格格式："数字"→分类为"数值"→小数位数为 2→"确定"，在该单元格中输入计算公式"=E3*B3"。利用 Excel 的填充柄功能，将 F3 单元格中所使用的公式复制到 F4:F11 单元格区域中，如图 1-5-28 所示。

	A	B	C	D	E	F
1	财务比率综合评分表					
2	财务比率	评分值	标准值	实际值	关系比率	实际得分
3	流动比率	10	1.62	1.12	0.69	6.92
4	速动比率	10	1.1	0.91	0.83	8.29
5	资产负债率	12	0.43	0.87	2.02	24.26
6	存货周转率	10	6.5	11.90	1.83	18.30
7	应收账款周转率	8	13	10.24	0.79	6.30
8	总资产周转率	10	2.1	1.99	0.95	9.45
9	总资产收益率	15	0.16	0.05	0.28	4.26
10	净资产收益率	15	0.58	0.31	0.54	8.07
11	销售利润率	10	0.15	0.03	0.19	1.86

图 1-5-28　计算各项财务比率的实际得分

（8）计算总得分。选中 F12 单元格，并单击"求和"按钮，按【Enter】键后得到合计值；或采用输入计算公式"=SUM(F3:F11)"的方法得到合计值，图 1-5-29 所示为计算结果。

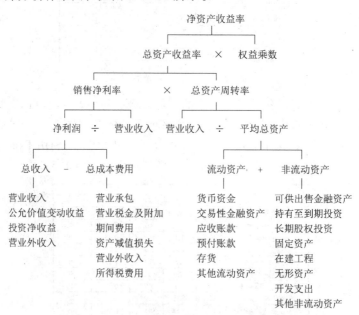

	A	B	C	D	E	F
1	财务比率综合评分表					
2	财务比率	评分值	标准值	实际值	关系比率	实际得分
3	流动比率	10	1.62	1.12	0.69	6.92
4	速动比率	10	1.1	0.91	0.83	8.29
5	资产负债率	12	0.43	0.87	2.02	24.26
6	存货周转率	10	6.5	11.90	1.83	18.30
7	应收账款周转率	8	13	10.24	0.79	6.30
8	总资产周转率	10	2.1	1.99	0.95	9.45
9	总资产收益率	15	0.16	0.05	0.28	4.26
10	净资产收益率	15	0.58	0.31	0.54	8.07
11	销售利润率	10	0.15	0.03	0.19	1.86
12						87.71

图 1-5-29 财务比率综合评分表

在本例中，该企业的财务比率综合评分为 87.71 分，说明该企业的财务状况还不够理想，没有达到同行平均水平，需要决策者对此财务状况加以分析，了解造成不理想状态的成因，并加以改进。

5.4.3 杜邦分析法

杜邦分析法是由美国杜邦公司提出的一种综合财务分析方法，它利用几种主要的财务比率之间的内在关系来综合分析企业的财务状况。它是自净资产收益率指标向下层层分解，将偿债能力、营运能力和盈利能力结合起来，更直观、明了地揭示企业财务成果，从财务角度评价企业绩效的一种典型方法。利用杜邦分析法进行综合分析时，可以将各项财务指标之间的关系绘制成杜邦分析体系图，如图 1-5-30 所示。

图 1-5-30 杜邦分析体系图

杜邦分析法的主要指标有：

（1）销售净利率。一般来说，营业收入增加，企业的净利润也会随之增加。

（2）权益乘数。权益乘数反映了企业资产总额与所有者权益总额的倍数，它通常表示企业的负债程度，权益乘数越大，表明企业的负债程度越高。该指标与资产负债率密切相关，其表达式为：

$$权益乘数 = 1 \div (1 - 资产负债率)$$

在杜邦分析体系中，资产负债率以全年平均资产负债率来表示，以便于和其他指标进行对比。

（3）总资产周转率。资产的周转率直接影响企业的盈利能力，如果企业资产周转较慢，就会占用大量资金，增加资金成本，减少企业的利润。

杜邦分析体系的作用在于解释指标变动的原因和变化趋势，为决策者采取措施指明方向。从杜邦分析体系图中可以了解到以下财务信息：

第一，净资产收益率是一个综合性极强、最有代表性的财务比率，它是杜邦系统的核心。企业财务管理的重要目标之一就是实现股东财富的最大化，净资产收益率反映了投资者投入资金的获利能力，反映了企业筹资、投资和生产运营等活动的效率。净资产收益率的高低取决于企业的总资产收益率和权益乘数。总资产收益率主要反映企业在运用资产进行生产经营活动的效率如何，而权益乘数则主要反映了企业的筹资情况，即企业资金的来源结构如何。

第二，总资产收益率是反映企业获利能力的一个重要财务比率，它揭示了企业生产经营活动的效率，综合性也极强。企业的营业收入、成本费用、资产结构、资产周转速度以及资金占用量等各种因素都直接影响总资产收益率的高低。总资产收益率是销售净利率与总资产周转率的乘积。因此，可以从企业的销售活动与资产管理各方面来对其进行分析。

第三，从企业的销售方面来看，销售净利率反映了企业净利润与营业收入之间的关系。一般来说，营业收入增加，企业的净利润也会随之增加。但是，要想提高销售净利率，则必须一方面提高营业收入，另一方面降低各种成本费用，这样才能使净利润的增长高于营业收入的增长，从而使销售净利率得到提高。

第四，在企业资产方面，主要应该分析以下两个方面：

① 分析企业的资产结构是否合理，即流动资产与非流动资产的比例是否合理。资产结构实际上反映了企业资产的流动性，它不仅关系到企业的偿债能力，也会影响企业的获利能力。

② 结合营业收入，分析企业的资产周转情况。资产周转速度直接影响企业的获利能力，如果企业资产周转较慢，就会占用大量资金，增加资金成本，减少企业的利润。对资产周转情况，不仅要分析企业总资产周转率，更要分析企业的存货周转率与应收账款周转率，并将其周转情况与资金占用情况结合分析。

总之，从杜邦分析系统可以看出，企业的获利能力涉及生产经营活动的方方面面。净资产收益率与企业的筹资结构、销售规模、成本水平、资产管理等因素密切相关，这些因素构成了这个完整的系统，而系统内部各因素之间又相互作用。只有协调好系统内部各个因素之间的关系，才能使净资产收益率得到提高，从而实现投资者财富最大化的理财目标。

【例 5-19】 以 5.1～5.3 节工作表中"财务比率分析"中的数据为依据（见图 1-5-22），制作杜邦分析系统图。

具体操作如下：

（1）打开"2014 年财务报表"Excel 文档，单击"杜邦分析表"工作表，每个财务比率计算所引用的公式及单元格位置，如图 1-5-31 所示。

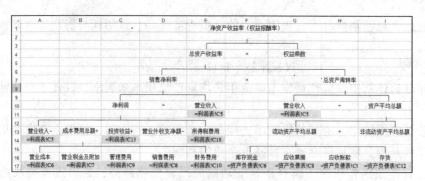

图 1-5-31　杜邦分析法的基本指标计算

（2）在图中需要输入公式的单元格中输入相应的公式，如图 1-5-32 所示。

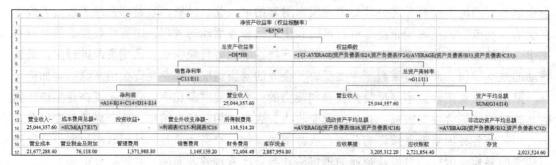

图 1-5-32　杜邦分析法的公式表示

（3）按【Enter】键显示计算结果，如图 1-5-33 所示。

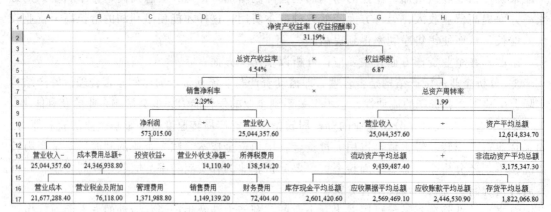

图 1-5-33　杜邦分析法的数值显示

5.5　企业间财务状况的比较分析

在进行企业财务状况分析时，除与本企业的历史数据相比较外，往往还需要与同行业、同规模的其他企业进行比较，以明确在市场竞争中的地位。行业平均水平的财务比率往往被作为比较的标准，并经常被作为标准财务比率。例如，标准的流动比率、标准的资产利润率等。标准财务比率可以作为评价一个企业财务比率优劣的参照物。以标准财务比率或理想财务报表作为基础进行比较分析，更容易发现企业的异常情况，揭示企业存在的问题。

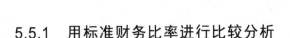

5.5.1 用标准财务比率进行比较分析

标准财务比率是指特定国家、特定时期和特定行业的平均财务比率。

一个标准的确定，通常有两种方法。一种方法是采用统计方法，即以大量历史数据的统计结果作为标准；另一种方法是采用工业工程法，即以实际观察和科学计算为基础，推算出一个理想状态作为评价标准。实际上人们经常将上述两种方法结合起来使用。

目前，标准财务比率的建立主要采用统计方法，这可能与人们对财务变量之间关系的认识尚不充分有关。有资料表明，美国、日本等工业发达国家的某些机构和金融企业在专门的刊物上定期公布各行业财务方面的统计指标，为报表使用人进行分析提供大量资料。然而，我国尚无这方面的正式专门刊物，只能在各种统计年鉴上找到一些财务指标，但由于行业划分较粗且与会计的指标口径不尽相同，不太适合直接用于当前的报表分析。《中国证券报》提供了上市公司的一些财务比率，包括一些行业的平均数据，在进行财务分析时也可以参考。

5.5.2 采用理想财务报表进行比较分析

理想财务报表是根据标准财务报表比率和所考察企业的规模来共同确定的财务报表。该报表反映了企业的理想财务状况，决策人可将理想财务报表与实际的财务报表进行对比分析，从而找出差距和原因。

1. 理想资产负债表

理想资产负债表的百分比结构，来自于行业平均水平，同时进行必要的推理分析和调整。表 1-5-2 所示为一个以百分比表示的理想资产负债表。

表 1-5-2　理想资产负债表

项目	理想比率	项目	理想比率
流动资产：	60%	负债：	40%
速动资产	30%	流动负债	30%
盘存资产	30%	长期负债	10%
固定资产	40%	所有者权益：	60%
		实收资本	20%
		公积金	30%
		未分配利润	10%
总计	100%	总计	100%

在确定了以百分率表示的理想资产负债后，可以根据具体企业的资产总额建立绝对数的理想资产负债表，然后再将企业报告期的实际资料与之进行比较分析，判断企业财务状况的优劣。

2. 理想利润表

理想利润表的百分率是以营业收入为基础。一般来说，毛利率因行业而异。周转快的企业奉行薄利多销的销售原则，毛利率一般偏低；反之，周转慢的企业毛利率一般定得比较高。实际上，每个行业都有一个自然形成的毛利率水平。表 1-5-3 表示为一个以百分比表示的理想利润表。

表 1-5-3　理想利润表

项目	理想比率
营业收入	100%
销售成本（包括销售税金）	75%
毛利	25%
期间费用	13%
营业利润	12%
营业外收支净额	1%
税前利润	11%
所得税费用	6%
税后利润	5%

在确定了以百分比表示的理想利润表之后，即可根据企业某期间的营业收入数额来设计绝对数额表示的理想利润表，然后再与企业的实际利润表进行比较，以判断其优劣。

第 6 章　Excel 在国民经济管理中的应用

国民经济是指一个国家社会经济活动的总称，是由互相联系、互相影响的经济环节、经济层次、经济部门和经济地区构成的。经济环节即生产、交换、分配、消费各环节；经济层次即宏观经济、中观经济、微观经济各层次；经济部门即工业、农业、建筑业、商业、通信、文化、教育、科研等生产部门和非生产部门；经济地区即国内不同经济区域以及国与国之间的经济区域和国际性区域。

国民经济管理内容众多，不是本章探讨的主要内容。本章选择我国房地产行业的部分数据和国内生产总值数据，运用 Excel 对其进行分析、建立图表，作为 Excel 在国民经济管理中应用的一个缩影，为读者运用 Excel 分析宏观经济发挥一个铺垫作用。

6.1　房地产建设情况数据分析

6.1.1　房地产建设情况年度分析

1. 房地产开发情况数据表创建

图 1-6-1 是 2014 年我国房地产开发建设情况。下面简要叙述该数据表的创建及设置。

	Q	R	S	T	U	V	W
1							
2			住宅	办公楼	商业营业用房	其他	合计
3		施工面积	515096	29928	94320	87138	726482
4		增长率	5.90%	21.80%	17%	-86.63%	9.15%
5		新开工面积	124877	7349	25048	22318	179592
6		增长率	-14.40%	6.70%	-3.30%	-1.15%	-10.74%
7		竣工面积	80868	3144	12084	11363	107459
8		增长率	2.70%	12.70%	11.3	20.33%	5.94%
9		销售面积	105182	2498	9075	3894	120649
10		增长率	-9.10%	-13.40%	7.20%	10.73%	-7.58%
11		待售面积	40684	2627	11773	7085	62169
12		增长率	25.60%	34.40%	26.00%	21.06%	26.10%
13		投资额	64352	5641	14346	10697	95036
14		增长率	9.20%	21.30%	20.10%	2.17%	10.50%
15		销售额	62396	2944	8906	2046	76292
16		增长率	-7.80%	-21.40%	7.60%	16.62%	-6.30%

◀ ▶ ⋯ 2014年房地产情况 ⋯ ⊕ ⋮ ◀

图 1-6-1　2014 年我国房地产开发建设情况

（1）创建数据表

启动 Excel 2013，创建一个工作簿文件，将该文件保存为"全国房地产数据分析"。将该工作簿文档的工作表"Sheet1"重命名为"2014 年房地产情况"。在工作表"2014 年房地产

图 1-6-2 "选择性粘贴"对话框

情况"的 R2:W16 单元格区域输入图 1-6-1 的内容。

（2）数据区域转置操作

选中 R2:W16 单元格区域，单击"开始"选项卡→"剪贴板"组→"复制"命令，将 R2:W16 单元格区域的内容复制到剪贴板。右击 B2 单元格，在弹出的快捷菜单中选择"选择性粘贴"子菜单中的"选择性粘贴"命令，弹出"选择性粘贴"对话框，如图 1-6-2 所示。选中图 1-6-2 中的"转置"复选框，其他参数默认，单击"确定"按钮，即可将 R2:W16 单元格区域的内容行列转换，结果如图 1-6-3 所示。

	B	施工面积	增长率	新开工面积	增长率	竣工面积	增长率	销售面积	增长率	待售面积	增长率	投资额	增长率	销售额	增长率
3	住宅	515096	5.90%	124877	-14.40%	80868	2.70%	105182	-9.10%	40684	25.60%	64352	9.20%	62396	-7.80%
4	办公楼	29928	21.80%	7349	6.70%	3144	12.70%	2498	-13.40%	2627	34.40%	5641	21.30%	2944	-21.40%
5	商业营业用房	94320	17%	25048	-3.30%	12084	11.3	9075	7.20%	11773	26.10%	14346	20.10%	8906	7.60%
6	其他	87138	-86.63%	22318	-1.15%	11363	20.33%	3894	10.73%	7085	21.06%	10697	2.17%	2046	16.62%
7	合计	726482	9.15%	179592	-10.74%	107459	5.94%	120649	-7.58%	62169	26.10%	95036	10.50%	76292	-6.30%

图 1-6-3 数据表转置以后的效果

数据区域的转置操作，也可以利用数组转置函数来完成。利用数组转置函数来转置单元格区域的行和列，首先要选中目标区域。选择目标区域的行数要等于原数据区域的列数，选择目标区域的列数要等于原数据区域的行数。如本例选中目标区域 B10:P15，并输入公式：

$$=TRANSPOSE(R2:W16)$$

同时按下【Ctrl+Shift+Enter】组合键，编辑栏的公式变为：

$$\{=TRANSPOSE(R2:W16)\}$$

目标区域 B10:P15 就得到与图 1-6-3 一样的效果。TRANSPOSE 函数的功能是将一个区域的行和列进行转换，并放到选中的目标区域。

当然，图 1-6-3 的内容也可以直接在 B2:P7 单元格区域输入，这里主要是为了说明如何进行转置操作。

（3）输入其他文字和设置格式

在 B1 单元格中输入"2014 年我国房地产开发建设情况"；设置 B1 单元格中的字体为：华文新魏、16 磅；设置第 1 行行高为：23.25 磅；并将 B1:P1 单元格区域进行单元格合并居中操作（垂直和水平都居中）。

在 B8 单元格中输入"注：施工面积、新开工面积、竣工面积、销售面积、待售面积的单位为：万平方米；投资额、销售额的单位为：亿元人民币"。将 B8:P8 单元格区域进行单元格合并、垂直居中、水平靠左。

选中 B2:P8 单元格区域，设置外边框线为粗实线、内边框线为细实线；选中 C3:P7 单元格区域，设置右外边框线为粗实线，上、下、左外边框线为双实线，内部为细实线；选中 B3:B7 单元格区域，设置左外边框线为粗实线，上、下、右外边框线为双实线，内部为细实线。

设置 C2:P2、B3:B7 单元格区域字体为：宋体、9 磅、加粗。

最终设置好的效果如图 1-6-4 所示。

2014年我国房地产开发建设情况

	施工面积	增长率	新开工面积	增长率	竣工面积	增长率	销售面积	增长率	待售面积	增长率	投资额	增长率	销售额	增长率
住宅	515096	5.90%	124877	-14.40%	80868	2.70%	105182	-9.10%	40684	25.60%	64352	9.20%	62396	-7.80%
办公楼	29928	21.80%	7349	6.70%	3144	12.70%	2498	-13.40%	2627	34.40%	5641	21.30%	2944	-21.40%
商业营业用	94320	17%	25048	-3.30%	12084	11.3	9075	7.20%	11773	26.00%	14346	20.10%	8906	7.60%
其他	87138	-86.63%	22318	-1.15%	11363	20.33%	3894	10.73%	7085	21.06%	10697	2.17%	2046	16.62%
合计	726482	9.15%	179592	-10.74%	107459	5.94%	120649	-7.58%	62169	26.06%	95036	10.50%	76292	-6.30%

注：施工面积、新开工面积、竣工面积、销售面积、待售面积单位为：万平方米；投资额、销售额单位为：亿元人民币。

图 1-6-4 "2014 年我国房地产开发建设情况"数据表设置最终效果

2. 2014 年区域房地产开发投资和销售情况

在当前工作簿中插入一个新工作表，将该工作表重命名为"2014 年区域房地产情况"。在该工作表的 B1:J7 单元格区域输入如图 1-6-5 所示的内容。

2014年东中西部地区房地产投资和销售情况

地 区	投资额（亿元）	其中：住宅投资额	投资总额比上年增长（%）	其中：住宅投资额比上年增长（%）	商品房销售面积		商品房销售额	
					绝对数（万平方米）	比上年增长（%）	绝对数（亿元）	比上年增长（%）
东部地区	52941	35477	10.4	8.5	54756	-13.7	43607	-11.6
中部地区	20662	14552	8.5	9.7	33825	-3.9	16558	0.2
西部地区	21433	14323	12.8	10.3	32068	0.6	16127	3.5
全国总计	95036	64352	10.5	9.2	120649	-7.6	76292	-6.3

2014年区域房地产情况 | 2014年房...

图 1-6-5 2014 年东中西部地区房地产投资和销售情况表

图 1-6-5 中的地区划分如下：东部地区包括北京、天津、河北、辽宁、上海、江苏、浙江、福建、山东、广东、海南 11 个省（市）；中部地区包括山西、吉林、黑龙江、安徽、江西、河南、湖北、湖南 8 个省；西部地区包括内蒙古、广西、重庆、四川、贵州、云南、西藏、陕西、甘肃、青海、宁夏、新疆 12 个省（市、自治区）。

图 1-6-5 中的数据直接输入即可，但需仔细观察单元格的合并范围、边框线的设置等。

3. 区域数据分析图表的创建

对于总体与局部的构成关系问题，一般以图表类型中的饼图来展示，能够进一步分析总体与局部的关系。下面以图 1-6-5 中投资额、住宅投资额、商品房销售面积、商品房销售额为数据，运用饼图来展示全国和东、中、西部三个地区的房地产投资与销售情况。图 1-6-6 是以图 1-6-5 中的投资额数据制作的饼图。

下面简要叙述该图的创建步骤：

（1）选中 B4:C6 单元格区域，单击"插入"选项卡→"图表"组→"饼图"下拉菜单→"三维饼图"命令，即在工作表工作区域创建了基本的饼图，如图 1-6-7 所示。

（2）右击图 1-6-7 中的饼图区域，在弹出的快捷菜单中选择"添加数据标签"命令，则 C4:C6 单元格区域中的数字会出现在饼图中相应的区域。

（3）再次右击图 1-6-7 中的饼图部分，在弹出的快捷菜单中选择"设置数据标签格式"命令，在窗口右侧弹出"设置数据标签格式"任务窗格。在"设置数据标签格式"任务窗格"标签选项"界面选中"类别名称""值""百分比"复选框，如图 1-6-8 所示。

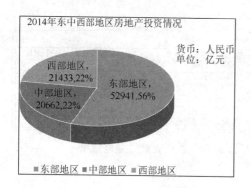

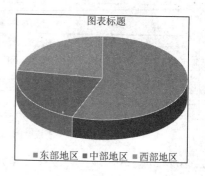

图 1-6-6　2014 年我国东中西部地区
房地产开发投资情况饼图

图 1-6-7　创建的基本饼图

（4）选中图 1-6-8 中的数据标签，继续设置数据标签格式。在"设置数据标签格式"任务窗格"文本选项"的"文本效果"界面中设置阴影参数的透明度为 68%、大小 100%、模糊 4.73 磅、角度 250°、距离 15.8 磅，如图 1-6-9 所示。

图 1-6-8　设置标签数据格式

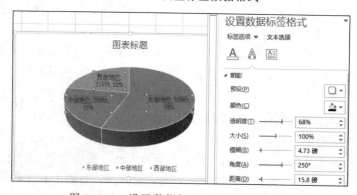

图 1-6-9　设置数据标签文本的阴影效果

（5）选中图 1-6-8 中的数据标签，继续设置数据标签格式。在"设置数据标签格式"任务窗格"文本选项"的"文本效果"界面中设置发光参数的颜色为黄色、大小 11 磅、透明度 60%，如图 1-6-10 所示。

（6）选中"图表标题"，将其改为"2014 年东中西部地区房地产投资情况"，并设置字体为：华文中宋、14 磅。插入一个横向文本框，在文本框中输入"货币：人民币"；按【Enter】键后再输入"单位：亿元"；将文本框拖放到图表右上角的空白区域。创建饼图的最终效果如图 1-6-6 所示。

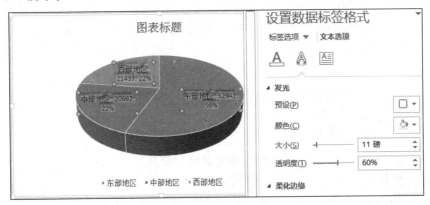

图 1-6-10　设置数据标签文本的发光效果

图 1-6-11 显示了 2014 年东中西部地区商品房销售面积情况，图 1-6-12 显示了 2014 年东中西部地区商品房销售额情况。

从图 1-6-6 可知，2014 年东部 11 个省市的房地产开发的投资额占全国总投资额的 56%，而中西部的 20 个省只占 44%（中部和西部各占 22%），说明 2014 年我国房地产投资主要集中在东部地区。从图 1-6-11 可知，对于房地产销售面积来说，中部和西部所占的比例在加大，中部占 28%，西部占 27%，中西部合计占 55%，而东部占 45%。从图 1-6-12 来看，销售额东部占 57%，而中部和西部各占 22% 和 21%，主要销售额还是由东部产生。

图 1-6-11　2014 年我国东中西部商品房
销售面积饼图

图 1-6-12　2014 年我国东中西部商品房
销售额饼图

6.1.2　房地产建设情况历史数据分析

1. 我国 1997—2014 年房屋建设数据表创建

在当前工作簿插入一个新工作表，并将该工作表重命名为"1997～2014 年我国房屋建设情况"。在该工作表 A1:K21 单元格区域输入图 1-6-13 中的数据。其中，A1:K1 单元格区域为合并居中。

1997~2014年我国房屋建设情况										
年份	施工面积	施工面积增长率	新开工面积	新开工面积增长率	竣工面积	竣工面积增长率	购置土地	购置土地增长率	销售面积	销售面积增长率
1997	44986		14027		15820		6642		9010	
1998	50770	12.86%	20398	45.35%	17567	11.04%	10109	52.21%	12185	35.24%
1999	56858	11.99%	22579	10.75%	21411	21.88%	11959	18.30%	14557	19.46%
2000	65897	15.90%	29583	31.02%	25105	17.25%	16905	41.36%	18637	28.03%
2001	79412	20.51%	37394	26.41%	29867	18.97%	23409	38.47%	22412	20.25%
2002	94104	18.50%	42801	14.46%	34976	17.10%	31357	33.95%	26808	19.62%
2003	117526	24.89%	54708	27.82%	41464	18.55%	35697	13.84%	33718	25.77%
2004	140451	19.51%	60414	10.43%	42465	2.41%	39785	11.45%	38232	13.39%
2005	166053	18.23%	68064	12.66%	53417	25.79%	38254	-3.85%	55486	45.13%
2006	194786	17.30%	79253	16.44%	55831	4.52%	36574	-4.39%	61857	11.48%
2007	236318	21.32%	95402	20.38%	60607	8.55%	40246	10.04%	77355	25.05%
2008	274149	16.01%	97574	2.28%	58502	-3.47%	36785	-8.60%	62089	-19.73%
2009	319600	16.58%	115400	18.27%	70200	20.00%	31906	-13.26%	93713	50.93%
2010	405500	26.88%	163800	41.94%	76000	8.26%	41000	28.50%	104300	11.30%
2011	507959	25.27%	190083	16.05%	89244	17.43%	41000	0.00%	109946	5.41%
2012	573418	12.89%	177334	-6.71%	99425	11.41%	35667	-13.01%	111304	1.24%
2013	665572	16.07%	201208	13.46%	101435	2.02%	38814	8.82%	130551	17.29%
2014	726482	9.15%	179592	-10.74%	107459	5.94%	33383	-13.99%	120649	-7.58%
合计	4719841		1649603		1000794		549491		1102808	

图 1-6-13　1997~2014 年我国房屋建设情况

2. 我国 1997—2014 年房屋建设组合图形的创建与分析

下面根据图 1-6-13 中的数据创建柱形和折线组合图形。创建步骤如下：

（1）单击"插入"选项卡→"图表"组→"插入柱形图"下拉菜单→"二维柱形图"的"簇状柱形图"，在当前工作表出现一个空白的"图表"。

（2）在空白的"图表"上右击，在弹出的快捷菜单中单击"选择数据"命令，弹出"选择数据源"对话框，在"图表数据区域"右边的文本框中单击，使光标呈闪烁状态，选中 B2:K20 单元格区域，此时"选择数据源"对话框如图 1-6-14 所示。

（3）单击图 1-6-14 中的"水平(分类)轴标签"下方的"编辑"按钮，弹出"轴标签"对话框，在"轴标签区域"文本框中单击，选中 A3:A20 单元格区域，如图 1-6-15 所示。

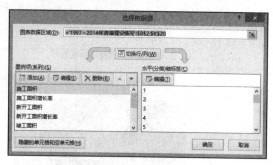

图 1-6-14　"选择数据源"对话框

图 1-6-15　"轴标签"对话框

（4）单击图 1-6-15 中的"确定"按钮，返回到图 1-6-14 中的"选择数据源"对话框，再单击图 1-6-14 中的"确定"按钮，形成如图 1-6-16 所示的柱形图。

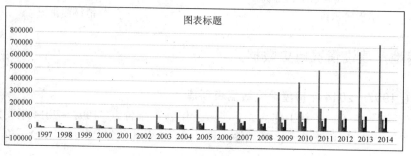

图 1-6-16　初步柱形图

（5）在柱形图上右击，在弹出的快捷菜单中选择"更改图表类型"命令，弹出"更改图表类型"对话框，如图 1-6-17 所示。在图 1-6-17 中，单击"所有图表"选项卡中的"组合"类型，将"系列名称"设置为"施工面积增长率"，图表类型选择"带数据标记的折线图"，并选中"次坐标轴"复选框。依次将"新开工面积增长率""竣工面积增长率""购置土地增长率""销售面积增长率"的图表类型选择为"带数据标记的折线图"，并选中"次坐标轴"复选框。将"施工面积""新开工面积""竣工面积""购置土地""销售面积"的图表类型选择为"簇状柱形图"。单击图 1-6-17 中的"确定"按钮，如图 1-6-18 所示。

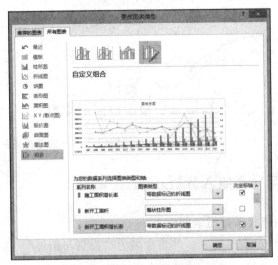

图 1-6-17　"更改图表类型"对话框

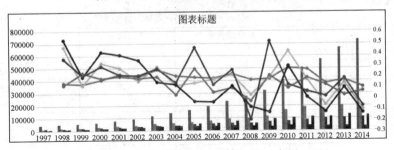

图 1-6-18　柱形图和折线图的组合图

（6）选中图表，单击图表右上角的"+"号按钮，在弹出的"图表元素"列表中选中"图例"复选框，添加图表的"图例"元素，如图 1-6-19 所示。

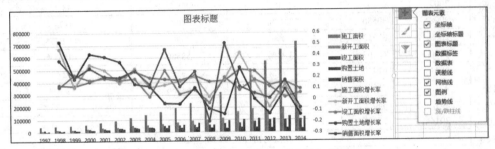

图 1-6-19　添加图表的"图例"元素

（7）将"图表标题"改为"1997～2014年我国房屋建设情况"，字体设置为：华文中宋，16磅。在图表左上角插入一个文本框，在文本框中输入"面积单位：万平方米"，字体为默认。创建图表的最终效果如图1-6-20所示。

从图1-6-20中可以看出，施工面积、竣工面积是逐年递增的；新开工面积、购置土地面积从1997年增长到2011年最高点后，2012年、2013年、2014年处于波动状态；销售面积增长直到2013年，2014年处于下降状态。

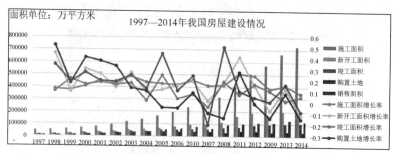

图1-6-20 创建柱形图和折线图组合图形的最终效果

6.1.3 房地产投资与销售收入分析

1. 房地产投资与销售收入数据表创建

在当前工作簿插入一个新工作表，并重命名为"投资与销售"。在A1:E21单元格区域输入图1-6-21中的内容。

	A	B	C	D	E
1			1997～2014年房地产投资与销售情况		
2	年份	投资	投资增长率	销售收入	销售收入增长率
3	1997	3178		1800	
4	1998	3614	13.71%	2513	39.61%
5	1999	4103	13.53%	2988	18.90%
6	2000	4984	21.47%	3935	31.69%
7	2001	6344	27.29%	4863	23.58%
8	2002	7791	22.81%	6032	24.04%
9	2003	10154	30.33%	7956	31.90%
10	2004	13158	29.59%	10376	30.42%
11	2005	15909	20.91%	17576	69.39%
12	2006	19423	22.09%	20826	18.49%
13	2007	25289	30.20%	29889	43.52%
14	2008	30580	20.92%	24071	-19.47%
15	2009	36233	18.49%	43995	82.77%
16	2010	48267	33.21%	52500	19.33%
17	2011	61740	27.91%	59119	12.61%
18	2012	71804	16.30%	64456	9.03%
19	2013	86013	19.79%	81428	26.33%
20	2014	95036	10.49%	76292	-6.31%
21			注：投资与销售收入的单位是：亿元。		

图1-6-21 1997至2014年我国房地产投资与销售收入情况

2. 房地产投资与销售收入图表创建与分析

以 A2:E20 单元格区域为数据源创建柱形和折线的组合图形,最终效果如图 1-6-22 所示。具体创建过程参考 6.1.2 中的 "2. 我国 1997—2014 年房屋建设组合图形的创建与分析"。这里只简要说明次坐标轴的设置。

选中图 1-6-22 中右边的次坐标轴并右击,在弹出的快捷菜单中单击 "设置坐标轴格式" 命令,在窗口右边弹出 "设置坐标轴格式" 任务窗格。在 "坐标轴选项" 界面设置 "边界" 最小值为:-0.2,最大值为:1.0,"单位" 主要设置为:0.1,次要为:0.02,如图 1-6-23 所示。在 "坐标轴选项" 界面将 "数字" 小数位数设置为:2,如图 1-6-24 所示。图表的最终效果如图 1-6-22 所示。

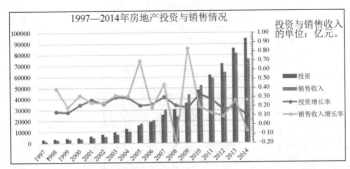

图 1-6-22 1997 年至 2014 年我国房地产投资与销售收入柱形与折线图组合图形

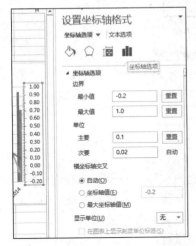

图 1-6-23 设置坐标轴选项的边界参数

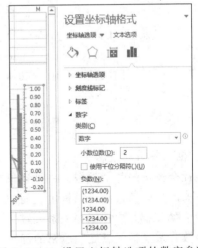

图 1-6-24 设置坐标轴选项的数字参数

从图 1-6-22 中可以看出,1997 年至 2014 年,房地产投资一直在增长。销售收入从 1997 年至 2013 年保持连续增长 17 年后,2014 年开始下降,这一方面说明房地产增长达到了一定极限,一方面说明国家在调整经济结构,这一趋势应该引起投资者的思考。

6.2 房地产与国民经济的相关与回归分析

相关性分析是指对两个或多个具备相关性的变量元素进行分析,从而衡量两个变量因素之间的密切程度。相关性的统计与分析是经济学中常用的一种方法。

本节选择房地产投资与国内生产总值（GDP）两个因素，利用 Excel 工具来分析两者之间的相关性，以探讨房地产发展对国民经济的作用。

6.2.1 房地产投资与国内生产总值数据表创建

在当前工作簿插入一个新工作表，并将该工作表重命名为“房地产投资与国内生产总值相关性分析”。图 1-6-25 显示了 1997 年至 2014 年我国房地产投资与国内生产总值的情况，在该工作表的 B1:D21 单元格区域输入图 1-6-25 中的数据。

1997-2014我国房地产投资与国内生产总值

年份	房地产投资	国内生产总值
1997	3178	74463
1998	3614	78345
1999	4103	81911
2000	4984	89404
2001	6344	95933
2002	7791	102398
2003	10154	116694
2004	13158	136515
2005	15909	182321
2006	19423	209407
2007	25289	257306
2008	30580	314045
2009	36233	340507
2010	48267	397983
2011	61740	473104
2012	71804	519322
2013	86013	568845
2014	95036	636463

注：这里房地产投资与国内生产总值采用绝对数额，没有考虑物价上涨等因素。货币单位：亿元人民币。

房地产投资与国内生产总值相关性分析

图 1-6-25　1997—2014 年我国房地产投资与国内生产总值情况

6.2.2 相关分析

1. 相关关系的概念

在社会经济的各个领域，一种现象与另一种现象之间往往存在着相互影响、相互制约的关系，如产品的销售额与销售量之间的关系，当用变量来描述这些现象的特征时，即表现变量间的依存关系。这种依存关系大致分为两种类型：函数关系和相关关系。

函数关系是指变量之间严格的确定性依存关系，如银行的存款利率与到期本息的关系、产品的总成本与产量和单位成本的关系等。这些关系都可以使用固定的函数关系式来描述，称其为函数关系。

相关关系是指变量之间存在一定的依存关系，但在数量上又不是确定的和严格依存的。例如产品的成本与产品利润的关系，成本越低、利润越高，但成本又不是确定利润的唯一因素，还有产品的价格、销量等；某个地区或国家房地产的投资与国内生产总值的关系是正向影响的，但房地产投资又不是决定国内生产总值的唯一因素。

2. 相关关系的种类

（1）按变量相关的程度可分为完全相关、不完全相关和不相关

当一个变量的变化完全由另一个变量所决定时，称这种关系为完全相关，实际上就是函

数关系，如在价格不变的情况下，产品销售额与销售量的关系就是完全相关关系。

当两个变量的变化彼此互不影响，数量变化各自独立时，称这两个变量的关系为不相关或零相关，例如学生的成绩与身高就是不相关关系。

当变量之间的关系介于完全相关和不相关之间时，称为不完全相关。不完全相关是现实当中主要的相关表现形式，也是相关分析主要的研究对象。

（2）按变量相关的方向可分为正相关和负相关

当一个变量的数值随着另一个变量的数值增加而增加或者减少而减少时，即变量之间同向变化，称之为正相关。例如家庭收入和家庭消费的关系，家庭收入增加，家庭消费也会增加。

当一个变量的数值随着另一个变量的数值增加而减少或者减少而增加时，即变量之间反向变化，称之为负相关。例如某产品的产量和单位成本之间的关系，产量越大，单位成本越低，呈现负相关关系。

（3）按变量相关的形式可分为线性相关和非线性相关

当变量之间的依存关系大致呈现为线性形式，即当一个变量发生变动时，另一个变量也随之发生大致均等的变化，从图形上看近似表现为直线形式，就称为线性相关。若变量间的关系不按固定比例，而呈现出某种曲线形式变化时，称之为非线性相关。

（4）按相关变量的数量可分为单相关、复相关和偏相关

当一个变量只与另一个变量存在依存关系时，称其为单相关，也称为一元相关。

当一个变量与两个或两个以上变量相关时，称为复相关。

当对复相关进行研究时，通常假定其他变量不变，专门研究被解释变量与某个变量之间的相关关系时，称其为偏相关。

3. 相关关系的测定

一般有定性分析和定量分析两种方法。

（1）定性分析

定性分析是对客观对象之间是否存在相关关系、存在何种相关关系以及相关关系的密切程度，做出直观大致的判断，一般通过编制相关表和绘制相关图的方法进行。

相关表是依据变量之间的原始资料，将某一变量按照时间前后或者大小的顺序进行排列，另一变量也按照相同的顺序排列，得到相对应的数据表，如图 1-6-25 所示的数据表就是按照时间顺序排列的 1997 年至 2014 年我国房地产投资与国内生产总值的相关表。从图 1-6-25 可以看出，随着房地产投资的增加，国内生产总值也同向增加，二者之间存在着一定程度的正相关。

相关图也称散点图，是用直角坐标系的 x 轴代表一个变量，y 轴代表另一个变量，将两个变量间成对的数据用坐标点的数据描绘出来，用以表明两变量之间相关关系的图形。图 1-6-26 是根据图 1-6-25 中的数据绘制的散点图，该图形的绘制方法参考以前的图形绘制过程（图表类型选择：散点图）。从图 1-6-26 看出，国内生产总值随着房地产投资的增加而增加，具有线性的正相关关系。

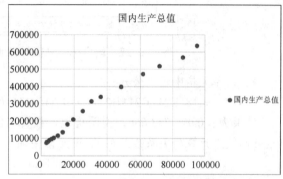

图 1-6-26　房地产投资与国内生产总值的散点图

（2）定量分析

定量分析常用的指标是相关系数。将反映两变量之间线性相关关系的统计指标称为相关系数；两变量间曲线相关关系的统计指标称为非线性相关系数；多变量线性相关关系的统计指标称为复相关系数。

常用的相关系数是皮尔逊积距相关系数，即协方差与两变量标准差乘积的比值。相关系数用字母 r 表示，它的基本公式是：

$$r = \frac{\frac{\sum(x-\bar{x})(y-\bar{y})}{n}}{\sqrt{\frac{\sum(x-\bar{x})^2}{n}}\sqrt{\frac{\sum(y-\bar{y})^2}{n}}} \tag{6-1}$$

式中，n 表示数据项数，x 为自变量，y 为因变量。该公式经过推导，可以得到如下计算公式：

$$r = \frac{n\sum x\cdot y - \sum x \cdot \sum y}{\sqrt{n\sum x^2 - (\sum x)^2}\cdot\sqrt{n\sum y^2 - (\sum y)^2}} \tag{6-2}$$

r 的取值范围是：$0 \leq |r| \leq 1$。$r>0$，表示正相关，$r<0$，表示负相关；$r=1$，为完全正相关，$r=-1$，为完全负相关。一般将 r 划分为四个级别：$|r|<0.3$，为无线性相关；$0.3 \leq |r| < 0.5$，为低度线性相关；$0.5 \leq |r| < 0.8$，为显著线性相关；$|r| \geq 0.8$，一般称为高度线性相关。

将图 1-6-25 中的数据进一步计算，得到图 1-6-27 所示的数据表。

年份	房地产投资 x（亿元）	国内生产总值 y（亿元）	x^2	y^2	xy
1997	3178	74463	10102037.13	5544738369.00	236670980.20
1998	3614	78345	13062652.71	6137939025.00	283156786.67
1999	4103	81911	16836269.94	6709411921.00	336097411.79
2000	4984	89404	24840783.31	7993075216.00	445594265.47
2001	6344	95933	40247740.57	9203140489.00	608609571.78
2002	7791	102398	60698470.28	10485350404.00	797774861.68
2003	10154	116694	103099672.72	13617489636.00	1184887642.22
2004	13158	136515	173139585.17	18636345225.00	1796298717.17
2005	15909	182321	253104143.29	33240947041.00	2900589840.52
2006	19423	209407	377249720.33	43851291649.00	4067294863.98
2007	25289	257306	639525291.99	66206377636.00	6506969570.31
2008	30580	314045	935124168.04	98624262025.00	9603433291.00
2009	36233	340507	1312830289.00	115945017049.00	12337590131.00
2010	48267	397983	2329703289.00	158390468289.00	19209445461.00
2011	61740	473104	3811827600.00	223827394816.00	29209440960.00
2012	71804	519322	5155814416.00	269695339684.00	37289396888.00
2013	86013	568845	7398236169.00	323584634025.00	48928064985.00
2014	95036	636463	9031841296.00	405085150369.00	60486897668.00
合计	543620.74	4674966.00	31687283594.47	1816778372868.00	236228213895.81

房地产投资与国内生产总值相关性分析 ... + ◀

图 1-6-27 国内生产总值与房地产投资的相关系数计算表

在 L2 单元格中输入公式：

=(18*K21-G21*H21)/(SQRT(18*I21-(G21)^2)*SQRT(18*J21-(H21)^2))

结果为：0.990 783 666，说明房地产投资与国内生产总值高度线性正相关。也可以利用 Excel 函数来计算相关系数。在 L3 单元格中输入公式：

=CORREL(G3:G20,H3:H20)

结果也是：0.990 783 666。

（3）相关函数介绍

① SQRT 函数

语法：SQRT(Number)。

参数含义：Number 是一个数值型常量或者数值型表达式，必须是正数。

功能：计算一个正数的平方根。

如 SQRT(4)等于 2，SQRT(8+12-4)等于 4。

② CORREL 函数

语法：CORREL(Refercence1,Reference2)

参数含义：Refercence1、Reference2 分别是引用的两个单元格区域或数组，这两个区域的单元格数量要相等，并且是数值型数据。

功能：计算引用的两个数据区域的线性相关系数。

如本例的计算公式：CORREL(G3:G20,H3:H20)。

（4）相关系数的检验

相关系数的检验一般用 t 检验。t 参数计算公式如下：

$$t = \frac{r\sqrt{n-2}}{\sqrt{1-r^2}} \tag{6-3}$$

式（6-3）中的 r 就是相关系数，n 是样本的数量。

进行 t 检验的步骤如下：

第一步：提出原假设和备择假设。假设样本相关系数 r 是抽自具有零相关的总体，即：

$$H_0: \ \rho = 0 \text{（原假设）}; \ H_1: \ \rho \neq 0 \text{（备择假设）}$$

第二步：规定显著性水平（事件发生的小概率，一般取 0.05），并依据自由度（$n-2$）确定临界值；

第三步：计算检验的统计量 t；

第四步：做出判断。将计算的统计量 t 与临界值对比，如果统计量小于临界值，说明原假设成立，即相关关系在统计上不显著（统计量 t 越小，相关性越小）；如果统计量大于等于临界值，则拒绝原假设，接受备择假设，即变量间线性相关在统计上是显著的。

根据上述计算步骤来计算房地产投资与国内生产总值之间的相关系数的 t 检验：

提出原假设和备择假设（如上第一步）；取显著性水平 $\alpha=0.05$，自由度 $n-2=18-2=16$，查 t 分布表得临界值：$t_{\alpha/2}(n-2)=t_{0.025}(16)=2.119\ 91$（也可以根据 Excel 函数计算得到，本例用 T.INV(0.025,16)，计算结果与查表所得一样，如果是负值，则取绝对值）；根据式（6-3）计算检验的统计量：

$$t = \frac{r\sqrt{n-2}}{\sqrt{1-r^2}} = \frac{0.990783666 \times \sqrt{18-2}}{\sqrt{1-0.990783666^2}} = 29.25820532$$

由于 $t>t_{\alpha/2}$，则拒绝原假设，接受备择假设，即表明房地产投资与国内生产总值之间的相关系数是非常显著的。

6.2.3　一元线性回归分析

1. 回归分析的定义

回归分析就是通过一个或几个变量的变化去解释另一变量的变化。它是对具有相关关系的变量之间数量变化的一般关系进行测定，并确定一个数学表达式。该方法包括找出自变量与因变量、设定数学模型、检验模型、估计预测等环节。

回归有不同的种类。按照自变量的多少划分，有一元回归和多元回归，只有一个自变量的叫一元回归；有两个或两个以上自变量的叫多元回归。按照回归曲线划分，有直线回归和曲线回归。

相关分析是回归分析的基础和前提，回归分析是相关分析的深入和继续。相关分析需要借助回归分析来获取变量之间数量规律性的具体形式，回归分析需要依靠相关分析来探求变量之间相关变化的具体程度。只有当变量之间的相关程度较高时，进行回归分析去寻求其具体的数量形式才有意义。如果没有对变量之间是否相关以及相关方向和程度做出正确的判断之前，就进行回归分析，很容易造成"伪回归""虚假回归"。

本小节在前面进行房地产投资与国内生产总值之间相关分析的基础上，探讨二者之间的一元线性回归问题。

2. 一元线性回归模型

在国民经济问题研究中，影响国内生产总值的因素很多，但这里仅以房地产投资作为影响国内生产总值研究的因素。这样就获得了一个自变量（房地产投资）和一个因变量（国内生产总值）的一元线性回归模型。在总体上，可以用下面的数学表达式来描述一元线性回归模型。

$$Y = \beta_0 + \beta_1 X + \mu \tag{6-4}$$

在式（6-4）中，Y 被称为被解释变量或因变量；X 为解释变量或自变量；β_0 和 β_1 称为回归系数；μ 是表示其他干扰和影响的随机因素。

在实际问题中，通常总体包含的样本数很多，因此无法获得总体的所有样本。通常是利用总体的部分样本，对总体进行估计。通过获取 n 对样本的观察值（x_i，y_i），$i=1, 2, \cdots, n$，来对总体的 β_0、β_1 和 μ 进行估计，比如用 $\widehat{\beta_0}$、$\widehat{\beta_1}$ 和 e 分别表示 β_0、β_1 和 μ 的估计值，称

$$\hat{Y} = \widehat{\beta_0} + \widehat{\beta_1} X + e \tag{6-5}$$

为一元线性样本回归方程。

3. 一元回归参数的估计

（1）参数估计

在统计学上，通常用最小二乘法来计算回归参数的估计。所用公式为：

$$\widehat{\beta_1} = \frac{n \sum x_i y_i - \sum x_i \sum y_i}{n \sum x_i^2 - (\sum x_i)^2} \tag{6-6}$$

$$\widehat{\beta_0} = \frac{\sum y_i - \widehat{\beta_1} \sum x_i}{n} \tag{6-7}$$

根据图 1-6-27 中显示的数据，可以计算：

$$\widehat{\beta_1} = \frac{19 \times 236229213995.91 - 543620.74 \times 4674966.00}{19 \times 31697283594.47 - 543620.74^2} = 6.224$$

$$\widehat{\beta_0} = \frac{4674966.00 - 6.224 \times 543620.74}{19} = 71743.093$$

则得到一元线性回归模型为：$y=71743.093+6.224x$。该方程表明，房地产投资每增加 1 亿元，国内生产总值增加 6.224 亿元。

（2）总体方差估计

除了 β_0 和 β_1 外，一元线性回归模型还包括一个未知参数，就是总体随机误差 μ。在理论中，总体随机误差的大小采用方差 σ^2 的大小来反映。通过最小方差的估计来估计总体随机误差。关于最小方差的计算问题，这里不进一步的讨论，在下文中利用 Excel 工具进行计算。

在回归估计假定中，$\sum e_i = 0$，所以得到的 $y=71743.093+6.224x$ 就代表房地产投资与国内生产总值的一元回归模型。

4. 一元回归方程的检验

在回归方程的参数估计出来以后，需要对他们进行检验，才可以进行分析和预测。回归方程的检验包括理论意义检验、一级检验和二级检验。

理论意义检验主要涉及参数估计值的大小和方向，如前面例子中，如果房地产投资的系数小于 0，就不能很好地解释变量之间的因果关系，也就不能通过理论意义检验，当然本例的系数是大于 0，就可以通过理论意义检验。

一级检验是利用统计学的抽样理论对回归方程的可靠性检验，分为模型的拟合优度检验和模型参数的显著性检验。模型的拟合优度是指样本观测值聚集在样本回归线周围的紧密程度，如果各观测值都分布在这条回归线上，则该回归线对数据就是完全拟合，用它来估计是没有误差的；如果各观测值的数据落在这条直线周围的聚集程度越高，则说明观察数据的拟合程度越好，经常用判定系数 R^2 来度量模型的拟合程度，R^2 值越高，说明拟合度越高。显著性检验包括对整个回归方程的显著性检验（F 检验）和对各回归系数的显著性检验（t 检验）。一级检验是所有回归方程都必须通过的检验。

二级检验又称计量经济学检验，是对线性回归模型的基本假定能否满足进行检验，包括残差的相关检验、残差的异方差检验、多重变量的多重共线性检验。

关于统计学方面的理论，大家在以后的专业课学习中会进一步学习，到时大家可以将 Excel 与专业课结合学习。

5. 利用 Excel 工具进行一元线性回归处理

（1）分析工具的加载

如果 Excel 2013 "数据" 选项卡中没有 "分析" 组，则需要加载。

单击 "文件" 选项卡→ "选项" 命令，弹出 "Excel 选项" 对话框，单击该对话框 "加载项" 命令，如图 1-6-28 所示。

在图 1-6-28 的 "管理" 下拉列表中选择 "Excel 加载项"，单击 "转到" 按钮，弹出 "加载宏" 对话框，如图 1-6-29 所示。选中图 1-6-29 中的 "分析工具库" 复选框，单击 "确定" 按钮，就将包含 "分析工具库" 的 "分析" 组加载到了 "数据" 选项卡。

（2）一元线性回归分析

单击 "数据" 选项卡→ "分析" 组→ "数据分析" 命令，弹出 "数据分析" 对话框，如图 1-6-30 所示。

选中图 1-6-30 中的 "回归" 选项，单击 "确定" 按钮，弹出 "回归" 对话框，如图 1-6-31 所示。单击图 1-6-31 中 "输入" 区域的 "Y 值输入区域" 文本框，然后选中 D2:D20 单元格区域；单击 "X 值输入区域" 文本框，然后选中 C2:C20 单元格区域；输出区域文本框输入 A25；选中标志、残差、标准残差、残差图、线性拟合图、正态概率图的复选框。单击 "确定" 按钮，得到如图 1-6-32 所示的一元线性回归的拟合图、图 1-6-33 的一元线性回归的残差图、图 1-6-34 的一元线性回归的正态概率图、图 1-6-35 残差结果图、图 1-6-36 的回归分析总结图。

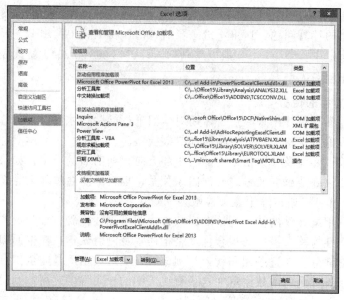

图 1-6-28 "Excel 选项"对话框

图 1-6-29 "加载宏"对话框

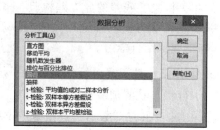

图 1-6-30 "数据分析"对话框

图 1-6-31 "回归"对话框

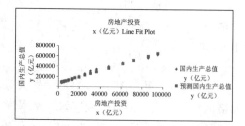

图 1-6-32 一元线性回归的拟合图

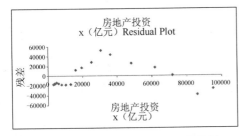

图 1-6-33　一元线性回归的残差图

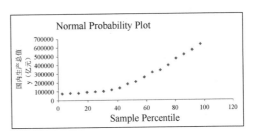

图 1-6-34　一元线性回归的正态概率图

RESIDUAL OUTPUT					PROBABILITY OUTPUT	
观测值	预测 国内生产总值 y（亿元）	残差	标准残差		百分比排位	国内生产总值 y（亿元）
1	91525.82372	-17062.82372	-0.669070042		2.777777778	74463
2	94238.68616	-15893.68616	-0.623225642		8.333333333	78345
3	97282.14065	-15371.14065	-0.602735508		13.88888889	81911
4	102764.7078	-13360.70781	-0.523902109		19.44444444	89404
5	111229.9448	-15296.94479	-0.599826129		25	95933
6	120235.1526	-17837.15256	-0.699433142		30.55555556	102398
7	134942.1211	-18248.12113	-0.715548104		36.11111111	116694
8	153642.3464	-17127.34635	-0.671600113		41.66666667	136515
9	170765.0222	11555.97779	0.453134761		47.22222222	182321
10	192634.719	16772.28095	0.657677235		52.77777778	209407
11	229145.2277	28160.7723	1.104244492		58.33333333	257306
12	262077.1025	51967.89754	2.037773112		63.88888889	314045
13	297263.6054	43243.39465	1.695666576		69.44444444	340507
14	372165.3205	25817.67954	1.012366782		75	397983
15	456023.6226	17080.37743	0.669758361		80.55555556	473104
16	518663.714	658.285952	0.025812809		86.11111111	519322
17	607103.0085	-38258.00854	-1.500178857		91.66666667	568845
18	663263.7344	-26800.73444	-1.05091448		97.22222222	636463

图 1-6-35　回归的残差值和预测值输出

SUMMARY OUTPUT							
回归统计							
Multiple R	0.990783666						
R Square	0.981652272						
Adjusted R Square	0.980505539						
标准误差	26287.16728						
观测值	18						
方差分析							
	df	SS	MS	F	Significance F		
回归分析	1	5.91538E+11	5.91538E+11	856.0425785	2.54289E-15		
残差	16	11056242617	691015163.6				
总计	17	6.02595E+11					
	Coefficients	标准误差	t Stat	P-value	Lower 95%	Upper 95%	下限 95.0%	上限 95.0%
Intercept	71743.09319	8925.659697	8.037847691	5.21579E-07	52821.5399	90664.64648	52821.5399	90664.64648
房地产投资 x（亿元）	6.224174431	0.212732612	29.25820532	2.54289E-15	5.77320144	6.675147422	5.77320144	6.675147422

图 1-6-36　Excel "回归" 总结图

在图 1-6-36 的回归总结图的回归统计部分，相关系数 $r=0.990\,783\,666$，判定系数 $R^2=0.981\,652\,272$，模型的可解释性较好；在回归分析部分中，F 检验值为 $856.042\,578\,5$，其对应的概率值 P（即 Significance F：2.542 89E-15）远小于 0.01，回归方程非常显著；求解的回归方程的截距是：71 743.093 2，回归系数是：6.224 2，回归系数的 t 检验值是：29.258，对应概率值 P（即 P-value：2.54 289E-15）远小于 0.01，回归系数也非常显著。

对于利用 Excel 回归工具分析得到的其他结果，大家以后学习经济统计学课程时，可结合相关知识进行进一步的分析。

第二篇
实　验

实 验 1 Excel 基础知识

一、实验目的

1. 掌握工作簿、工作表、单元格、区域的基本操作。
2. 掌握工作表数据的输入和数据序列的自动填充方法。
3. 掌握工作表、单元格、区域、行和列格式的设置。

二、实验准备

为方便同学们作业的保存、携带，本课程实验的所有电子文件都要求保存在 U 盘中。有条件的学校，在 U 盘保存作业电子文件的同时，也可开通服务器，在服务器上备份。同学们也可利用自己的 Web 电子邮箱、网盘进行作业备份。

为方便同学和老师查阅作业，每个实验产生的电子文件要保存在一个文件夹下，这里要求"实验一"保存在"SY1"文件夹下、"实验二"保存在"SY2"文件夹下、……、"实验六"保存在"SY6"文件夹下。因此，要求同学们在 U 盘（这里 U 盘的逻辑符号是"G："）根目录下创建以自己学号为名称的文件夹，如图 2-1-1 所示（这里以学生学号"20140570101"为例）。

本实验内容需要将"SY1.zip"文件下载到 U 盘，并解压到学号下的"SY1"文件夹下，解压后的文件包括本实验用到的素材。本实验所有作业都要保存到 U 盘的"SY1"文件夹下。SY1.PDF 给出了相关实验内容的最后效果图。同学们完成作业后，可以对照 SY1.PDF 中的效果判断作业的准确程度。

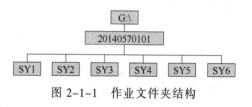

图 2-1-1　作业文件夹结构

三、实验内容

新建一个工作簿，完成图 2-1-2 所示工作表的数据输入和格式设置，完成后以"SY2-1-1.xslx"为文件名保存。

"产品型号"和"生产数量"可以从"计划需求量表.xslx"中取得，完成输入后对工作表进行格式设置：标题字体为黑体，16 号，表头字体为宋体，11 号，加粗，正文为宋体、10 号；其他格式以图所示的形式显示，最后设置边框：内边框为细线，外边框为粗线。

生产计划表

产品代码	产品型号	生产数量（台）	预计完成时间	预计成本（万元）原料成本	人力成本	合计成本（万元）	预计产值（万元）	利润（万元）
0301	ROGA 2131	2393000	2014/9/30	¥226,138.50	¥90,455.40		¥452,277.00	
0302	ROGA 2132	2700000	2014/12/25	¥303,264.00	¥101,088.00		¥505,440.00	
0303	ROGA 2111	2350000	2014/9/30	¥255,492.00	¥85,164.00		¥425,820.00	
0304	ROGA 2112	2231000	2014/12/25	¥273,074.40	¥91,024.80		¥455,124.00	
0305	ROGA 2113	2513000	2014/12/25	¥230,693.40	¥76,897.80		¥384,489.00	
0306	ELEX 2141	2430000	2014/6/30	¥258,940.80	¥86,313.60		¥431,568.00	
0307	ELEX 2142	2557000	2014/6/30	¥289,963.80	¥96,654.60		¥483,273.00	
0308	NIIX 2100	2955000	2014/12/25	¥372,330.00	¥124,110.00		¥620,550.00	
0309	NIIX 2800	2874000	2014/12/25	¥346,604.40	¥115,534.80		¥577,674.00	
0310	R50-70AM1	2385000	2014/12/25	¥300,510.00	¥100,170.00		¥500,850.00	
0311	R50-70AM2	2651500	2014/12/25	¥343,634.40	¥114,544.80		¥572,724.00	
0312	R40-70AT1	2570000	2014/9/30	¥331,221.60	¥110,407.20		¥552,036.00	
0313	R40-70AT2	2530000	2014/12/25	¥302,385.60	¥100,795.20		¥503,976.00	
0314	F4401	2470000	2014/6/30	¥264,981.60	¥88,327.20		¥441,636.00	
0315	F4402	2560000	2014/8/30	¥278,323.20	¥92,774.40		¥463,872.00	
0316	F4403	2539000	2014/12/25	¥310,773.60	¥103,591.20		¥517,956.00	
0317	F4404	2350000	2014/12/25	¥285,948.00	¥95,316.00		¥476,580.00	
0318	F4405	2570000	2014/12/25	¥310,867.20	¥103,622.40		¥518,112.00	
0319	F4406	2635000	2014/12/25	¥311,140.80	¥103,713.60		¥518,568.00	
0320	F4407	2510000	2014/12/25	¥298,188.00	¥99,396.00		¥496,980.00	

图 2-1-2　实验样表

四、课后练习

制作图 2-1-3 所示的"工业产值和产量年度计划表"。以 **LX1-1.xlsx** 为文件名保存。

项目	单位	单价(元)	2014年预计	2015年计划	各季度分配一季	二季	三季	四季	2015年计划为2014年预计的%
总产值（按不变价格计算）	万元								
商品价格（按现行价格计算）	万元								
主要产品产量									
ROGA 2131									
ROGA 2132	台								
ROGA 2111									
ROGA 2112									
ROGA 2113									
维修备件	件								
工业性作业	万元								
自制设备	台								
新产品试验	台								
工业净产值	万元								

图 2-1-3　工业产值和产量年度计划表

实 验 ② Excel 在生产管理中的应用

一、实验目的

1. 掌握生产计划中各种表格的制作。
2. 掌握生产计划中的常用的公式和函数的使用。
3. 掌握生产计划中各种图表的制作。
4. 掌握排序和筛选的基本操作。

二、实验准备

本实验内容需要将 "SY2.zip" 文件下载到 U 盘，并解压到学号下的 "SY2" 文件夹，解压后的文件包括本实验的素材。本实验所有作业都要保存到 U 盘的 "SY2" 文件夹下。SY2.PDF 给出了相关实验内容的最后效果图。读者完成作业后，可以对照 SY2.PDF 中的效果判断准确程度。

三、实验内容

1. 请完成第一篇第 2 章的 P31 页图 1-2-24"季度产销计划表.xlsx" 和 P32 页的图 1-2-25 "月份生产计划表.xlsx" 的制作，格式的设置：标题文本黑体，16 号字；正文文本宋体 11 号；内边框细线，外边框粗线；完成后分别以 SY2-1a.xlsx 和 SY2-1b.xlsx 为文件名保存。

2. 参照第一篇 2.1.4 小节的方法，将上述 2 个工作簿合并为一个文件名为 SY2-2.xlsx 的工作簿，并将工作表以原工作簿名称命名（即 2 个工作表标签名称分别重命名为 "季度产销计划表" 和 "月份生产计划表"），给标签添加颜色，具体颜色自定。

3. 根据文件夹 SY2 中工作簿 SY2-material-3.xlsx 的数据，在当前工作表中计算：
（1）计算出生产这些不同型号电脑所用工时（一天按 8 小时工作时间计算）。
（2）电脑的期末存货。
（3）期末存货的总和。
（4）在 J3:J13 单元格区域中使用 IF 函数计算：期末存量大于等于 5 000 台时，暂不生产；小于 5000 台时，生产。完成后以 SY2-3.xlsx 保存。

4. 参照第一篇 2.4.1 小节的操作，将文件夹 SY2 中工作簿 SY2-material-4.xlsx 的数据，制作一个三维簇状柱形图，要求添加标题和坐标轴名称，选择合适的样式，效果如图 2-2-1

所示，结果保存在当前工作表中，完成后以 SY2-4.xlsx 保存。

5. 根据 SY2-material-5.xlsx 制作一个三维饼图，保存在当前工作表中，工作簿文档完成后以 SY2-5.xlsx 保存。要求显示数据标签、标题和图例，如图 2-2-2 所示。

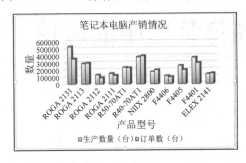

图 2-2-1　笔记本电脑产销情况三维柱型图

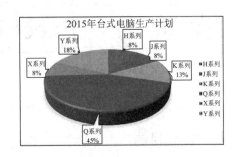

图 2-2-2　2015 年台式电脑生产计划饼图

6. 参照第一篇 2.4.2 小节生产坐标图的制作方法，使用 SY2-material-6.xlsx 中的数据制作生产进度图，完成后以 SY2-6.xlsx 保存。

7. 根据 P48 页图 1-2-67，为你使用的电脑建立一个产品信息卡，并在 B2 单元格加上批注"使用者：个人信息（班级、学号、姓名）"，以文件名 SY2-7.xlsx 保存。

8. SY2-material-8.xlsx 工作簿中有红火星集团台式电脑的主要配置和生产情况表，请分别按单价、产量的降序排序。排序结果分别复制到以 A23 单元格和 A45 单元格为左上角的区域；然后再按自定义排序进行排序，主要关键字这"硬盘"，次序为"升序"，次要关键字为"内存"，次序为"升序"，次要关键字为"单价"，次序为"降序"；排序结果复制存放到以 A66 单元格为左上角的区域中。完成后以文件名 SY2-8.xlsx 保存。（选做题，排序知识点在第 3 章介绍）。

9. 根据 SY2-material-8.xlsx 工作簿的数据分别筛选"硬盘 1G""内存是 4G"，操作系统是"Windows 8.1 简体中文"的记录，筛选结果分别粘贴到以 A23、A36、A48 单元格为左上角的区域中，完成后以文件名 SY2-9.xlsx 保存。（选做题，筛选知识点在第 3 章介绍）。

四、课后练习

1. 参照 P24 页图 1-2-4 所示的生产计划表，依据 SY2-material-8.xlsx 的台式电脑的机型和生产数量，制作年度生产计划表。完成后以 LX2-1.xlsx 保存。

2. 根据 P38 页图 1-2-42 制作出生产进度管理表，并根据 SY2-material-8.xlsx 中提供的机型为 H515 的生产数据，给生产进度管理表填充"预定产量"的数据。如有能力进一步编制"实际产量"，计算累计产量，制作出 20 天的生产进度图。完成后以文件名 LX2-2.xlsx 保存。

实 验 3 Excel 在销售管理中的应用

一、实验目的

1. 掌握销售中各种表格的制作。
2. 掌握销售的数据汇总技术。
3. 掌握销售数据透视分析技术。
4. 掌握销售市场预测分析技术。
5. 掌握营销分析方法。

二、实验准备

本实验内容需要将"SY3.zip"文件下载到 U 盘，并解压到学号下的"SY3"文件夹，解压后的文件包括本实验的素材。本实验所有作业保存到 U 盘的"SY3"文件夹下。SY3.PDF 给出了部分标题的最后效果图。同学们完成作业后，可以对照 SY3.PDF 中的效果判断准确程度。

三、实验内容

1. 请完成第一篇第 3 章中 3.2.1 节内容的操作，完成后以文件名"SY3-1.xlsx"保存。
2. 请完成第一篇第 3 章中 3.2.2 节内容的操作，完成后以文件名"SY3-2.xlsx"保存。用到的 Excel 文档为红火星集团 2014 年部分产品销售情况.xlsx 中"基本数据表"工作表。
3. 请完成第一篇第 3 章中 3.2.3 节内容的操作，完成后以文件名"SY3-3.xlsx"保存。
4. 请完成第一篇第 3 章中 3.3.1 节内容的操作，完成后以文件名"SY3-4.xlsx"保存。用到的 Excel 文档为红火星集团 2014 年部分产品销售情况.xlsx 中"2 月销售情况表"工作表。
5. 请完成第一篇第 3 章中 3.3.2 节内容的操作，完成后以文件名"SY3-5.xlsx"保存。用到的 Excel 文档为红火星集团 2014 年部分产品销售情况.xlsx 中"月销售情况表"工作表。
6. 请完成第一篇第 3 章中 3.3.3 节内容的操作，完成后以文件名"SY3-6.xlsx"保存。用到的 Excel 文档为红火星集团 2014 年部分产品销售情况.xlsx 中"2 月销售情况表"工作表。
7. 请完成第一篇第 3 章中 3.3.4 节内容的操作，完成后以文件名"SY3-7.xlsx"保存。用到的 Excel 文档为红火星集团 2014 年部分产品销售情况.xlsx 中的工作表。
8. 请完成第一篇第 3 章中 3.4.2 节内容的操作，完成后以文件名"SY3-8.xlsx"保存。用到的 Excel 文档为红火星集团 2014 年部分产品销售情况.xlsx 中 "2 月销售情况表" 工作表。

9. 请完成第一篇第 3 章中 3.4.3 节内容的操作，完成后以文件名 "SY3-9.xlsx" 保存。用到的 Excel 文档为红火星集团 2014 年部分产品销售情况.xlsx。

10. 请完成第一篇第 3 章中 3.4.4 节内容的操作，完成后以文件名 "SY3-10.xlsx" 保存。用到的 Excel 文档为红火星集团 2014 年部分产品销售情况.xlsx。

11. 请完成第一篇第 3 章中 3.4.6 节内容的操作，完成后以文件名 "SY3-11.xlsx" 保存。用到的 Excel 文档为红火星集团 2014 年部分产品销售情况.xlsx。

12. 请完成第一篇第 3 章中 3.5.1 节内容的操作，完成后以文件名 "SY3-12.xlsx" 保存。用到的 Excel 文档为红火星集团 2014 年部分产品销售情况.xlsx。

13. 请完成第一篇第 3 章中 3.5.2 节内容的操作，完成后以文件名 "SY3-13.xlsx" 保存。

14. 请完成第一篇第 3 章中 3.5.3 节内容的操作，完成后以文件名 "SY3-14.xlsx" 保存。

15. 请完成第一篇第 3 章中 3.6 节内容的操作，完成后以文件名 "SY3-15.xlsx" 保存。

四、课后练习

1. 产品目录清单的制作。从红火星集团产品信息.xlsx 中的 "台式机" 工作表中查找出机型为 X701、K415、QTM4550、YTT5000 四种台式计算机相关数据，制作一个包含有序号、名称/机型、图片、主机参数和单价的产品宣传清单，要求保存文件名为 "LX3-1.xlsx"，格式为 HTML 网页格式。（图片可在网上查找类似的计算机图片）

2. 应用三维引用公式的多表汇总方法，从给出的 2014 年中国区销售情况表中，用 SUMIF 函数，完成课本例 3-1 建立的销售情况统计表（见图 2-3-1）中季度数据的自动填充统计，完成后以 "LX3-2.xlsx" 保存。

序号	销售员	第一季	第二季	第三季	第四季	全年合计	排名
			2014年中国区销售情况统计表				（单位：万元）
1	麦丰收						
2	麦收成						
3	孟洁亮						
4	潘冬至						
5	邱大致						
6	唐卓志						
7	王人杰						
8	王太王						
9	王中意						
10	吴鹏志						
总　计							

图 2-3-1　空的统计表

3. 对筛选数据做动态汇总。使用 SUBTOTAL 函数对高级筛选的结果进一步统计，现要对 "2 月销售情况" 工作表进行高级筛选，并进行相关的动态统计：筛选出产品型号以 R 开头，销量大于 120 000 套的计算机，并统计出销售记录数，销售数量合计和销售额合计。完成后以文件名 "LX3-3.xlsx" 保存。

4. 对销售情况做数据透视分析。对红火星集团 2014 年部分产品销售情况.xlsx 的 "中国区销售表" 建立数据透视表和透视图。要求该透视表按页统计季度，按行统计销售员，按列统计产品类型、产品型号，统计值为销售额合计，表格应用数据透视表任意一种样式，并在数据表区域中建立簇状柱形图，完成后以文件名"LX3-4.xlsx"保存。

5. 利用德尔菲法对新产品进行市场预测。某公司推出一款新型产品，在市场上还没有类似的产品出现，因此没有数据可以参考。公司决定聘请专业的业务经理、市场和销售专家共8 人，组成产品销售预测小组，对新产品的全年销售量进行预测，8 位专家都独立的给出判断，经过 3 次反馈得出结果（包括最低销售额、最可能的销售额、最高销售额），如表 2-3-1 所示，请利用德尔菲法建立预测模型，分析预测新产品一年的销售额，完成后以文件名"LX3-5.xlsx"保存。

表 2-3-1　八位专家三轮投票的结果（单位：百万元）

专家编号	第一轮判断			第二轮判断			第三轮判断		
	最低销售额	最可能销售额	最高销售额	最低销售额	最可能销售额	最高销售额	最低销售额	最可能销售额	最高销售额
1	550	700	900	500	700	900	650	700	850
2	300	450	650	200	400	600	300	450	600
3	350	550	750	300	500	700	350	500	750
4	500	700	900	600	750	900	650	750	900
5	350	550	700	400	600	800	400	550	700
6	200	300	500	150	200	350	200	300	400
7	200	400	500	250	350	500	300	350	500
8	350	550	750	350	500	800	300	500	750

实 验 4 Excel 在人力资源管理中的应用

一、实验目的

1. 掌握人力资源管理中各种表格的制作。
2. 掌握人力资源管理中的数据分析技术。
3. 掌握人力资源管理中各种图表的制作。

二、实验准备

本实验内容需要将"SY4.zip"文件下载到 U 盘，并解压到学号下的"SY4"文件夹，解压后的文件包括本实验素材。本实验所有作业保存到 U 盘的"SY4"文件夹下。SY4.PDF 给出了相关实验内容的最后效果图（本实验只给出了课后练习第 4 题各小题效果图）。同学们完成作业后，可以对照 SY4.PDF 中的效果判断准确程度。

三、实验内容

1. 请完成第一篇第 4 章中 4.1.4 节内容的操作。其中主文档为：面试通知单.docx；数据源为：应聘者信息表.xlsx。将邮件合并后的招聘面试通知单 Word 文档保存为：SY4-1.docx。（只上传邮件合并后形成的 Word 文档，关于邮件合并直接发送电子邮件到应聘者电子邮箱的内容，大家自己练习即可）。

2. 请完成第一篇第 4 章中 4.2.2 节内容的操作。用到的 Excel 文档为：培训成绩统计分析表.xlsx。将完成的文档另存为：SY4-2.xlsx。

3. 请完成第一篇第 4 章中 4.3.2 节内容的操作。用到的 Excel 文档为：销售奖金统计表.xlsx。将完成的文档另存为：SY4-3.xlsx。

4. 请完成第一篇第 4 章中 4.3.5 节内容的操作。用到的 Excel 文档为：2014 年 12 月工资汇总表.xlsx。将完成的文档另存为：SY4-4.xlsx。

5. 请完成第一篇第 4 章中 4.4.1 节内容的操作。用到的 Excel 文档为：红火星集团人事信息表.xlsx（部分内容已经输入，只需要输入用公式计算的部分）。将完成的文档另存为：SY4-5.xlsx。

6. 请完成第一篇第 4 章中 4.4.7 节内容的操作。用到的 Excel 文档为：SY4-5.xlsx。将完成的文档另存为：SY4-6.xlsx。

7. 请完成第一篇第 4 章中 4.4.8 节内容的操作。用到的 Excel 文档为：SY4-5.xlsx。将完成的文档另存为：SY4-7.xlsx。

8. 请完成第一篇第 4 章中 4.4.9 节内容的操作。用到的 Excel 文档为：SY4-5.xlsx。将完成的文档另存为：SY4-8.xlsx。

9. 请完成第一篇第 4 章中 4.5.2 节内容的操作。用到的 Excel 文档为：SY4-5.xlsx。将完成的文档另存为：SY4-9.xlsx。

四、课后练习

1. 招聘面试评价表设计

制作图 2-4-1 所示的招聘面试评价表。将 Sheet1 工作表重命名为"面试评价表"；保存文件名为：LX4-1.xlsx。

2. 员工信息登记表设计

制作图 2-4-2 所示的员工信息登记表。将 Sheet1 工作表重命名为"员工信息登记表"；保存文件名为：LX4-2.xlsx。

图 2-4-1　招聘面试评价表

图 2-4-2　员工信息登记表

3. 员工胸卡设计

制作图 2-4-3 所示的员工胸卡。其中主文档为"新员工工作卡.docx"；数据源为"新增人事信息表.xlsx"。做题之前，先将"picture"文件夹复制到 C 盘下。本题为邮件合并题，合并的结果是 Word 文档。

主文档与数据源的合并过程与 4.1.4 中内容的操作完全一样，这里不再叙述。这里对其中照片部分做一简要说明，以帮助读者顺利完成此题。

在主文档中插入了数据源中的"姓名、隶属部门、现任职务、员工号"字段后，单击显示照片位置的文本框，再单击"插入"选项卡→"文本"组→"文档部件"→"域"命令，弹出"域"对话框，如图 2-4-4 所示。在图 2-4-4 中，选中"域名"下的"IncludePicture"

选项，在域属性"文件名"下方的文本框中输入 abc。单击"确定"按钮。此时，主文档变为图 2-4-5 所示，同时按【Alt+F9】组合键，主文档中的"合并域"内容变成代码形式，如图 2-4-6 所示。

图 2-4-3 员工胸卡

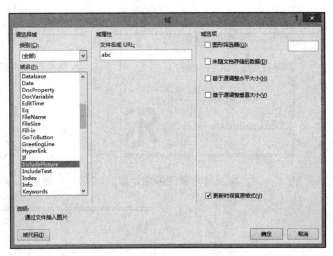

图 2-4-4 "域"对话框

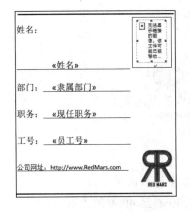

图 2-4-5 插入图片域

图 2-4-6 "合并域"内容变成代码

选中图 2-4-6 域中的"abc"，单击"邮件"选项卡→"编辑和插入域"组→"插入合并域"命令，在弹出的字段列表中选中"照片"字段，则"图片域"变成图 2-4-7 所示。单击"邮件"选项卡→"完成"组→"完成并合并"命令，在弹出的下拉菜单中选择"编辑单个文档"命令，在弹出的"合并到新文档"对话框中，选择"全部"单选按钮，单击"合并到新文档"对话框中的"确定"按钮，数据源中第一条记录与主文档合并后如图 2-4-8 所示。单击图 2-4-8 中的图片，同时按【Alt+F9】组合键，如图 2-4-9 所示。

再按【F9】键，得到图 2-4-3 所示的效果。依次选中每一个图片，并按【F9】键，即可得到与图 2-4-3 类似的合并文档。本题数据源共有 10 条记录，得到一个包含 10 名员工的胸卡信息，每个胸卡占一页的合并文档，将该文档以 LX4-3.docx 为文件名保存。

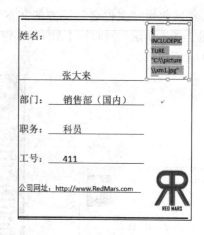

图 2-4-7　插入照片字段的图片域　　　　图 2-4-8　数据源中第一条记录与主文档合并

图 2-4-9　合并图片域

4. 完成下列题目

打开 LX4-4.xlsx 工作簿文档。完成下列题目后以原文件名保存。

（1）在"人事数据表"的 R3 单元格用公式计算出 30 岁至 40 岁的人数。

（2）在"人事数据表"的 R6 单元格用公式计算出 30 岁至 40 岁的工程师人数。

（3）在"人事数据表"的 R9 单元格用公式计算出所有员工的平均年龄。

（4）在"人事数据表"的 R12 单元格用公式计算出男性员工的平均年龄。

（5）在"人事数据表"的 R15 单元格用公式计算出男性工程师的平均年龄。

（6）插入一个新工作表，将该工作表重命名为"排序"。将"人事数据表!A2:N53"复制到"排序!A1:N52"。

（7）在"排序"工作表中，按部门升序、学历降序进行排序；将排序好的前 10 条记录复制到以 P1 单元格为左上角的区域中。

（8）在"排序"工作表中，按性别降序、婚否降序进行排序；将排序好的前 10 条记录复制到以 P13 单元格为左上角的区域中。

（9）插入一个新工作表，将该工作表重命名为"筛选"。将"人事数据表!A2:N53"复制到"筛选!A1:N52"。

（10）在"筛选"工作表中，将学历为本科、性别为男性、职称为工程师的记录筛选出来，并复制到以 A55 单元格为左上角的区域中。

（11）在"筛选"工作表中，将年龄在 30 岁至 40 岁、已婚女性员工的记录筛选出来，并复制到以 A67 单元格为左上角的区域中。

（12）插入一个新工作表，将该工作表重命名为"数据透视表"。将"人事数据表!A2:N53"复制到"数据透视表!A1:N52"。

（13）在"数据透视表"工作表中，制作员工职称数据透视表，透视表放在"数据透视表"工作表以 P1 单元格为左上角的单元格区域中。

（14）在"数据透视表"工作表中，制作员工职称数据透视图（透视图图表类型为：三维柱形图），透视图放在"数据透视表"工作表以 P11 单元格为左上角的单元格区域中。

（15）插入一个新工作表，将该工作表重命名为"分类汇总"。将"人事数据表!A2:N53"复制到"分类汇总!A1:N52"。

（16）在"分类汇总"工作表中，制作部门学历分类汇总表。

实验 5) Excel 在财务管理中的应用

一、实验目的

1. 了解 Excel 在财务分析中应用的内涵。
2. 掌握运用 Excel 计算财务比率。
3. 掌握运用 Excel 实现财务比率综合法。
4. 掌握运用 Excel 实现杜邦分析法。

二、实验准备

本实验内容需要将 "SY5.zip" 文件下载到 U 盘，并解压到学号下的 "SY5" 文件夹，解压后的文件包括本实验的素材。本实验所有作业保存到 U 盘的 "SY5" 文件夹下。SY5.PDF 给出了相关实验内容的最后效果图。同学们完成作业后，可以对照 SY5.PDF 中的效果判断完成作业的准确程度。

三、实验内容

以嘉华公司 2014 年度财务报表（嘉华 2014 年财务报表.xlsx）的数据为依据，要求完成如下 3 个内容：
1. 计算嘉华公司 2014 年度的财务比率。
2. 完成嘉华公司 2014 年度的财务比率综合分析表。
3. 完成嘉华公司 2014 年度的杜邦分析表。
完成后，以文件名 SY5-1.xlsx 保存。

四、课后练习

以欣颖公司 2014 年度财务报表（欣颖 2014 年财务报表.xlsx）的数据为依据，要求完成如下 3 个内容：
1. 计算欣颖公司 2014 年度的财务比率。
2. 完成欣颖公司 2014 年度的财务比率综合分析表。
3. 完成欣颖公司 2014 年度的杜邦分析表。
完成后，以文件名 LX5-1.xlsx 保存。

实 验 ⑥ Excel 在国民经济管理中的应用

一、实验目的

1. 了解 Excel 在国民经济管理中应用的内涵。
2. 掌握 Excel 的相关分析技术。
3. 掌握 Excel 的回归分析技术。

二、实验准备

本实验内容需要将 "SY6.zip" 文件下载到 U 盘，并解压到学号下的 "SY6" 文件夹，解压后的文件包括本实验的素材。本实验所有作业都要保存到 U 盘的 "SY6" 文件夹下。SY6.PDF给出了相关实验内容的最后效果图（本实验只给出了课后练习各小题效果图）。同学们完成作业后，可以对照 SY6.PDF 中的效果判断完成作业的准确程度。

三、实验内容

1. 请完成第一篇第 6 章中 6.1 节内容的操作。用到的 Excel 文档为：全国房地产数据分析.xlsx（基本数据已经输入）。完成所有操作后，保存文件名为 SY6-1.xlsx。

2. 请完成第一篇第 6 章中 6.2 节内容的操作。用到的 Excel 文档为：全国房地产数据分析.xlsx（基本数据已经输入）。要求完成如下两个内容：

（1）绘制房地产投资与国内生产总值的散点图，即如第一篇图 1-6-26 所示的内容。

（2）利用 Excel 工具进行一元线性回归处理，即第一篇 6.2.3 节中 "5. 利用 Excel 工具进行一元线性回归处理" 的内容。并对结果进行分析，找出相关系数、判定系数、F 检验值（其对应的概率值 P）、回归方程的截距、回归系数、回归系数的 t 检验值（包括对应概率值 P）等参数，并给出相关性是否显著的结论。

完成所有操作后，保存文件名为 SY6-2.xlsx。

四、课后练习

1. 完成广东省房地产投资与销售收入的簇状柱形图和折线图的组合图形绘制（放置在当前工作表以 F2 单元格为左上角的区域中）。用到的 Excel 文档为：广东省房地产数据分析.xlsx。效果如 SY6.PDF 中相关页面所示。完成所有操作后，保存文件名为 LX6-1.xlsx。

2. 完成广东省房地产投资与国内生产总值的线性回归分析（所有图形和分析结果都放在当前工作表中，分析结果放在以 A24 单元格为左上角的区域中）。用到的 Excel 文档为：广东省房地产数据分析.xlsx。效果如 SY6.PDF 中相关页面所示。利用 Excel 工具进行一元线性回归处理。并对结果进行分析，找出相关系数、判定系数、F 检验值（其对应的概率值 P）、回归方程的截距、回归系数、回归系数的 t 检验值（包括对应概率值 P）等参数，并给出相关性是否显著的结论。完成所有操作后，保存文件名为 LX6-2.xlsx。

第三篇

习　题

第 1 章　Excel 基础知识

一、单选题

1. Excel 2013 用_____代替了菜单栏和工具栏。

    A. 功能区　　　　　　B. 对话框　　　　　　C. 快捷菜单　　　　　　D. 下拉列表

2. 当打开一个 Excel 2013 表格，选定单元格数据区域，这时选定区域的右下角会出现一个_____的图标 ▣。单击该图标将出现"格式""图表""汇总""表""迷你图"的选项。

    A. 复制　　　　　　　B. 快速分析工具　　　C. 粘贴　　　　　　　D. 图表

3. Excel 2013 默认的工作簿文件扩展名是_____。

    A. xls　　　　　　　　B. xlt　　　　　　　　C. xlsx　　　　　　　D. xlst

4. 如果在退出 Excel 2013 时尚有已修改但未保存的文件时，则会出现_____对话框。

    A. 打开　　　　　　　B. 打印　　　　　　　C. 另存为　　　　　　D. 保存

5. Excel 2013 标题栏最左端是 Excel 2013 窗口的_____图标 ▣。单击该图标会弹出 Excel 窗口控制菜单。

    A. 控制　　　　　　　B. 快捷　　　　　　　C. 打印　　　　　　　D. 关闭

6. Excel 2013 状态栏的最左端显示_____字样，表明工作表正准备接受新的数据。

    A. 输入　　　　　　　B. 就绪　　　　　　　C. 打印　　　　　　　D. 编辑

7. 单击工作表标签右侧的_____，即可把一个新的工作表插入在当前工作表的后面，并成为新的当前工作表。

    A. 乘号⊗　　　　　　B. 加号+　　　　　　C. 加号⊕　　　　　　D. 乘号×

8. Excel 工作表的基本元素是_____。

    A. 对话框　　　　　　B. 公式　　　　　　　C. 图表　　　　　　　D. 单元格

9. 在 Excel 2013 中，一个工作表总共有_____列。

    A. 16 384　　　　　　B. 256　　　　　　　C. 65 536　　　　　　D. 2 048

10. 在 Excel 2013 中，一个工作表总共有_____行。

    A. 16 384　　　　　　B. 1 048 576　　　　　C. 65 536　　　　　　D. 4 096

11. B1:C8 是_____地址引用。

    A. 绝对　　　　　　　B. 综合　　　　　　　C. 相对　　　　　　　D. 混合

12. B$1:C$8 是_____地址引用。

    A. 绝对　　　　　　　B. 综合　　　　　　　C. 相对　　　　　　　D. 混合

13. $B$1:$C$8 是_____地址引用。

    A. 绝对　　　　　　　B. 综合　　　　　　　C. 相对　　　　　　　D. 混合

14. 如果要选择多个不连续的单元格、行、列或区域，可以在选择一个区域后，按_____键的同时，再选取第 2 个区域。

    A.【Alt】   B.【Ctrl】   C.【Shift】   D. 空格键

15. 如果要在同一单元格中输入日期和时间，请在日期和时间中间用_____分隔。

    A. /   B. -   C. 空格   D. \

16. Excel 2013 最小的日期是_____。

    A. 9999-12-31   B. 1900-12-31   C. 1889-12-31   D. 1900-1-1

17. Excel 2013 最大的日期是_____。

    A. 9999-12-31   B. 1900-12-31   C. 1889-12-31   D. 1900-1-1

18. 公式由_____开始，可以包含运算符以及运算对象常量、单元格引用地址和函数等。

    A. 空格   B. =   C. —   D. 直接输入

19. 工作表的插入、删除、移动或复制、重命名、标签颜色设置以及隐藏和显示均可通过右击工作簿底部_____，从弹出的快捷菜单中设置。

    A. 标题栏   B. 功能区   C. 工作表标签   D. 状态栏

20. 如果要改变运算顺序，可利用_____将公式中要先计算的部分括起来。

    A. 双引号   B. 方括号   C. 花括号   D. 圆括号

21. 利用_____对话框可以设置单元格的数字、对齐、字体、边框、填充、保护等格式。

    A. 单元格格式   B. 图表类型   C. 单元格样式   D. 打开

22. 在_____中可精确设置列宽。

    A. 行高对话框   B. 列宽对话框   C. 字体对话框   D. 通用对话框

23. 要设置单元格区域的背景图案，在"单元格格式"对话框的_____选项卡设置。

    A. 数字   B. 对齐   C. 填充   D. 边框

24. 要打印或显示单元格区域的加粗边框线，在"单元格格式"对话框的_____选项卡设置。

    A. 数字   B. 打印   C. 填充   D. 边框

25. 要自定义一种单元格数字格式，在"单元格格式"对话框的_____选项卡设置。

    A. 数字   B. 字体   C. 填充   D. 边框

26. 使合并单元格的数据靠上和靠左对齐，在"单元格格式"对话框的_____选项卡设置。

    A. 数字   B. 对齐   C. 填充   D. 边框

27. 在_____对话框中可以设置打印活动工作表、某个选定区域或整个工作簿。

    A. 单元格格式   B. 单元格样式   C. 打印   D. 页面设置

28. 在_____对话框中可以进行页眉/页脚、页边距以及打印顶端标题行的设置。

    A. 单元格格式   B. 单元格样式   C. 打印   D. 页面设置

29. 按下_____功能键，可以打开联机"Excel 帮助"对话框。

    A. F1   B. F2   C. F3   D. F4

30. 要在功能区新增一个选项卡，在_____选项卡界面实现。

    A. "Excel 选项"对话框的"高级"

    B. "Excel 选项"对话框的"自定义功能区"

    C. "Excel 选项"对话框的"常规"

    D. "Excel 选项"对话框的"加载项"

二、多选题

1. 退出 Excel 工作窗口的方法有＿＿＿＿＿。

　　A. 在 Excel 的"文件"选项卡中选择"关闭"命令

　　B. 单击 Excel 窗口右上角的"关闭"按钮

　　C. 双击 Excel 窗口左上角的控制菜单按钮弹出控制菜单，选择"关闭"命令

　　D. 按【Alt+F4】组合键

2. 组成 Excel 文档的三要素是＿＿＿＿＿。

　　A. 工作簿　　　　　B. 工作表　　　　　C. 单元格　　　　　D. 公式

3. Excel 工作表的基本元素是单元格，单元格内可以包含＿＿＿＿＿。

　　A. 图片　　　　　　B. 文字　　　　　　C. 数字　　　　　　D. 公式

4. 单元格地址的表示有＿＿＿＿＿三种方法。

　　A. 相对地址　　　　B. 综合地址　　　　C. 绝对地址　　　　D. 混合地址

5. 公式复制时，如果公式中的单元格地址是相对地址，调整规则为：＿＿＿＿＿。

　　A. 新行地址 = 原行地址 + 行地址偏移量

　　B. 新列地址 = 原列地址 + 列地址偏移量

　　C. 新行地址 = 原列地址 + 列地址偏移量

　　D. 新列地址 = 原行地址 + 行地址偏移量

三、判断题

1. Excel 2013 可以同时打开多个工作簿，每个工作簿对应一个窗口。　　　　（　　）

2. 利用 Excel 2013 控制菜单可以还原窗口、移动窗口、最小化窗口、最大化窗口、关闭打开的 Excel 文件并退出 Excel 程序等操作。　　　　（　　）

3. R3C4 也是单元格地址的一种表示方法。　　　　（　　）

4. 可以为同一工作表的两个不同单元格区域定义相同的名称。　　　　（　　）

5. 在单元格中可以输入数字、文本等类型的数据，但直接输入 TRUE 是不允许的。（　　）

四、简述题

1. 简述 Excel 2013 的新功能。

2. 简述使用 Excel 2013 联机帮助的步骤。

第 ② 章　Excel 在生产管理中的应用

一、单选题

1. 生产计划是关于企业_____总体方面的计划。
  A. ERP 系统　　　　　　　　　　B. 销售系统
  C. 进货系统　　　　　　　　　　D. 生产运作系统

2. 下列不属于优化的生产计划的特征的是_____。
  A. 有利于充分利用销售机会，满足市场需求
  B. 有利于销售人员拓展市场
  C. 有利于充分利用盈利的机会，实现生产成本最低化
  D. 有利于充分利用生产资源，最大限度的减少生产资源的闲置和浪费

3. 下列不属于生产三要素的是_____。
  A. 材料　　　　B. 人员　　　　C. 图表　　　　D. 机器设备

4. 长期生产计划制订的主要依据是_____。
  A. 市场需求　　　　　　　　　　B. 原材料的需求
  C. 生产部门的需求　　　　　　　D. 管理部门的需求

5. 下列_____不是生产计划表要包括的。
  A. 生产数量　　B. 预计完成时间　　C. 原材料成本　　D. 生产过程

6. Excel 2013 默认的新建工作簿名称是_____。
  A. 工作簿 1.xlsx　　B. book1.xlsx　　C. Sheet1. xlsx　　D. 文档 1.xlsx

7. 调整多列列宽到最合适列宽的方法是_____。
  A. 一列一列的拖动
  B. 选中要调整的多列，设定固定值
  C. 选中要调整的多列，在任何一个列标边界双击鼠标
  D. 选中要调整的多列，在最右侧的列边界拖动鼠标

8. 输入首位是 0 的文本型的数据时前面应加_____符号。
  A. 双引号"　　B. 单引号'　　C. 空格　　D. 分号;

9. 所谓数字按升序排列就是数字的填充顺序是_____。
  A. 由上而下　　B. 由下而上　　C. 由右到左　　D. 由后到前

10. 在单元格中输入字符串 521876 时，应输入_____。
  A. 521876　　B. "521876"　　C. '521876　　D. 521876,

11. 在 Excel 中，选定某单元格后单击"复制"按钮，再选中目的单元格后单击"粘贴"按钮，此时被粘贴的是单元格中的_____。

A. 全部信息　　　　　　B. 数值和格式　　　　C. 格式和公式　　D. 格式和批注

12. 复制的组合键是＿＿＿＿＿。

　　A.【Ctrl+V】　　　　　B.【Ctrl+X】　　　　C.【Ctrl+C】　　D.【Ctrl+S】

13. Excel 2013 中 "粘贴选项" 中的值是＿＿＿＿＿。

　　A. 只粘贴公式的计算结果　　　　　　B. 粘贴单元格格式

　　C. 只粘贴公式　　　　　　　　　　　D. 粘贴注释

14. "粘贴选项" 中的 "转置" 是＿＿＿＿＿。

　　A. 被复制的数据转化为文本　　　　　B. 被复制的数据行变成列，列变成行

　　C. 被复制的数据格式转换了　　　　　D. 被复制的数据排列顺序相反了

15. "粘贴选项" 中的 "格式" 是＿＿＿＿＿。

　　A. 仅粘贴源单元格数字　　　　　　　B. 同时粘贴源单元格格式和内容

　　C. 仅粘贴源单元格文本　　　　　　　D. 仅粘贴源单元格格式。

16. Excel 制作表格时常常要用到 "合并居中" 按钮 合并后居中 ，该按钮可实现＿＿＿＿＿。

　　A. 仅单元格合并　　　　　　　　　　B. 仅可实现跨列居中

　　C. 行和列均可合并单元格并居中　　　D. 仅可合并多行

17. 工作表设置保护后如需编辑必须要＿＿＿＿＿。

　　A. 输入用户名　　　B. 复制　　　　　　C. 重新打开　　　　D. 输入密码

18. 现有一个设计好的计划表，一般制作的时候第一步是＿＿＿＿＿。

　　A. 输入标题和表头　　B. 设置格式　　　C. 设置填充颜色　　D. 输入数据

19. 在单元格输入公式或函数时，其前导字符必须是＿＿＿＿＿。

　　A. ＝　　　　　　　　B. ＞　　　　　　　C. ＜　　　　　　　D. ％

20. 假定 D3 单元格中保存的公式为 "=B3+C3"，若把它移动到 E4 单元格中，则 E4 单元格中保存的公式为＿＿＿＿＿。

　　A. =B3+C3　　　　　　B. =C3+D3　　　　　C. =B4+C4　　　　　D. =C4+D4

21. 假定 D3 单元格中保存的公式为 "=B3+C3"，若把它复制到 E4 单元格中，则 E4 单元格中保存的公式为＿＿＿＿＿。

　　A. =B3+C3　　　　　　B. =C3+D3　　　　　C. =B4+C4　　　　　D. =C4+D4

22. 假定 D3 单元格中保存的公式为 "=B\$3+C\$3"，若把它复制到 E4 单元格中，则 E4 单元格中保存的公式为＿＿＿＿＿。

　　A. =B\$3+C\$3　　　　　B. =C\$3+D\$3　　　　C. =B\$4+C\$4　　　D. =C\$4+D\$4

23. Excel 中，如果 B2 单元格中为 "一月"，那么向下拖动填充柄到 B4 单元格，则 B4 单元格中应为＿＿＿＿＿。

　　A. 一月　　　　　　　B. 二月　　　　　　C. 三月　　　　　　D. # REF

24. 可以使用按＿＿＿＿键的方式来同时选择几个不相邻的区域。

　　A.【Alt】　　　　　　B.【Shift】　　　　　C.【Ctrl】　　　　　D.【Tab】

25. 在 Excel 求一组数值中的最大值的函数为＿＿＿＿＿。

　　A. AVERAGE　　　　　B. MAX　　　　　　C. MIN　　　　　　D. SUM

26. 在 Excel 中求一组数值的平均值的函数为＿＿＿＿＿。

　　A. AVERAGE　　　　　B. MAX　　　　　　C. MIN　　　　　　D. SUM

27. 下列关于 Excel 的叙述中，正确的是_____。

    A. Excel 允许一个工作簿中包含多个工作表

    B. Excel 将工作簿的每一张工作表分别作为一个文件来保存

    C. Excel 的图表必须与生成该图表的有关数据处于同一张工作表中

    D. Excel 工作表的名称由文件名决定

28. 单击_____可以选取整个工作表。

    A. 表格左上角行列全选取按钮   B. 帮助按钮

    C. 保存按钮   D. 菜单栏的打开命令

29. 如果在排序时选错了字段，应使用_____命令来取消错误的操作。

    A. 单击工具栏中的撤消按钮   B. 替换

    C. 重复排序   D. 取消排序

30. Excel 图表是动态的，当在图表中修改了数据系列的值时，与图表相关的工作表中的数据_____。

    A. 出现错误值   B. 不变

    C. 自动修改   D. 用特殊颜色显示

31. 在工作表中插入行时，Excel_____。

    A. 覆盖插入点处的行   B. 将插入点处上方的行上移

    C. 将插入点处下方的各行顺序下移   D. 无法进行行的插入

32. 下面对生产作业控制的说法错误的是_____。

    A. 生产作业控制可防止可能发生的脱离计划的偏差

    B. 生产作业控制可保证在生产实施过程中有关产品数量、质量、进度按计划进行

    C. 生产作业控制能保证及时调整计划偏差，从而保证企业的经济利益

    D. 生产作业控制不保证原材料的供应

33. 设置单元格文本垂直方向排列的规范方法是_____。

    A. 通过调整列宽实现

    B. 通过【Enter】键实现

    C. 通过"对齐方式"→"方向"下拉列表设置

    D. 通过空格键实现

34. 在 Excel 的图表中，能反映出数据变化趋势的图表类型是_____。

    A. 柱形图   B. 折线图   C. 饼图   D. 雷达图

35. 在 Excel 的图表中，水平 x 轴通常用来作为_____。

    A. 排序轴   B. 分类轴   C. 数值轴   D. 时间轴

36. _____不是 Excel 2013 图表里的图表类型。

    A. 面积图   B. 条形图   C. 气泡图   D. 散点图

37. 下列对迷你图的描述不正确的是_____。

    A. 迷你图实际上是单元格背景中的一个微型图表

    B. 迷你图可显示数值系列中的趋势

    C. 迷你图实际上就是快速创建常用图表的工具

    D. 迷你图可突出显示最大值和最小值

38. 下列不属于迷你图类型的是_____。

    A. 饼图   B. 柱形图   C. 折线图   D. 盈亏图

39. 在 Excel 中，日期数据的数据类型属于_____。

    A. 数字型   B. 文字型   C. 逻辑型   D. 时间型

40. 在 Excel 的数据表中，通常把每一行称为一个_____。

    A. 记录   B. 字段   C. 属性   D. 关键字

41. 在 Excel 的数据表中，通常把每一列称为一个_____。

    A. 记录   B. 元组   C. 属性(字段)   D. 关键字

42. 在 Excel 中，按下【Delete】键将清除被选区域中所有单元格的_____。

    A. 内容   B. 格式   C. 批注   D. 所有信息

43. Excel 工作表中最小操作单元是_____。

    A. 单元格   B. 一行   C. 一列   D. 一张表

44. 在具有常规格式的单元格中输入数值后，其显示方式是_____。

    A. 左对齐   B. 右对齐   C. 居中   D. 随机

45. 在具有常规格式的单元格中输入文本后，其显示方式是_____。

    A. 左对齐   B. 右对齐   C. 居中   D. 随机

46. 如果想看到工作表中所有公式，可按_____键实现。

    A.【Ctrl】   B.【Ctrl+Shift】   C.【Ctrl+`】          D.【Shift+`】

47. Now 函数的参数是_____。

    A. 空   B. 当前时间日期   C. 当前时间   D. 当前日期

48. 公式 "=SUM（80,85,90,100）" 的计算结果是_____。

    A. 355   B. 100   C. 190   D. 80

49. 假如今天是 2016 年 1 月 1 日，公式 "=YEAR(NOW())" 的计算结果是_____。

    A. 1905   B. 2016   C. 2015   D. 2017

50. 若要向单元格输入分数 "1/10" 并显示，正确的输入方法是_____。

    A. 1/10   B. "1/10"   C. 空格 1/10   D. 0.1

二、多选题

1. 属于长期生产计划表的是_____。

    A. 工业产值和产量年度计划表   B. 各部门生产计划安排表

    C. 产销计划表   D. 产销计划拟定表

2. 属于短期生产计划表的是_____。

    A. 季度产销计划表   B. 月份生产计划表

    C. 周生产计划及实绩报告表   D. 日生产计划管理表

3. 生产计划的毛利，是根据已有某产品的_____计算出来的。

    A. 产值   B. 销售成本   C. 原材料成本   D. 人力成本

4. 在 Excel 中，下列哪些是运算符_____。

    A. 算术运算符   B. 逻辑运算符   C. 文本运算符   D. 比较运算符

5. 函数的参数可能有_____个。

    A. 0   B. 1   C. 2   D. 多个

6. 下列可以实现调整单列列宽的是_____。

    A. 按住【Ctrl】键拖动鼠标   B. 双击列标签右侧边界

    C. 当鼠标变成"十"字时，拖动鼠标   D. 按住【Shift】键拖动鼠标

7. 可实现添加批注的方法是_____。

    A. 选择"插入"→"批注"

    B. 选择"开始"→"单元格"→"格式"→"新建批注"

    C. 选择"审阅"→"批注"→"新建批注"对单元格添加批注

    D. 右击单元格或区域，在弹出的快捷菜单中选择"插入批注"

8. 下列元素属于图表元素的是_____。

    A. 图标标题   B. 图例   C. 样式   D. 趋势线

9. 对于函数 IF（logical_test,value_if_true,value_if_false）。下面叙述正确的是_____。

    A. logical_test 是用于计算结果为 TRUE 或 FALSE 的任意值或表达式

    B. logical_test 是用于计算结果为 TRUE 的任意值或表达式

    C. value_if_true 是在 logical_test 为 TRUE 时要返回的值

    D. value_if_false 是在 logical_test 为 FALSE 时要返回的值

10. 当多个运算符出现在 Excel 公式中时，由高到低运算的优先级顺序正确的是_____。

    A. %、^、乘除、加减、&、比较符   B. 空格、%、^、乘除、加减、&

    C. ^、乘除、加减、&、%、空格   D. ^、乘除、加减、&、空格、%

三、判断题

1. Excel 工作表日期的格式可以自定义。 （   ）

2. Excel 工作表只需设置外边框即可，内边框是系统预设的。 （   ）

3. 所有函数一定要有参数。 （   ）

4. Excel 2013 预设了 11 种图表布局和 16 种图表样式。 （   ）

5. 图表一旦创建，其类型不能更改。 （   ）

6. 用插入图表的方式创建的图表默认是以工作表对象插入到当前工作表。 （   ）

7. 用【F11】快捷键插入图表是以新工作表方式建立的。 （   ）

8. 产品信息表是记录产品品牌、型号、生产日期和技术特征的生产管理表格。 （   ）

9. Excel 2013 操作快捷方便，在打印图表的操作上选定图表区就是默认打印该图表。（   ）

10. 在移动和复制工作表时，源工作表要保留的话，一定要选中"建立副本"。 （   ）

11. 如果输入单元格中数据宽度大于单元格的宽度时，单元格将显示为"######"。（   ）

12. Excel 中的删除操作只是将单元格的内容删除，而单元格本身仍然存在。 （   ）

13. SUM（A1,A10）和 SUM（A1:A10）两函数的含义是一致的。 （   ）

14. Excel 中的单元格可用来存放文字、公式、函数及逻辑值等数据。 （   ）

15. 若工作表数据已建立图表，则修改工作表数据的同时也必须修改对应的图表。（   ）

四、简述题

1. 简述生产计划表对企业的重要性。

2. 简述 Excel 图表创建的过程。

第 3 章　Excel 在销售管理中的应用

一、单选题

1. 数字 1～10 也可用填充的方法来输入，具体操作为在 A1 单元格输入 1，然后按下_____键，同时向下拖动填充柄，一直到 A10 单元格后释放左键。

  A.【F1】   B.【Alt】   C.【Ctrl】   D.【Shift】

2. 正确地在 C1:F1 单元格区域中输入序列"第一季""第二季""第三季""第四季"的操作是_____。

  A. 在 C1 单元格输入"第一季"，然后向右拖动鼠标按钮，一直到 F1 单元格

  B. 在 C1 单元格输入"第一季"，右击"复制"，选中 D1:F1 单元格，右键"粘贴"

  C. 在 C1 单元格输入"第一季"，单击"复制"，选中 D1:F1 单元格，单击"粘贴"

  D. 在 C1 单元格输入"第一季"，然后向右拖动填充柄，一直到 F1 单元格

3. 在 A1:A5 单元格区域中有数值 32，12，50，45，8，现要在 B1:B5 单元格区域计算出其数值大小排名，正确操作是：在 B1 单元格中输入公式_____。

  A. =RANK(A1:A5,A1)，并将公式填充至 B5 单元格

  B. =RANK($A$1:A5,A1)，并将公式填充至 B5 单元格

  C. =RANK($A$1:$A$5,A1)，并将公式填充至 B5 单元格

  D. =RANK(A1:A5,$A$1)，并将公式填充至 B5 单元格

4. 在 C3 单元格中有公式 SUM（A3:B3），为清除公式中无意义的数字 0，可将 SUM 公式改写成：_____。

  A. =IF(SUM(A3:B3)=0,"", SUM(A3:B3))

  B. =IF(NOT (A3:B3)=0,"", SUM(A3:B3))

  C. =IF(AND(A3,B3)=0,"", SUM(A3:B3))

  D. =IF(OR(A3,B3)=0,"", SUM(A3:B3))

5. 单元格填充柄的形状是_____。

  A. 空心粗十字   B. 向四方的十字箭头

  C. 细黑十字   D. 向下方的箭头

6. Excel 边框线不可以是_____。

  A. 细实线   B. 粗实线   C. 对角直线   D. 圆弧曲线

7. Excel 排名次函数是_____。

  A. RAND   B. RAN   C. RMB   D. RANK

8. Excel 单元格要实现数据的选择性输入，可利用_____来实现。

  A. 数据视图   B. 数据验证   C. 数据库   D. 数据源

9. A2 单元格的值是字符串 B2，B2 单元格的值是数值 5，在 C2 单元格使用函数 "=5+INDIRECT(A2)"，该函数的结果值是_____。

    A. 5   B. 5+B2   C. #VALUE   D. 10

10. A 列为产品型号，B 列对应单价，公式 "=VLOOKUP("R111",A$1:B$7,2,0)" 表示的意思是_____。

    A. 在 A 列中查找与 "R111" 字符串相匹配的单元格，返回第 2 列的对应单价，0 表示模糊查找

    B. 在 A 列中查找与 "R111" 字符串相匹配的单元格，返回第 2 列的对应单价，0 表示精确查找

    C. 在 A 列中查找与 "R111" 字符串相匹配的单元格，单价保留 2 位小数，0 表示模糊查找

    D. 在 A 列中查找与 "R111" 字符串相匹配的单元格，单价保留 2 位小数，0 表示精确查找

11. INDIRECT(ref_text)函数的作用是_____。

    A. 返回由文本字符串指定的引用   B. 返回文本参数的所在的索引

    C. 返回文本参数的所在的地址   D. 返回文本字符串本身

12. 清除 C20:D20 单元中无意义的数字 0，选定 C20:D20 单元格区域，在数字格式的自定义设置中，正确的定义为_____。

    A. ¥#,##0;-¥#,##0.   B. ¥#,##0;-¥#,##0

    C. ¥#,##0;-¥#,##0!   D. ¥#,##0;-¥#,##0;

13. 工作表的保护，除了需要输入数据的没锁定的单元格外，表格其他区域将被保护起来，这样做不是为了_____。

    A. 能有效防止表中公式和其他信息被有意的删除。

    B. 能有效防止表中公式和其他信息被无意的修改。

    C. 能有效防止表中公式和其他信息被无意的移动。

    D. 能有效防止表中公式和其他信息被有意的复制。

14. 设 G4 单元格的值为 "2015/02/2"，E4 单元格的值为 "2015/02/15"，则公式 =DAYS(G4,E4)的值是_____。

    A. 12   B. 13   C. 15   D. 14

15. 数字按中文大写格式显示，其操作方法为：_____。

    A. 单击 "开始" → "格式" → "设置单元格格式" → "数字" 选项卡中 "特殊" → 在 "类型" 列表中选择 "中文大写数字" → "确定" 按钮

    B. 单击 "开始" → "格式" → "设置单元格格式" → "数字" 选项卡中 "特殊" → 在 "类型" 列表中选择 "中文/中国" → "确定" 按钮

    C. 单击 "开始" → "格式" → "设置单元格格式" → "数字" 选项卡中 "货币" → 在 "类型" 列表中选择 "中文/中国" → "确定" 按钮

    D. 单击 "开始" → "格式" → "设置单元格格式" → "数字" 选项卡中 "货币" → 在 "类型" 列表中选择 "中文大写数字" → "确定" 按钮

16. 人民币 "¥123 元" 的中文大写 "壹佰贰拾叁元整" 对应的自定义格式是_____。

    A. [DBNum2][$-803]G/通用格式"元整"

B. [DBNum2][$-804]G/通用格式"元整"

C. [DBNum1][$-803]G/通用格式"元整"

D. [DBNum1][$-804]G/通用格式"元整"

17. 已知 A1，B1，A2，B2 单元格分别存储数字 1，2，3，4，公式 "=SUMIF(A1:A2,">1",B1:B2)" 的结果是_____。

A. 1　　　　B. 2　　　　C. 3　　　　D. 4

18. 已知 A1，B1，A2，B2 单元格分别存储数字 1，2，3，4，公式 "=SUMIF(A1:A2,">0",B1:B2)" 的结果是_____。

A. 5　　　　B. 6　　　　C. 7　　　　D. 4

19. 已知 A1，B1，A2，B2 单元格分别存储数字 1，2，3，4，公式 "=SUMIF(A1:A2,">1")" 的结果是_____。

A. 1　　　　B. 2　　　　C. 3　　　　D. 4

20. 已知 A1，B1，A2，B2 单元格分别存储数字 1，2，3，4，公式 "=SUMIF(A1:A2,">0")" 的结果是_____。

A. 1　　　　B. 2　　　　C. 3　　　　D. 4

21. 已知 A1，B1，A2，B2 单元格分别存储数字 1，2，3，4，公式 "=SUMIF(A1:A2,"<"&B1)" 的结果是_____。

A. 1　　　　B. 2　　　　C. 3　　　　D. 4

22. 已知 A1，B1，A2，B2 单元格分别存储数字 1，2，3，4，公式 "=SUMIF(A1:A2,"<"&B1,B1:B2)" 的结果是_____。

A. 1　　　　B. 2　　　　C. 3　　　　D. 4

23. SUMIFS 函数的参数列表中，第一个参数区域表示的是_____。

A. 关联条件的第一个区域　　　　B. 条件区域

C. 求和区域　　　　D. 关联条件

24. DSUM 函数的参数列表中，第一个参数区域表示的是_____。

A. 列标题　　　　B. 数据库所在单元格区域

C. 条件区　　　　D. 字段名区

25. 数据库函数中的第三个参数，表示的是_____。

A. 列标题　　　　B. 数据库所在单元格区域

C. 条件区　　　　D. 字段名区

26. 公式 "=SUMPRODUCT({1,2})" 的结果是_____。

A. 1　　　　B. 2　　　　C. 3　　　　D. 0

27. 公式 "=SUMPRODUCT({1,2},{1,2})" 的结果是_____。

A. 3　　　　B. 4　　　　C. 5　　　　D. 6

28. 公式 "=SUMPRODUCT({1,33},{1,66},{1,0})" 的结果是_____。

A. 1　　　　B. 100　　　　C. 101　　　　D. 2179

29. 公式 "=SUMPRODUCT({1,2,3},{1,2,3})" 的结果是_____。

A. 36　　　　B. 13　　　　C. 30　　　　D. 14

30. Excel 对于数组公式，需同时按下_____组合键来产生结果。

A.【Ctrl+Alt+Shift】　　　　B.【Ctrl+Shift+Enter】

C. 【Ctrl+Shift+Space】　　　　　　　　D. 【Ctrl+Alt+Enter】

31. 对于分类汇总, 下面的叙述是错误的_____。
    A. 分类汇总前必须按关键字段排序数据库
    B. 汇总方式只能是求和
    C. 一次汇总的关键字段只能是一个字段
    D. 分类汇总的结果可以被删除

32. 多重分类汇总是指_____。
    A. 对同一分类汇总级上进行多重的汇总运算
    B. 对不同的分类汇总级上进行多重的汇总运算
    C. 在一个已经按某一个关键字建立好分类汇总的汇总表中, 再按照另一个关键字进行下一级分类汇总
    D. 在一个已经按某一个关键字建立好分类汇总的汇总表中, 再按照第二个关键字进行下一级分类汇总

33. 嵌套分类汇总是指_____。
    A. 对同一分类汇总级上进行多重的汇总运算
    B. 对不同的分类汇总级上进行多重的汇总运算
    C. 在一个已经按某一个关键字建立好分类汇总的汇总表中, 再按照另一个关键字进行下一级分类汇总
    D. 在一个已经按某一个关键字建立好分类汇总的汇总表中, 再按照第二个关键字进行下一级分类汇总

34. 嵌套分类汇总前要对每次分类汇总的关键字进行排序, 正确的描述是: _____。
    A. 如第一级汇总关键字按升序排列, 则第二级汇总关键字也必须按升序排列, 余下相同
    B. 如第一级汇总关键字按降序排列, 则第二级汇总关键字也必须按降序排列, 余下相同
    C. 第一级汇总关键字不一定是第一排序关键字, 第二级汇总关键字也不一定是第二排序关键字, 余下类推
    D. 第一级汇总关键字是第一排序关键字, 第二级汇总关键字是第二排序关键字, 余下类推

35. 关于筛选, 正确的叙述是_____。
    A. 高级筛选能完成复杂的条件筛选, 并能将筛选的结果复制到其他位置
    B. 自动筛选和高级筛选都能将筛选的结果复制到其他位置
    C. 自动筛选的条件只能有一个, 高级筛选的条件可以是多个
    D. 不同字段之间的条件有"与"关系, 就必须使用高级筛选

36. 高级筛选中, 用一个简单的比较运算符(=、<、<=、>、>=、<>)表示的条件叫_____。
    A. 计算条件　　　B. 比较条件　　　　　　C. 连接条件　　　　　D. 逻辑条件

37. 高级筛选中, 如果是用数据库的字段(一个或几个)根据条件计算出来的值进行比较, 其条件名不能与数据库的任何字段名相同的条件叫_____。
    A. 计算条件　　　B. 比较条件　　　　　　C. 连接条件　　　　　D. 逻辑条件

38. 已知 A1:A4 单元格分别存储数字 1, 2, 3, 4, 公式 "=SUBTOTAL(9,A1:A4)" 的结

果是_____。

    A. 1   B. 2.5   C. 4   D. 10

39. 已知 A1:A4 单元格分别存储数字 1，2，3，4，公式 "=SUBTOTAL(4,A1:A4)" 的结果是_____。

    A. 1   B. 2.5   C. 4   D. 10

40. 已知 A1:A4 单元格分别存储数字 1，2，3，4，公式 "=SUBTOTAL(1,A1:A4)" 的结果是_____。

    A. 1   B. 2.5   C. 4   D. 10

41. 已知 A1:A4 单元格分别存储数字 1，2，3，4，公式 "=SUBTOTAL(5,A1:A4)" 的结果是_____。

    A. 1   B. 2.5   C. 4   D. 10

42. 已知 A1:A4 单元格分别存储数字 1，2，3，4，公式 "=SUBTOTAL(6,A1:A4)" 的结果是_____。

    A. 1   B. 24   C. 4   D. 10

43. 对于 Excel 按位置进行的 "合并计算"，下面叙述正确的是_____。

    A. 适合于多张待合并的表格的行标题和列标题的名字、顺序和位置的顺序不同的情形

    B. 适合于多张待合并的表格的行标题和列标题的名字、顺序和位置完全相同的情形

    C. 适合于多张待合并的表格的行标题和列标题的名字不相同，但位置完全相同的情形

    D. 适合于多张待合并的表格的行标题和列标题的名字不相同，且位置的顺序不同的情形

44. 对于 Excel 按分类进行的 "合并计算"，下面叙述不正确的是_____。

    A. 适合于多张待合并的表格的行标题和列标题的名字、顺序相同，位置的顺序不同的情形

    B. 适合于多张待合并的表格的行标题和列标题的名字、顺序和位置完全相同的情形

    C. 适合于多张待合并的表格的行标题和列标题的名字相同，且位置的顺序不同的情形

    D. 不适合于多张待合并的表格的行标题和列标题的名字相同，且位置的顺序不同的情形

45. 下列的三维引用格式中正确的是_____。

    A. (book1.xls)Sheet1!A2   B. (book1.xls Sheet1)!A2

    C. '[book1.xls]Sheet1'!A2   D. '(book1.xls)Sheet1'!A2

46. 下列关于 Excel "数据透视表" 描述正确的是_____。

    A. 数据透视表建成后各字段只能添加和删除，不能移动

    B. 数据透视表建成后汇总方式将不能改变

    C. 数据透视表建成后汇总数据可以隐藏，但隐藏后不能再显示

    D. 源数据发生改变，其生成的数据透视表中数据将不会自动改变

47. 对数据表进行的嵌套分类汇总_____。

    A. 是不可能进行的汇总运算

    B. 是在 "分类汇总" 对话框中，同时指定多个 "分类字段"

    C. 需要重复进行分类汇总操作，并勾选 "替换当前分类汇总"

    D. 需要重复进行分类汇总操作，并取消勾选 "替换当前分类汇总"

48. 高级筛选的计算条件中_____。

　　A. 条件名可以是数据库的字段名　　　　B. 条件名必须是数据库的字段名

　　C. 条件名不能是数据库的字段名　　　　D. 条件名可以是也可以不是数据库的字段名

49. 下列对 Excel 的"数据透视表"，不正确的叙述是_____。

　　A. "数据透视表"是显能快速汇总、分析大量数据的动态交叉列表

　　B. 可以按照数据表的不同字段从多个不同角度进行透视

　　C. "数据透视表"是交叉表格，可以查看数据表不同层面的汇总信息和分析结果

　　D. 在建"数据透视表"之前不一定要有数据源

50. 下列对 Excel 的"数据透视表"，不正确的叙述是_____。

　　A. "数据透视表"是一种交互式的工作表格

　　B. 具有的透视功能可以对工作表数据进行重新组合

　　C. 数据透视表，不具备计数、分类汇总、排序的功能

　　D. 使用数据透视表，可以快速生成透视图

51. 在 Excel "数据透视表"字段布局中，不正确的操作是_____。

　　A. 行、列字段互换　　　　　　　　　　B. 生成透视图

　　C. 删除字段　　　　　　　　　　　　　D. 添加字段

52. Excel "数据透视表"的汇总方式不包括_____。

　　A. 求和　　　　　　B. 计数　　　　　　C. 乘积　　　　　　D. 相除

53. 对 Excel "数据透视表"的筛选操作，包括_____。

　　A. 值字段　　　　　B. 行字段　　　　　C. 列字段　　　　　D. 页字段

54. 复制"数据透视表"的内容，下列描述不正确的是_____。

　　A. 复制"数据透视表"的数据，可以部分内容的复制操作

　　B. 可以复制整体"数据透视表"

　　C. 部分内容的复制结果不再是"数据透视表"，只能是普通的数据表

　　D. 部分内容的复制结果仍是一个"数据透视表"

55. 移动"数据透视表"的位置，下列描述不正确的是_____。

　　A. 可以整体移动"数据透视表"

　　B. 不能部分移动"数据透视表"

　　C. 可以部分移动"数据透视表"

　　D. 可以在不同工作表间整体移动"数据透视表"

56. 关于"数据透视表"，下列描述不正确的是_____。

　　A. 可以整体移动"数据透视表"

　　B. 可以整体删除"数据透视表"

　　C. 可以部分删除"数据透视表"

　　D. 不可以部分移动"数据透视表"

57. Excel 2013 提供_____种预设好的样式供选择使用。

　　A. 7　　　　　　　B. 85　　　　　　　C. 28　　　　　　　D. 56

58. 关于"数据透视表"，下列描述不正确的是_____。

　　A. 数据透视表的数据会自动更新

　　B. 用户可以自己定义数据字段

C. 用户可以自己定义数据项

D. 数据透视表可以进行排序

59. 关于"数据透视图"，下列描述不正确的是_____。

    A. 是一个动态图   B. 可由数据透视表来创建

    C. 可直接根据数据表来创建   D. 不可直接根据数据表来创建

60. Excel 的预测方法，下列描述不正确的是_____。

    A. 定量预测法是在有充分的数据基础上，运用数学方法，对市场未来的发展趋势
       进行估计和推测

    B. 时间序列预测法是一种定量预测法

    C. 市场定性预测是依靠预测者的知识、经验和对各种数据的综合分析，来预测市
       场未来的变化趋势

    D. 定性预测有德尔菲法、图表趋势预测法

61. 图表趋势预测法不包括_____。

    A. 线性趋势线   B. 均方差趋势线   C. 指数趋势线   D. 多项式趋势线

62. 下列不是采用时间序列预测法的是_____。

    A. 德尔菲法   B. 移动平均法

    C. "移动平均"分析工具   D. 存在季节波动商品的市场预测

63. R^2 是预测公式的拟合程度，下列的描述正确的是_____。

    A. R^2 越接近 0，说明拟合程度越好

    B. R^2 越接近 1，说明拟合程度越好

    C. R^2 越小越好，说明拟合程度越好

    D. R^2 越大越好，说明拟合程度越好

64. 关于时间序列预测法中的移动平均法，下列描述错误的是_____。

    A. 是利用最近几期数据的简单平均值来预测下一期的情况

    B. 移动平均法可以分一次移动平均法和二次移动平均法

    C. N 值太小则能消除其他因素的影响

    D. 期数 N 取值越大，趋势线就越平坦

65. 季节波动商品的市场预测，下列的描述错误的是_____。

    A. 由于季节的变化，某些产品在一年内的销售数量会产生一些规律性的变化

    B. 季节比率（也称为季节指数）是用来反映季节变动的程度

    C. 季节比率高的季度说明商品销售的旺盛，称为"旺季"

    D. 季节比率低的季度说明商品销售的旺盛，称为"旺季"

66. 德尔菲法中，不使用下列哪种方法_____。

    A. 多项式预测   B. 平均值预测   C. 加权平均法预测   D. 中位数预测

67. 对德尔菲法的描述，下列错误的是_____。

    A. 是一种常用的定性预测方法

    B. 是一种常用的定量预测方法

    C. 德尔菲法也称专家函数调查法

    D. 将要预测问题和必需的背景材料，分发给不同专家，请专家进行分析并发表意见

68. 对营销决策的描述，下列错误的是_____。

    A. 产品定价是市场营销中的一个重要问题，销售利润是一个重要目标

    B. 定价过高，单位产品的销售利润相应的增加，但销售量可能减少，从而影响了产品的总体销售利润

    C. 定价过低，销售量可能大幅地提高，但单位产品的利润很小，也会影响到总体销售利润

    D. 产品定价与市场营销没有任何关系

69. 在"高级筛选"中，指定条件_____。

    A. 在对话框中创建

    B. 在字段单元格下拉列表中完成

    C. 在数据库范围以外，新建的条件区域中完成

    D. 通过在数据库中追加记录完成

70. 跟产品销售利润无关的因素是_____。

    A. 销售价格　　　　　B. 市场占有率　　　　　C. 全年固定成本　　　D. 年产量

71. 数据库中包含有"年龄""性别"字段，要筛选出年龄大于34岁的男性人员的记录_____。

    A. 运用"自动筛选"需要两次完成，运用"高级筛选"可以一次完成

    B. 运用"自动筛选"需要一次完成，运用"高级筛选"可以两次完成

    C. 运用"自动筛选"或"高级筛选"均可以一次完成

    D. 无法运用"自动筛选"完成，只能运用"高级筛选"完成

72. 数据库中包含有"年龄""性别"字段，要筛选出年龄大于 34 岁或男性人员的记录_____。

    A. 运用"自动筛选"需要两次完成，运用"高级筛选"可以一次完成

    B. 运用"自动筛选"需要一次完成，运用"高级筛选"可以两次完成

    C. 运用"自动筛选"或"高级筛选"均可以一次完成

    D. 无法运用"自动筛选"完成，只能运用"高级筛选"完成

73. 在数据库中有"年龄"字段，要挑选年龄大于 30 岁的人员记录，不能使用_____。

    A. 自动筛选　　　　B. 高级筛选　　　　　　C. 排序　　　　D. 记录单对话框

74. 关于"筛选"，叙述错误的是_____。

    A. "筛选"是按照一定条件挑选记录的

    B. 未被筛选的记录将被删除

    C. 筛选出来的记录可以显示在原来位置，也可以显示在表中的其他位置

    D. 筛选的关键是按照正确的格式指定条件

75. 公式 "=SUM("10",5,TRUE,FALSE)" 的结果是_____。

    A. 5　　　　　　　B. 15　　　　　　　　C. 16　　　　　　D. 6

76. 取消所有分类汇总的操作是_____。

    A. 按【Delete】键

    B. 右击弹出快捷菜单，选择"剪切"命令

    C. 单击"文件"→"关闭"

    D. 在"分类汇总"对话框中单击"全部删除"按钮

77. 数据库函数中参数使用正确的位置顺序是_____。
    A. 数据库区域，字段名，条件区域　　　B. 数据库区域，条件区域，字段名
    C. 字段名，条件区域，数据库区域　　　D. 条件区域，字段名，数据库区域
78. 在 D1:D2 单元格的值是 10，#VALUE!，则公式"=SUM(D1:D2)"的结果是_____。
    A. 10　　　　　B. 11　　　　　C. 0　　　　　D. #VALUE!
79. 在 D1:D2 单元格的值是 10，#VALUE!，则数组公式"{=SUM(IF(ISERROR(D1:D2),0,D1:D2))}"的结果是_____。
    A. 10　　　　　B. 11　　　　　C. 0　　　　　D. #VALUE!
80. 在 D1:D2 区域的值是 10、20，则公式"=SUM(IF(ISERROR(D1),0,D1:D2))"的结果是_____。
    A. #VALUE!　　　B. 20　　　　　C. 30　　　　　D. 10
81. 如果 Excel 某单元格显示为"#DIV/0!"，这表示_____。
    A. 公式错误　　　B. 格式错误　　　C. 单元格引用错误　D. 列宽不够
82. 如果 Excel 某单元格显示为"#REF!"，这表示_____。
    A. 行宽不够　　　　　　　　　　　B. 格式错误
    C. 公式中单元格引用错误　　　　　D. 列宽不够
83. 如果 A1:A4 单元格区域的值分别是 1，2，5，6，则公式"=RANK(3,A1:A4)"的结果是_____。
    A. 1　　　　　B. 2　　　　　C. 3　　　　　D. #N/A
84. 如果 A1:A4 单元格区域的值分别是 1，2，5，6，则公式"=RANK(5,A1:A4)"的结果是_____。
    A. 1　　　　　B. 2　　　　　C. 3　　　　　D. #N/A
85. 公式"=IF(D9="","",E9*F9)"的正确解释是_____。
    A. D9 单元格的值为空，计算 E9*F9 的值
    B. D9 单元格的值为非空，计算 E9*F9 的值
    C. D9 单元格的值为空，则结果是空格
    D. D9 单元格的值为非空，则结果是空格
86. 设置对单元格的保护和对工作表的保护这两个措施_____。
    A. 相当于两道锁，比单独一个措施更安全
    B. 必须结合在一起使用才有用
    C. 一个灵活，另一个全面，由用户自行决定采用哪一个
    D. 必须再与"工作簿的保护措施"结合在一起使用
87. 下列序列中，不能直接利用自动填充快速输入的是_____。
    A. Jan、Feb、Mar　　　　　　　B. Mon、Tue、Wed
    C. 第一名、第二名、第三名　　　D. 子、丑、寅
88. Excel 的图表，当数据区域的数据发生变化时_____。
    A. 图表保持不变　　　　　　　　B. 图表将自动相应改变
    C. 需要刷新，图表才会改变　　　D. 图表会发生错误
89. 能够实现删除数据透视表操作的是_____。
    A. 全选数据透视表，按【Ctrl+X】组合键
    B. 全选数据透视表，单击"分析"选项卡→"操作"命令组→"清除"下拉按钮

"全部清除"命令，将不会剩下一个空的框架，完全删除

  C. 全选数据透视表，然后按【Backspace】键

  D. 全选数据透视表，然后按【Delete】键

90. 清除单元格的内容后＿＿＿＿＿＿。

  A. 单元格的格式、边框、批注都不被清除 B. 单元格的格式也被清除

  C. 单元格的边框也被清除 D. 单元格的批注也被清除

二、多选题

1. 正确添加单元格外边框线为粗线的操作是＿＿＿＿＿＿。

  A. 单击"开始"→"边框"下拉按钮→"其他边框"命令，先选"粗线"样式，
   再单击"外边框"

  B. 单击"开始"→"边框"下拉按钮→"其他边框"命令，先单击"外边框"，再
   选"粗线"样式

  C. 单击"开始"→"边框"下拉按钮→"外侧框线"命令

  D. 单击"开始"→"边框"下拉按钮→"粗匣框线"命令

2. 销售统计表是一种常用的销售数据统计表格，它将＿＿＿＿＿＿完成的销售额进行统计。

  A. 按月   B. 按季度   C. 按天   D. 按产品类别

3. 对商品订货单叙述正确的是＿＿＿＿＿＿。

  A. 是买卖双方签订的商品交易意向而达成的一种依据或凭证

  B. 企业销售业务中用它记录客户方相关的数据信息

  C. 包括客户基本通信资料、购买商品的名称、型号、数量、单价、金额等详细的
   交易数据

  D. 是企业销售工作中用于对外进行产品宣传、促进产品销售的一种手段

4. 企业销售部门的销售费用支出包括＿＿＿＿＿＿。

  A. 差旅费   B. 交通费   C. 办公费   D. 接待费

5. 销售数据进行数据汇总，包括＿＿＿＿＿＿。

  A. 有条件汇总 B. 特定情形汇总 C. 分类汇总 D. 多表汇总

6. 销售数据进行分类汇总的操作，包括＿＿＿＿＿＿。

  A. 单层分类汇总的操作   B. 多重分类汇总的操作

  C. 嵌套分类汇总的操作   D. 重叠分类汇总的操作

7. 多重分类汇总操作的叙述中，正确的是＿＿＿＿＿＿。

  A. 是指对多个汇总关键字段进行的分类汇总

  B. 是对同一分类汇总级上可以进行多重的汇总运算

  C. 要在同一汇总表中显示两个以上的汇总结果时，只需对同一数据表进行两次以
   上不同的汇总运算

  D. 是对同一分类汇总级上进行两次以上的汇总运算

8. 嵌套分类汇总操作的叙述中，正确的是＿＿＿＿＿＿。

  A. 是指在一个已经按某一个关键字建立好分类汇总的汇总表中，再按照另一个关
   键字进行下一级分类汇总。

  B. 建立嵌套分类汇总前要对每次分类汇总的关键字进行排序。第一级汇总关键字

是第一排序关键字，第二级汇总关键字是第二排序关键字，余下类推

    C. 嵌套分类汇总时，有几层嵌套汇总就需要进行几次分类汇总操作，第二次汇总在第一次的结果上操作，第三次汇总在第二次的结果上操作，余下类推

    D. 是对同一分类汇总上进行两次以上的汇总运算，其分类关键字只有一个

9. 关于数据筛选，下列说法正确的是_____。

    A. 自动筛选比高级筛选的筛选能力强　　B. 高级筛选比自动筛选的筛选能力强

    C. 自动筛选是一种简单的条件筛选　　　D. 高级筛选是一种复杂的条件筛选

10. 关于高级数据筛选，下列叙述正确的是_____。

    A. 高级筛选要建立正确的筛选条件

    B. 高级筛选的筛选条件有比较条件、计算条件两种方式

    C. 高级筛选的筛选条件只能是计算条件方式

    D. 计算条件公式的结果，总是逻辑值 TRUE 或 FALSE

11. 关于"合并计算"，下列叙述正确的是_____。

    A. "合并计算"中函数运算只能是求和

    B. 有按分类进行的"合并计算"

    C. 有按位置进行的"合并计算"

    D. "合并计算"中函数运算可以是求和、计数、求平均值等

12. 数据透视表调整相关字段的布局操作，包括_____。

    A. 行、列字段互换　　　　　　　　　　B. 添加/删除字段

    C. 移动数据项　　　　　　　　　　　　D. 排序

13. 通过数据透视表能完成的功能有_____。

    A. 分类汇总　　B. 数据排序　　　　C. 数据筛选　　　D. 数据透视图

14. 市场预测分析的方法有_____。

    A. 图表趋势预测法　　　　　　　　　　B. 时间序列预测法

    C. 德尔菲法　　　　　　　　　　　　　D. 马尔克夫法

15. 产品的销售利润由下列_____因素决定。

    A. 销售价格和年产量　　　　　　　　　B. 单位变动成本

    C. 销售季节　　　　　　　　　　　　　D. 全年固定成本

三、判断题

1. Excel 可方便地对销售过程中产生的大量数据进行统计、分析和预测，为企业管理者提供决策依据。　　　　　　　　　　　　　　　　　　　　　　　　　　　（　）

2. 清除无意义的数字 0，可通过单元格的格式设置，用数字"自定义"格式来取消显示。　　　　　　　　　　　　　　　　　　　　　　　　　　　　　　　　　（　）

3. 边框设置的正确操作是先设置边框线，再选边框样式线和颜色。　　　　　　（　）

4. 实现单元格有选择的输入数据，可以通过数据有效性检查（数据验证）来完成。　（　）

5. 公式 "=IF(SUM(D5:D11)=0,"",SUM(D5:D11))" 的含义是公式单元格只显示非 0 的 SUM 函数的计算结果。　　　　　　　　　　　　　　　　　　　　　　　　　　　（　）

6. 产品目录清单专门用于产品的销售数据统计。　　　　　　　　　　　　　　（　）

7. 销售数据汇总只能通过使用分类汇总、透视表汇总来实现。　　　　　　　　（　）

8. 函数 SUMIF、SUMIFS、DSUM 都可实现带条件的汇总。 （ ）

9. SUMPRODUCT 函数只能实现数组间对应元素相乘，返回乘积之和，不可以用它来进行多条件的计数和求和。 （ ）

10. 对含有错误值区域的数据汇总，为忽略掉错误值，应使用 ISERROR 函数。 （ ）

11. 若要在同一汇总表中显示两个以上的汇总结果时，只需对同一数据表进行两次以上不同的汇总运算。 （ ）

12. 高级筛选的条件计算，其条件名必须是数据表中的字段名。 （ ）

13. Excel 提供的多表"合并计算"，可以将多张格式完全不同的数据表进行数据汇总。 （ ）

14. 数据透视表是一种动态的分类汇总方式。 （ ）

15. 数据透视表可以实现分类汇总，但无筛选和数据排序功能。 （ ）

16. Excel "方案管理器"工具可以方便地在多种方案中对比、分析和选择优秀方案。 （ ）

四、简述题

1. 简述建立销售数据透视分析的过程。

2. 简述新产品上市定价策略。

第 ④ 章　Excel 在人力资源管理中的应用

一、单选题

1. 插入某个"形状"图形后，按下_____功能键实现该图形的重复产生（按1次产生1个）。

  A.【F4】   B.【F5】   C.【F3】   D.【F6】

2. 取消工作表背景的网格线显示，可以实现的操作是_____。

  A. 单击"视图"→"显示"组→"标尺"复选框，取消选中"标尺"复选框

  B. 单击"视图"→"显示"组→"网格线"复选框，取消选中"网格线"复选框

  C. 单击"视图"→"显示"组→"编辑栏"复选框，取消选中"编辑栏"复选框

  D. 单击"视图"→"显示"组→"标题"复选框，取消选中"标题"复选框

3. 能够实现插入艺术字的操作是_____。

  A. 单击"插入"→"符号"组→"公式"命令，在下拉列表中选择"艺术字"样式

  B. 单击"插入"→"文本"组→"签名行"命令，在下拉列表中选择"艺术字"样式

  C. 单击"插入"→"文本"组→"艺术字"命令，在下拉列表中选择"艺术字"样式

  D. 单击"插入"→"文本"组→"对象"命令，在下拉列表中选择"艺术字"样式

4. 能够设置行高的命令是_____。

  A. 单击"开始"→"单元格"组→"格式"下拉菜单→"列宽"命令

  B. 单击"开始"→"单元格"组→"插入"下拉菜单→"行高"命令

  C. 单击"开始"→"单元格"组→"插入"下拉菜单→"列宽"命令

  D. 单击"开始"→"单元格"组→"格式"下拉菜单→"行高"命令

5. 能够设置列宽的命令是_____。

  A. 单击"开始"→"单元格"组→"格式"下拉菜单→"列宽"命令

  B. 单击"开始"→"单元格"组→"插入"下拉菜单→"行高"命令

  C. 单击"开始"→"单元格"组→"插入"下拉菜单→"列宽"命令

  D. 单击"开始"→"单元格"组→"格式"下拉菜单→"行高"命令

6. 在同一单元格中输入多行文字，可以按下_____组合键进行换行操作。

  A.【Shift+Enter】   B.【Alt+Enter】

  C.【Ctrl+Enter】   D.【Ctrl+Alt+Enter】

7. 在制作面试通知单文档时，可以先制作一个 Word 文档，然后将 Excel 文档或其他数据源文件中对应的信息插入到该 Word 文档对应的位置处，即可生成对应每位应聘者具体的面试通知单。这样制作 Word 文档的过程称为_____。

  A. 文档合并 B. 插入文档 C. 邮件合并   D. 文档转换

8. 在 Word 文档邮件合并中，把提供数据的文件称为_____。

    A. 主文档　　　　B. 数据表格　　　　C. 数据库　　　　D. 数据源文件

9. 在 Word 文档邮件合并中，把提供每个合并文档文字内容不变的文件称为_____。

    A. 主文档　　　　B. 数据表格　　　　C. 数据库　　　　D. 数据源文件

10. 在主文档的适当位置插入数据源文件的某个字段称为_____。

    A. 插入字段　　　B. 插入合并域　　　C. 插入数据源　　　D. 插入日期域

11. 在 Word 邮件合并中，打开数据源文档后，能够实现插入合并域的操作是_____。

    A. 将光标定位在要插入域的位置，单击"邮件"→"完成"组→"插入合并域"
命令，在弹出的字段名列表中选择要插入的字段

    B. 将光标定位在要插入域的位置，单击"邮件"→"创建"组→"插入合并域"
命令，在弹出的字段名列表中选择要插入的字段

    C. 将光标定位在要插入域的位置，单击"邮件"→"编写和插入域"组→"插入
合并域"命令，在弹出的字段名列表中选择要插入的字段

    D. 将光标定位在要插入域的位置，单击"邮件"→"开始邮件合并"组→"插入
合并域"命令，在弹出的字段名列表中选择要插入的字段

12. 将邮件合并后的文档直接发送电子邮件到应聘者的电子信箱，需要借助软件_____。

    A. Microsoft Office Publisher　　　　B. Microsoft Office Access

    C. Microsoft Office Visio　　　　D. Microsoft Office Outlook

13. Outlook 要借助_____才可以收发电子邮件。

    A. 一个互联网邮箱　　　　B. 国家邮政总局

    C. 云计算平台　　　　D. Web 服务器

14. Outlook 借助的邮箱需要协议_____支持。

    A. HTTP/FTP　　　B. POP3/STMP/IMAP　　　C. TCP/IP　　　D. TELNET

15. 在 Outlook 程序中添加收发邮件邮箱的操作命令是_____。

    A. 启动 Outlook 2013 程序，单击"文件"→"信息"→"设置账户"命令

    B. 启动 Outlook 2013 程序，单击"文件"→"选项"→"设置账户"命令

    C. 启动 Outlook 2013 程序，单击"文件"→"信息"→"添加账户"命令

    D. 启动 Outlook 2013 程序，单击"文件"→"选项"→"添加账户"命令

16. 如果 Outlook 程序与添加邮箱连接设置成功，就会向连接邮箱发送一封_____。

    A. 注意事项　　　B. 安全警告　　　C. 感谢信　　　D. 测试邮件

17. 公式 "=RIGHT("中国农业银行",2)" 的结果是_____。

    A. 银行　　　　B. 中国　　　　C. 农业　　　　D. 中农

18. 公式 "=LEFT("中国农业银行",2)" 的结果是_____。

    A. 银行　　　　B. 中国　　　　C. 农业　　　　D. 中农

19. 公式 "=LEFT(RIGHT("中国农业银行",4),2)" 的结果是_____。

    A. 银行　　　　B. 中国　　　　C. 农业　　　　D. 中农

20. 公式 "=RIGHT(LEFT("中国农业银行",4),2)" 的结果是_____。

    A. 银行　　　　B. 中国　　　　C. 中农　　　　D. 农业

21. 公式 "=INT(123.12)" 的结果是_____。

    A. 123　　　　B. -124　　　　C. 124　　　　D. -123

22. 公式 "=INT(-123.12)" 的结果是_____。
   A. 123   B. -124   C. 124   D. -123

23. 公式 "=ROUND(1234.2345,2)" 的结果是_____。
   A. 1200   B. 1234.2   C. 1234.23   D. 1234.235

24. 公式 "=ROUND(1234.2345,3)" 的结果是_____。
   A. 1200   B. 1234.2   C. 1234.23   D. 1234.235

25. 公式 "=ROUND(1234.2345,-2)" 的结果是_____。
   A. 1200   B. 1234.2   C. 1234.23   D. 1234.235

26. 公式 "=ROUNDUP(1234.2345,2)" 的结果是_____。
   A. 1200   B. 1234.24   C. 1234.23   D. 1234.235

27. 公式 "=ROUNDUP(1234.2345,3)" 的结果是_____。
   A. 1200   B. 1234.2   C. 1234.235   D. 1234.23

28. 公式 "=ROUNDUP(1234.2345,-2)" 的结果是_____。
   A. 1234.25   B. 1234.23   C. 1200   D. 1300

29 至 35 题会用到某工作表单元格区域 A1:D3 中的如下数据：

A	B	C	D
1	5	9	13
2	6	10	14
3	7	11	15

29. 公式 "=VLOOKUP(3.5,$A$1:$D$3,3)" 的结果是_____。
   A. 11   B. 12   C. 13   D. 14

30. 公式 "=VLOOKUP(3.5,$A$1:$D$3,3,0)" 的结果是_____。
   A. 11   B. #N/A   C. 13   D. 14

31. 公式 "=HLOOKUP(5.5,$B$1:$D$3,3)" 的结果是_____。
   A. 11   B. 12   C. 7   D. #N/A

32. 公式 "=HLOOKUP(5.5,$A$1:$D$3,3,0)" 的结果是_____。
   A. 11   B. 12   C. 7   D. #N/A

33 公式 "=LOOKUP(9.5,C1:C3,D1:D3)" 的结果是_____。
   A. 13   B. 7   C. #N/A   D. 15

34. 公式 "=LOOKUP(5.5,A1:D1,A3:D3)" 的结果是_____。
   A. 13   B. 7   C. #N/A   D. 15

35. 公式 "=LOOKUP(5.5,C1:C3,D1:D3)" 的结果是_____。
   A. 13   B. 7   C. #N/A   D. 15

36. 公式 "=MID("450102200012185001",7,4)" 的结果是_____。
   A. 1022   B. 0121   C. 4501   D. 2000

37. 公式 "=LEN("450102200012185001")" 的结果是_____。
   A. 18   B. 17   C. 16   D. 15

38. 要想使建立的单元格区域名称在工作簿文档的所有工作表中发挥作用，在"新建名称"对话框的"范围"下拉列表中应该选择_____。
   A. 当前工作表   B. 工作簿   C. Sheet1   D. Sheet2

39. 2011 年 9 月 1 日起实施的个税法中，个税的起征点是_____。

    A. 2000   B. 2500   C. 3500   D. 3000

40. 公式 "=DATEDIF("2011/1/1","2013/2/1","Y")" 的结果是_____。

    A. 762   B. 25   C. 18   D. 2

41. 公式 "=DATEDIF("2011/1/1","2013/2/1","D")" 的结果是_____。

    A. 762   B. 25   C. 18   D. 2

42. 公式 "=DATEDIF("2011/1/1","2013/2/1","M")" 的结果是_____。

    A. 762   B. 25   C. 18   D. 2

43. 已知 D3:D20 单元格区域存放的是某单位员工出生日期的数据，要在 E3:E20 单元格区域计算员工年龄（周岁）数据，用下面_____方法最快捷。

    A. 求出每一个人的出生年份，用 2015 减去出生年份

    B. 让每个员工一年申报一次

    C. 选中 E3:E20 单元格区域，输入公式 "=DATEDIF(D3:D20,TODAY(),"Y")"，同时按【Ctrl+Shift+Enter】组合键，公式变为 "{=DATEDIF(D3:D20,TODAY(),"Y")}"

    D. =Birthday(D3:D20,TODAY(),"Y")

44. 公式 "=SUM(E:E)" 的含义是计算_____。

    A. A 列到 E 列之和   B. #NAME?

    C. E1:E10 单元格区域之和   D. E 列中的数据之和

45. 公式 "=SUM(8:8)" 的含义是计算_____。

    A. 第 8 行中的数据之和   B. A8:D8

    C. #NAME?   D. H 列数据之和

46. 在人事数据表数据输入的过程中，利用_____可以防止工号重复输入。

    A. 数据审核   B. 数据验证   C. 定义名称   D. 拼写检查

47. 设置每页打印顶端标题行的功能，在_____完成。

    A. "页面设置" 对话框的 "页面" 选项卡界面

    B. "页面设置" 对话框的 "页边距" 选项卡界面

    C. "页面设置" 对话框的 "工作表" 选项卡界面

    D. "页面设置" 对话框的 "页眉/页脚" 选项卡界面

48. 设置每页打印底端标题行，在_____完成。

    A. "页面设置" 对话框的 "页面" 选项卡下一层的 "自定义页脚" 界面

    B. "页面设置" 对话框的 "页边距" 选项卡下一层的 "自定义页脚" 界面

    C. "页面设置" 对话框的 "工作表" 选项卡下一层的 "自定义页脚" 界面

    D. "页面设置" 对话框的 "页眉/页脚" 选项卡下一层的 "自定义页脚" 界面

49. 运算结果等于 20 的公式是_____。

    A. =SUM({1,2,3,4}*{2,2,2,2})   B. =SUM({1,2,3,4}+{2,2,2,2})

    C. =SUM({1,2,3,4}-{2,2,2,2})   D. =SUM({1,2,3,4}/{2,2,2,2})

50. 公式 "=SUM(({1,2,3,4}>1)*{2,2,2,2})" 的结果是_____。

    A. 20   B. 6   C. 8   D. 16

51. 默认情况下，工作表设置保护以后的效果是_____。

    A. 数据可以修改   B. 数据可以删除

C. 可以插入工作表   D. 数据可以移动

52. 默认情况下，工作簿设置保护以后的效果是_____。

    A. 数据可以修改   B. 数据可以删除

    C. 数据可以插入工作表   D. 可以复制数据到其他工作表

53. 公式：=TRIM(" I am a   teacher.")的结果是_____。

    A. I am a teacher.   B. I am a   teacher.

    C. I am a student.   D. I am a   student.

54. 公式：=FIND("A","teacher",2)的结果是_____。

    A. 2   B. #VALUE!   C. 3   D. 1

55. 公式：=SEARCH("A","teacher",2)的结果是_____。

    A. 2   B. #VALUE!   C. 3   D. 1

56. 公式：=INDEX({1,2,3,4;5,6,7,8;9,10,11,12},3,3)的结果是_____。

    A. 8   B. 9   C. 10   D. 11

57. 公式：=RANDBETWEEN(1,100)的功能是_____。

    A. 返回 1 到 100 之间的随机整数   B. 97

    C. 98   D. 返回介于 0 和 1 之间的随机小数

58. 公式：=SECOND(12345)的结果是_____。

    A. 18   B. 0   C. 12   D. 15

59. 公式：=MEDIAN(10,6,3,8,4,9)的结果是_____。

    A. 9   B. 8   C. 7   D. 6

60. 公式：=TYPE(TRUE+"ABCD")的结果是_____。

    A. 1   B. 2   C. 64   D. 16

61. 公式：=TYPE(TRUE)的结果是_____。

    A. 4   B. 2   C. 1   D. 16

62. 公式：=TYPE("ABCD")的结果是_____。

    A. 4   B. 2   C. 1   D. 16

63. 公式：=TYPE(123)的结果是_____。

    A. 4   B. 2   C. 1   D. 16

64. 公式：=IFERROR(5<3,3)的结果是_____。

    A. 5<3   B. 3   C. TRUE   D. FALSE

65. 公式：=IFERROR("5<3"+123,3)的结果是_____。

    A. 3   B. 5<3   C. 123   D. 错误

66. 公式：=CELL("format",B1:B3)的结果是 P2，则单元格 B1 的格式是_____。

    A. 0%   B. 0.00%   C. 0   D. #,##0.00

67. 公式：=CELL("width",B1:B3)的结果是 15，它的含义是_____。

    A. B1 的行高是 15   B. B1 的字体大小是 15

    C. B1 的列宽是 15   D. B1:B3 的数据之和是 15

68. 公式：=CELL("address",B1:B3)的结果是_____。

    A. $B$1:$B$3   B. $B$3   C. $B$2   D. $B$1

69. 公式：=ADDRESS(3,4)的结果是_____。

    A. $D$3　　　　　B. $D$4　　　　　C. $C$3　　　　　D. $C$4

70. 公式：=INDIRECT(ADDRESS(2,2))的结果是_____。

    A. 引用 $B$1 的值　　　　　　　　　B. 引用 $B$2 的值

    C. 引用 $B$3 的值　　　　　　　　　D. 引用 $B$4 的值

71. 公式：=COLUMN(A3:B9)的结果是_____。

    A. 3　　　　　　B. 7　　　　　　C. 1　　　　　　D. 2

72. 公式：=COLUMNS(A3:B9)的结果是_____。

    A. 3　　　　　　B. 7　　　　　　C. 1　　　　　　D. 2

73. 公式：=ROW(A3:B9)的结果是_____。

    A. 3　　　　　　B. 7　　　　　　C. 1　　　　　　D. 2

74. 公式：=ROWS(A3:B9)的结果是_____。

    A. 3　　　　　　B. 7　　　　　　C. 1　　　　　　D. 2

75. 计算结果等于 5 的公式是（□表示一个空格）_____。

    A. =SQRT(16+9-3*7)　　　　　　　B. =ROWS(A1:E2)

    C. =FIND("c","□Welcome to China!",3)　　D. =COLUMNS(A1:B5)

76. 公式：=LOWER("Students")的结果是_____。

    A. STUDENTS　　B. Student　　　C. Students　　　D. students

77. 公式：=UPPER("Students")的结果是_____。

    A. STUDENTS　　B. Student　　　C. Students　　　D. students

78. 公式：=CHAR(97)的结果是_____。

    A. d　　　　　　B. a　　　　　　C. b　　　　　　D. c

79. CHAR 函数的功能是_____。

    A. a～z 的 ASCII 代码是 97～122　　B. A～Z 的 ASCII 代码是 65～90

    C. 返回由数字代码指定的字符　　　D. 返回由字符代码指定的数字

80. 公式：=CODE("Brother")的结果是_____。

    A. 68　　　　　　B. 67　　　　　　C. 65　　　　　　D. 66

81. CODE 函数的功能是_____。

    A. 返回文本字符串中第一个字符的 ASCII 代码

    B. 数字 0～9 的 ASCII 代码是 48～57

    C. 空格的 ASCII 代码是 32

    D. 返回由数字代码指定的字符

82. 公式：=VALUE("12")+SQRT(9)的结果是_____。

    A. #NAME?　　　B. 15　　　　　　C. 21　　　　　　D. #VALUE

83. 公式：=REPLACE("中国农业银行",3,1,"兴")的结果是_____。

    A. 中国业银行　　B. 中国农业银行　　C. 中国兴业银行　　D. 中国银行

84. 公式：=REPLACE("中国农业银行",3,2,"")的结果是_____。

    A. 中国业银行　　B. 中国农业银行　　C. 中国兴业银行　　D. 中国银行

85. 公式：=SUBSTITUTE("中国农业银行","农业","兴业",1)的结果是_____。

    A. 中国兴业银行　　B. 中国农业银行　　C. 中国业银行　　D. 中国银行

86. 公式：=SUBSTITUTE("abcdabcda","a","A",2)的结果是_____。

    A. abcdabcda   B. abcdAbcda   C. Abcdabcda   D. abcdabcdA

87. 公式：=REPT("你好!",3)的结果是_____。

    A. 你好!   B. 你好!你好!   C. 你好!你好!你好!   D. 你好!3

88. HYPERLINK 函数的功能是_____。

    A. 返回数组的转置

    B. 返回引用的偏移量

    C. 返回单元格地址的引用

    D. 创建一个快捷方式或链接，用于打开硬盘、服务器或 Internet 上的文档

89. 公式：=HYPERLINK("http://www.baidu.com","打开")函数的功能是_____。

    A. 在当前单元格显示"打开"，单击该单元格，打开百度网址

    B. 返回引用的偏移量

    C. 返回单元格地址的引用

    D. 返回数组的转置

90. 公式：=TODAY()-NOW()的结果是_____。

    A. 等于 0   B. 小于等于 0   C. 大于 0   D. 小于 0

二、多选题

1. 人力资源管理包括_____。

    A. 人力资源规划   B. 招聘与配置、培训与开发

    C. 绩效管理、薪酬福利管理   D. 劳动关系管理

2. 利用 Word 进行邮件合并，可以进行_____操作。

    A. 主文档与数据源中所有记录全部合并   B. 主文档与数据源中部分记录合并

    C. 主文档与数据源中当前记录合并   D. 主文档与数据源中没有的记录合并

3. 下面公式计算结果相同的是_____。

    A. =RIGHT(LEFT("中国农业银行",4),2)

    B. =MID("中国农业银行",LEN("中国农业银行")/2,2)

    C. =MID("中国农业银行",3,2)

    D. =LEFT(RIGHT("中国农业银行",4),2)

4. 下面公式计算结果相同的是_____。

    A. =FIND("行","中国农业银行")   B. =LEN("中国农业银行")

    C. =LEFT("中国农业银行",4)   D. =RIGHT("中国农业银行",4)

5. 下面公式计算结果相同的是_____。

    A. =INT(123.45)   B. =ROUND(123.45,0)

    C. =ROUNDUP(122.45,0)   D. =ROUNDUP(123.45,0)

6. 已知 D3:D20 单元格区域存放的是某单位员工出生日期的数据，要在 E3:E20 单元格区域计算员工年龄（周岁）数据，下面_____方法可以完成。

    A. 在 E3 单元格输入公式：= DATEDIF(D3,TODAY(),"Y")；将 E3 单元格中的公式复制到 E4:E20 单元格区域

    B. 在 E3 单元格输入公式：

        =IF(AND(MONTH(D3)<=MONTH(TODAY()),DAY(D3)<=DAY(TODAY())),YEA

R(TODAY())-YEAR(D3)，YEAR(TODAY())-YEAR(D3)-1)；将 E3 单元格中的公式复制到 E4:E20 单元格区域

  C. 选中 E3:E20 单元格区域，输入公式：=DATEDIF(D3:D20,TODAY(),"Y")，同时按下【Ctrl+Shift+Enter】组合键，公式变为：{=DATEDIF(D3:D20,TODAY(),"Y")}

  D. 在 E3 单元格输入公式：
=IF(AND(MONTH(NOW())>=MONTH(D3),DAY(NOW())>=DAY(D3)),YEAR(NOW())-YEAR(D3)，YEAR(NOW())-YEAR(D3)-1)；将 E3 单元格中的公式复制到 E4:E20 单元格区域

7. 已知 E2:E20 单元格区域存放的是某单位员工年龄（周岁）数据，在 G2:G6 单元格区域存放数据：20、30、40、50、60，要在 H2:H6 单元格区域分别计算员工年龄（周岁）小于等于 20、大于 20 并且小于等于 30、大于 30 并且小于等于 40、大于 40 并且小于等于 50、大于 50 岁并且小于等于 60 的人数，G1 是空白单元格，下面_____方法可以完成。

  A. 在 H2 单元格输入公式：=FREQUENCY(E$2:E$20,G2)-FREQUENCY(E$2:E$20,G1)；将 H2 中的公式复制到 H3:H6 单元格区域

  B. 在 H2 单元格输入公式：=FREQUENCY(E2:E20,G2:G6)；将 H2 中的公式复制到 H3:H20

  C. 选中 H2:H6 单元格区域，输入公式：=FREQUENCY(E2:E20,G2:G6)，同时按下【Ctrl+Shift+Enter】组合键，公式变为：{=FREQUENCY(E2:E20,G2:G6)}

  D. 在 H2 单元格输入公式：=COUNTIF(E$2:E$20,"<="&G2)-COUNTIF(E$2:E$20,"<="&G1)；将 H2 单元格中的公式复制到 H3:H6 单元格区域

8. 公式：=SUM(B:B)的含义是_____。

  A. A 列到 B 列之和   B. #NAME?

  C. B1:B1048576 单元格区域数据之和   D. B 列中的数据之和

9. 公式：=SUM(9:9)的含义是_____。

  A. 第 1 行到第 9 行单元格区域数据之和

  B. #NAME?

  C. A9:XFD9 单元格区域数据之和

  D. 第 9 行单元格区域数据之和

10. 当前单元格是 B1，在"数据验证"对话框的"设置"界面中，如果在"允许"下拉列表中选择了"序列"，在"来源"文本框中输入_____，可以在 B1 单元格中输入数据的时候有一个下拉列表，从该下拉列表中可以选择来自 A1:A5 单元格区域中的数据（A1:A5 单元格区域定义的名称是：部门名称）。

  A. =部门名称   B. 部门名称   C. =$A$1:$A$5   D. =A1:A5

11. 默认情况下，工作表设置保护以后，仍然可以进行的操作是_____。

  A. 数据可以修改   B. 数据可以删除

  C. 可以插入工作表   D. 可以复制数据到其他工作表

12. 可以实现将一个单元格区域数据从小到大或者从大到小进行排列的函数有_____。

  A. MAX   B. LARGE   C. SMALL   D. MIN

13. 能够将当前系统日期提取出来的函数有_____。

  A. NOW   B. TIME   C. DAY   D. TODAY

14. 能够返回所引用单元格区域第一列的列号或第一行的行号的函数有_____。
    A. COLUMNS　　B. COLUMN　　　　C. ROW　　　　D. ROWS

15. 能够返回一个字符串在另一个字符串中起始位置的函数有_____。
    A. FIND　　　　B. LEN　　　　　　C. SEARCH　　D. TRIM

三、判断题

1. Excel 分析工具可以对人员招聘与录用、培训管理、薪酬福利管理（包括绩效管理）、社保管理及人事信息数据统计等人力资源管理内容进行分析。　　　　　　　（　　）

2. 通过"招聘流程图"的制作及应用，可以帮助人力资源部获知人员招录的方法。（　　）

3. 合并单元格后只能设置居中对齐。　　　　　　　　　　　　　　　　　　（　　）

4. 合并单元格后可以水平设置靠左、居中、靠右对齐，垂直靠上、居中、靠下对齐。（　　）

5. 利用 Word 进行邮件合并，只能将主文档与数据源里所有记录进行全部合并。（　　）

6. 利用 Word 进行邮件合并后的文档，只能将其打印出来邮寄给需要者。　　（　　）

7. 利用 Word 进行邮件合并后的文档，可以直接将其发送电子邮件给需要者。（　　）

8. Outlook 程序不用借助其他电子邮箱也可以直接将电子邮件发送给需要者。（　　）

9. 默认情况下，Outlook 启动的是与所设置邮箱的加密连接，如果加密连接不成功，就会启动非加密连接。　　　　　　　　　　　　　　　　　　　　　　　　　（　　）

10. 当人事数据表的数据很多时，利用公式从身份证号中提取出生日期、性别等数据很方便。　　　　　　　　　　　　　　　　　　　　　　　　　　　　　　　　（　　）

11. 不能利用 Excel 2013 公式求身份证号中包含的省份信息。　　　　　　　（　　）

12. LEFT 和 RIGHT 函数组合可以完成 MID 函数的功能。　　　　　　　　（　　）

13. 工作簿打开的密码需要通过单击"审阅"选项卡→"更改"选项组→"保护工作簿"命令来完成。　　　　　　　　　　　　　　　　　　　　　　　　　　　　　（　　）

14. "五险一金"包括养老社会保险、医疗社会保险、失业保险、工伤保险、生育保险和住房公积金。　　　　　　　　　　　　　　　　　　　　　　　　　　　　　（　　）

15. LARGE 函数可以将一个单元格区域数据从小到大进行排列。　　　　　（　　）

四、简述题

1. 简述人力资源月动态图表的制作过程。

2. 简述职工退休到龄提醒表的制作过程。

第 5 章　Excel 在财务管理中的应用

一、单选题

1. 通过对_____分析，可以看出企业的资本结构是否健全合理，从而评价企业偿还到期长期债务的能力。

    A. 短期偿债能力 B. 变现能力比率　　C. 流动性比率　　　　D. 长期偿债能力

2. _____反映了企业有多少流动资产可以在短期内转化为现金对到期的流动负债进行偿还的能力。

    A. 流动比率　　　B. 速动比率　　　C. 流动资产　　　　D. 流动负债

3. 一般来说，流动比率越高，企业偿还流动负债的能力越_____，流动负债得到偿还的保障越_____。

    A. 弱，小　　　B. 强，大　　　C. 强，小　　　　D. 弱，大

4. _____反映了企业流动资产中可以立即变现用于偿还流动负债的能力。

    A. 流动比率　　　B. 速动比率　　　C. 速动资产　　　　D. 流动负债

5. _____反映了企业在不依靠存货销售及应收款的情况下支付当前债务的能力。

    A. 货币资金　　　B. 速动比率　　　C. 现金比率　　　　D. 流动负债

6. 资产负债率越高，表明企业的偿还能力越_____，反之表明偿还能力越_____。

    A. 差，强　　　B. 差，弱　　　C. 好，强　　　　D. 好，弱

7. 运用 Excel 计算资产负债率的公式是：_____。

    A. 资产负债率 = 负债总额÷资产总额

    B. 资产负债率 = 负债总额÷应收总额

    C. 资产负债率 = 负债总额÷实收总额

    D. 资产负债率 = 负债总额÷交易性总额

8. 运用 Excel 计算产权比率的公式是：_____。

    A. 产权比率 =资产总额÷所有者权益总额

    B. 产权比率 =资产总额÷债权人权益总额

    C. 产权比率 =负债总额÷所有者权益总额

    D. 产权比率 =负债总额÷债权人权益总额

9. _____反映了企业的经营收益支付债务利息的能力。

    A. 利息费用　　　B. 息税前利润总额　　C. 现金比率　　　　D. 利息保障倍数

10. 一般情况下，应收账款周转率越_____越好，表明公司收账速度快，平均收账期短，坏账损失少，资产流动快，偿债能力_____。

    A. 高，强   B. 高，弱   C. 低，强   D. 低，弱

11. 运用 Excel 计算存货周转率的公式是：_____。

    A. 存货周转率(次数) = 营业收入÷存货平均余额

    B. 存货周转率(次数) = 营业收入÷存货总余额

    C. 存货周转率(次数) = 营业成本÷存货平均余额

    D. 存货周转率(次数) = 营业成本÷存货总余额

12. _____反映了企业流动资产的周转速度，通过该指标的对比分析，可以促进企业加强内部管理，充分有效地利用流动资产。

    A. 营业收入   B. 流动资产平均总额

    C. 存货周转率   D. 流动资产周转率

13. 一般情况下，固定资产周转率越高，表明单位固定资产创造的营业收入越_____，固定资产的利用效率越_____。

    A. 多，高   B. 多，低   C. 少，高   D. 少，低

14. 运用 Excel 计算总资产周转率的公式是：_____。

    A. 总资产周转率 = 营业收入÷资产总总额

    B. 总资产周转率 = 营业收入÷资产平均总额

    C. 总资产周转率 = 营业成本÷资产总总额

    D. 总资产周转率 = 营业成本÷资产平均总额

15. 反映企业主营业务经营成果状况和企业主要盈利能力的指标是_____。

    A. 营业收入   B. 销售毛利

    C. 销售毛利率   D. 流动资产周转率

16. 运用 Excel 计算销售毛利的公式是：_____。

    A. 销售毛利 = 营销利润 - 营销成本   B. 销售毛利 = 营销收入 - 营销成本

    C. 销售毛利 = 营业利润 - 营业成本   D. 销售毛利 = 营业收入 - 营业成本

17. 销售利润率指标越高，反映企业经营状况越_____，盈利能力越_____。

    A. 好，强   B. 差，强   C. 差，弱   D. 好，弱

18. 反映了企业的价格策略以及控制管理成本的能力的指标是_____。

    A. 净利润   B. 销售净利率   C. 销售毛利率   D. 营业收入

19. 运用 Excel 计算净资产收益率的公式是：_____。

    A. 净资产收益率 = 毛利润÷平均净资产   B. 净资产收益率 = 毛利润÷总资产

    C. 净资产收益率 = 净利润÷平均净资产   D. 净资产收益率 = 净利润÷总资产

20. 反映投资与报酬的关系，也是评价企业资本经营效率的核心指标是_____。

    A. 净利润   B. 平均净资产   C. 销售毛利率   D. 净资产收益率

21. 反映企业资产的综合利用效果，用以衡量企业总体资产盈利能力的指标是_____。

    A. 总资产收益率   B. 净利润   C. 资产平均总额   D. 净资产收益率

22. 总资产收益率与净资产收益率的区别在于：_____反映投资者和债权人共同提供资金所产生的利润率，_____反映仅由投资者投入的资金所产生的利润率。

    A. 前者，前者   B. 前者，后者   C. 后者，前者   D. 后者，前者

23. 盈利能力指标分为两大类，其中与_____有关的包括销售毛利率、销售利润率和销售净利率；与_____有关的包括经净资产收益率和总资产收益率。

    A. 销售额，营业额   B. 投资额，销售额

    C. 销售额，投资额   D. 毛利额，营业额

24. 偿债能力分析包括_____偿债能力分析和_____偿债能力分析两个方面的内容。

    A. 短期，短期   B. 短期，中期   C. 中期，长期   D. 短期，长期

25. 沃尔分析法采用了_____个指标及标准比率进行分析。

    A. 7   B. 6   C. 5   D. 4

26. 采用财务比率综合评分法进行企业状况的综合分析时，一般遵循以下步骤：_____。

    A. 确定上下限和标准值，选定财务比率，计算关系比率和实际得分

    B. 选定财务比率，确定上下限和标准值，计算关系比率和实际得分

    C. 选定财务比率，计算关系比率和实际得分，确定上下限和标准值

    D. 计算关系比率和实际得分，选定财务比率，确定上下限和标准值

27. 企业间财务状况的比较分析一般可以采用_____比较分析。

    A. 标准财务比率、理想财务报表

    B. 标准的流动比率、标准的资产利润率

    C. 资产负债率、应收账款周转率

    D. 销售增长率、净利增长率

28. 综合财务分析的方法有很多，下面不是常用的方法是_____。

    A. 沃尔分析法   B. 财务比率综合评分法

    C. 杜邦分析法   D. 理想财务报表分析法

29. 在财务比率综合评分法中，下面不是评价成长能力常用指标的是_____。

    A. 销售毛利率   B. 销售增长率

    C. 净利增长率   D. 人均净利增长率

30. 在财务比率综合评分法中，下面不是评价盈利能力常用指标的是_____。

    A. 净资产收益率   B. 销售毛利率

    C. 销售净利率   D. 总资产收益率

二、多选题

1. 基本的财务报表包括_____。

    A. 资产负债表   B. 利润表   C. 现金流量表   D. 所有者权益表

2. 财务分析的目的在于评价企业的_____。

    A. 财务状况   B. 资产管理能力 C. 获利能力   D. 发展趋势

3. 短期偿债能力比率包括_____。

    A. 流动比率   B. 速动比率   C. 产权比率   D. 现金比率

4. 企业盈利能力比率中，与投资额有关的包括_____。

    A. 销售毛利率 B. 总资产收益率 C. 净资产收益率   D. 销售净利率

5. 沃尔在 1928 年出版的_____和_____中提出了信用能力指数的概念。

    A.《信用晴雨表研究》   B.《信用分析研究》

    C.《财务报表分析》   D.《财务报表比率分析》

三、判断题

1. 速动比率是流动资产与流动负债的比率。 （ ）
2. 资产负债率越高，表明企业的偿还能力越弱。 （ ）
3. 沃尔分析法中的比率包括流动比率、产权比率、固定资产比率、存货周转率、应收账款周转率、固定资产周转率和自有资金周转率。 （ ）
4. 我国的各种统计年鉴可提供与会计的指标口径完全一致的财务指标，方便使用者对财务报表进行分析。 （ ）
5. 利用 Excel 2013 工具进行公式复制时，可使用格式刷功能。 （ ）

四、简述题

1. 简述流动比率和速动比率的关系。
2. 简述利用 Excel 2013 工具进行财务综合比率分析的步骤。

第 6 章 Excel 在国民经济管理中的应用

一、单选题

1. 能够实现一个数组或单元格区域行列转置操作的函数是_____。
   A. TRANSPOSE   B. OFFSET   C. ISERROR   D. DATEDIF

2. 对于总体与局部的构成关系问题,一般以图表类型中的_____来展示,能够进一步分析总体与局部的关系。
   A. 柱形图   B. 饼图   C. 散点图   D. 折线图

3. 要在没有数字的饼图(空白饼图,没有数据源)上添加数字,首先进行的操作是_____。
   A. 在饼图空白部分右击,在快捷菜单中单击"更改图表类型"命令,在"更改图表类型"对话框中添加数据源
   B. 在饼图空白部分右击,在快捷菜单中单击"添加数据标签"命令,在"添加数据标签"对话框中添加数据源
   C. 在饼图空白部分右击,在快捷菜单中单击"选择数据"命令,在"选择数据源"对话框中添加数据源
   D. 在饼图空白部分右击,在快捷菜单中单击"设置图表区格式"命令,在"设置图表区格式"对话框中添加数据源

4. 删除图表的正确操作是_____。
   A. 选中图表并右击,在快捷菜单中单击"删除"命令
   B. 选中图表,按【Enter】键
   C. 选中图表,按【Shift】键
   D. 选中图表,按【Delete】键

5. 要在柱形图顶端显示相应的数据,可以进行_____操作。
   A. 选中柱形图并右击,在快捷菜单中单击"添加数据标签"命令
   B. 选中柱形图并右击,在快捷菜单中单击"添加趋势线"命令
   C. 选中柱形图并右击,在快捷菜单中单击"设置数据系列格式"命令
   D. 选中柱形图并右击,在快捷菜单中单击"选择数据"命令

6. 要在柱形图某系列中显示相应的趋势线,可以进行_____操作。
   A. 选中柱形图并右击,在快捷菜单中单击"添加数据标签"命令
   B. 选中柱形图并右击,在快捷菜单中单击"添加趋势线"命令
   C. 选中柱形图并右击,在快捷菜单中单击"设置数据系列格式"命令
   D. 选中柱形图并右击,在快捷菜单中单击"选择数据"命令

7. 要将柱形图某系列绘制在"次坐标轴"上，选中柱形图某系列后，在_____任务窗格中进行操作。

    A. 添加数据标签   B. 添加趋势线

    C. 设置数据系列格式   D. 选择数据

8. 要改变"坐标轴"上的刻度值，选中"坐标轴"后，在_____任务窗格中进行操作。

    A. 设置数据标签格式   B. 设置数据系列格式

    C. 设置数据系列格式   D. 设置坐标轴格式

9. 向图表上添加坐标轴、坐标轴标题、图表标题、数据标签、数据表、误差线、网格线、图例、趋势线等图表元素快捷的方法是_____。

    A. 选中图表后，单击图表右上角的"+"号，在弹出的选项列表中设置

    B. 选中图表后，单击图表右上角的"*"号，在弹出的选项列表中设置

    C. 选中图表后，单击图表右上角的"/"号，在弹出的选项列表中设置

    D. 选中图表后，单击图表右上角的"-"号，在弹出的选项列表中设置

10. 使图表上既显示出有关数据的柱形图，同时也显示出有些数据的折线图，应该在_____中设置。

    A. 在"更改图表类型"对话框中"所有图表"的"柱形图"界面

    B. 在"更改图表类型"对话框中"所有图表"的"组合"界面

    C. 在"更改图表类型"对话框中"所有图表"的"折线图"界面

    D. 在"更改图表类型"对话框中"所有图表"的"混合"界面

11. 相关性分析是指对最少_____具备相关性的变量元素进行分析。

    A. 多个   B. 三个   C. 两个   D. 一个

12. 当一个变量的变化完全由另一个变量所决定时，称这种关系为_____。

    A. 不完全相关   B. 不相关   C. 零相关   D. 完全相关

13. 当变量之间的关系介于完全相关和不相关之间时，称为_____，是现实当中主要的相关表现形式，也是相关分析主要的研究对象。

    A. 不完全相关   B. 完全不相关   C. 零相关   D. 完全相关

14. 当一个变量的数值随着另一个变量的数值增加而增加或者减少而减少时，即变量之间同向变化时，称之为_____。

    A. 同相关   B. 正相关   C. 负相关   D. 异相关

15. 当一个变量的数值随着另一个变量的数值增加而减少或者减少而增加时，即变量之间反向变化时，称之为_____。

    A. 同相关   B. 正相关   C. 负相关   D. 异相关

16. 当一个变量只与另一个变量存在依存关系时，称之为_____。

    A. 同相关   B. 正相关   C. 负相关   D. 单相关

17. 相关关系定性分析一般通过编制相关表和_____的方法进行。

    A. 绘制相关图   B. 柱形图   C. 折线图   D. 三维饼图

18. 线性相关关系定量分析常用的指标是_____。

    A. 回归系数   B. 相关系数   C. 复相关系数   D. 变异系数

19. 线性相关系数 r 的取值范围是_____。

    A. $-1 < r < 1$ B. $0 < r < 1$ C. $0 \leqslant |r| \leqslant 1$ D. $-1 \leqslant r \leqslant 1$

20. 计算相关系数的 Excel 函数是_____。

    A. FORECAST   B. SQRT   C. TRANSPOSE   D. CORREL

21. 相关系数的检验一般用_____。

    A. t 检验   B. X^2 检验   C. α 检验   D. β 检验

22. 一元线性回归模型的一般形式是_____。

    A. $Y=\beta_0+\beta_1 X^2+\mu$ B. $Y=\beta_0+\beta_1 X+\mu$

    C. $Y=\beta_0+\beta_1 X_1+\mu X_2$ D. $Y=\beta_0 X_0+\beta_1 X_1+\mu X_2$

23. 在统计学上，通常用_____来计算回归参数的估计。

    A. 协方差   B. 均方差   C. 最小二乘法   D. 方差

24. 在房地产投资和国内生产总值的线性回归方程模型中，如果房地产投资的系数_____0，就不能很好地解释变量之间的因果关系，也就不能通过理论意义检验。

    A. 小于   B. 不等于   C. 大于等于   D. 小于等于

25. 如果 Excel 2013 选项卡"数据"中没有"分析"组，则需要通过"Excel 选项"对话框中的_____界面加载。

    A. 加载项   B. 自定义功能区   C. 常规   D. 高级

26. 线性回归模型分析工具包括在 Excel 2013 中的_____。

    A. 加载宏的"分析工具库-VBA"   B. 加载宏的"分析工具库"

    C. 加载宏的"规划求解项"   D. 加载宏的"欧元工具"

27. 如果利用 Excel 2013 回归工具分析房地产投资与国民生产总值的线性回归，在"回归"对话框的"Y 值输入区域"输入的是_____。

    A. 房地产投资数据所在的区域   B. 时间序列所在的区域

    C. 国内生产总值所在的区域   D. 房地产投资和国内生产总值数据

28. 利用 Excel 2013 回归工具分析房地产投资与国民生产总值的线性回归，输出的图形有拟合图、残差图、_____。

    A. F 检验图   B. t 检验图   C. 方差图   D. 正态概率图

29. 利用 Excel 2013 回归工具分析房地产投资与国民生产总值的线性回归，"相关系数"在总结数据区域的_____。

    A. "回归统计"单元格区域   B. "方差分析"单元格区域

    C. "回归方程"单元格区域   D. "残差分析"单元格区域

30. 利用 Excel 2013 回归工具分析房地产投资与国民生产总值的线性回归，"F 检验值"在总结数据区域的_____。

    A. "回归统计"单元格区域   B. "方差分析"单元格区域

    C. "回归方程"单元格区域   D. "残差分析"单元格区域

二、多选题

1. 下面的叙述中，正确的是_____。

    A. 转置目标区域的行数要等于原数据区域的列数

    B. 转置目标区域的列数要等于原数据区域的行数

    C. 转置目标区域的列数要等于原数据区域的列数

    D. 转置目标区域的行数要等于原数据区域的行数

2. 能够实现数组或单元格区域行列转换功能的操作是_____。

    A. 复制原数据区域的数据到剪切板，选中目标单元格，单击粘贴操作

    B. 复制原数据区域的数据到剪切板，选中目标单元格，单击"选择性粘贴"对话框的"转置"复选框并单击该对话框的"确定"按钮

    C. 选中目标单元格区域，在单元格中输入公式"=TRANSPOSE(原数据区域)"，按【Enter】键

    D. 选中目标单元格区域，在单元格中输入公式"=TRANSPOSE(原数据区域)"，同时按下【Ctrl+Shift+Enter】组合键

3. 相关关系的测定一般包括_____两种方法。

    A. 定性分析   B. 线性分析   C. 定量分析   D. 曲线分线

4. 回归有不同的种类。按照自变量的多少划分，有_____。

    A. 直线回归   B. 曲线回归   C. 一元回归   D. 多元回归

5. 回归方程的检验包括_____。

    A. 理论意义检验 B. 一级检验   C. 二级检验   D. 三级检验

三、判断题

1. 利用函数 TRANSPOSE 也可以实现数据区域的行列转换放置操作。   ( )

2. 对于总体与局部的构成关系问题，一般用折线图来描述。   ( )

3. 组合图形中，只有柱形图和折线图组合。   ( )

4. 一般先进行相关分析，再进行回归分析。   ( )

5. 利用 Excel 2013 "回归" 工具进行线性分析，可以同时将预测值计算出来。   ( )

四、简述题

1. 简述相关分析和回归分析的关系。

2. 简述利用 Excel 2013 工具进行线性回归分析的步骤。

习题参考答案

第 1 章　Excel 基础知识

一、单选题

1.A　2.B　3.C　4.D　5.A　6.B　7.C　8.D　9.A　10.B
11.C　12.D　13.A　14.B　15.C　16.D　17.A　18.B　19.C　20.D
21.A　22.B　23.C　24.D　25.A　26.B　27.C　28.D　29.A　30.B

二、多选题

1.ABCD　2.ABC　3.BCD　4.ACD　5.AB

三、判断题

1. 对　2. 对　3. 对　4. 错　5. 错

四、简述题

1. 略　2. 略

第 2 章　Excel 在生产管理中的应用

一、单选题

1.D　2.B　3.C　4.A　5.D　6.A　7.C　8.B　9.A　10.C
11.A　12.C　13.A　14.B　15.D　16.C　17.D　18.A　19.A　20.A
21.D　22.B　23.C　24.C　25.B　26.A　27.A　28.A　29.A　30.C
31.C　32.D　33.C　34.B　35.B　36.C　37.C　38.A　39.A　40.A
41.C　42.A　43.A　44.B　45.A　46.C　47.A　48.A　49.B　50.C

二、多选题

1.ABCD　2.ABCD　3.ACD　4.ACD　5.ABCD　6.BC　7.CD　8.ABD　9.ACD　10.AB

三、判断题

1.对　2.错　3.错　4.对　5. 错　6.对　7.对　8. 对　9.对　10.对　11. 对　12.错
13.错　14.对　15.错

四、简述题

1. 略　2. 略

第 3 章　Excel 在销售管理中的应用

一、单选题

1. C　2.D　3.C　4.A　5.C　6.D　7.D　8.B　9.D　10.B
11.A　12.D　13.D　14.B　15.A　16.B　17.D　18.B　19.C　20.D
21.A　22.B　23.C　24.B　25.C　26.C　27.C　28.A　29.D　30.B
31.B　32.A　33.C　34.D　35.A　36.B　37.A　38.D　39.C　40.B
41.A　42.B　43.B　44.D　45.C　46.D　47.D　48.C　49.D　50.C
51.B　52.D　53.A　54.D　55.C　56.C　57.B　58.A　59.D　60.D
61.B　62.A　63.B　64.C　65.D　66.A　67.B　68.D　69.C　70.B
71.A　72.D　73.C　74.B　75.C　76.D　77.A　78.D　79.A　80.C
81.A　82.C　83.D　84.B　85.B　86.B　87.C　88.B　89.D　90.A

二、多选题

1. AD　2.ABC　3.ABC　4.ABCD　5.ABCD　6.ABC　7.BCD　8.ABC　9.BCD
10.ABD　11.BCD　12.ABC　13.ABCD　14.ABCD　15.ABD

三、判断题

1.对　2.对　3.错　4.对　5.对　6.错　7. 错　8. 对　9. 错　10.对　11. 对　12. 错
13.错　14.对　15.错　16.对

四、简述题

1. 略　　2. 略

第 4 章　Excel 在人力资源管理中的应用

一、单选题

1.A　2.B　3.C　4.D　5.A　6.B　7.C　8.D　9.A　10.B
11.C　12.D　13.A　14.B　15.C　16.D　17.A　18.B　19.C　20.D
21.A　22.B　23.C　24.D　25.A　26.B　27.C　28.D　29.A　30.B
31.C　32.D　33.A　34.B　35.C　36.D　37.A　38.B　39.C　40.D
41.A　42.B　43.C　44.D　45.A　46.B　47.C　48.D　49.A　50.B
51.C　52.D　53.A　54.B　55.C　56.D　57.A　58.B　59.C　60.D
61.A　62.B　63.C　64.D　65.A　66.B　67.C　68.D　69.A　70.B
71.C　72.D　73.A　74.B　75.C　76.D　77.A　78.B　79.C　80.D
81.A　82.B　83.C　84.D　85.A　86.B　87.C　88.D　89.A　90.B

二、多选题

1.ABCD　2.ABC　3.ABCD　4.AB　5.ABC　6.AC　7.ACD　8.CD　9.CD　10.AC
11.CD　12.BC　13.AD　14.BC　15.AC

三、判断题

1.对　2.对　3.错　4.对　5.错　6.错　7.对　8.错　9.对　10.对　11.错　12.对　13.错　14.对　15.错

四、简述题

1. 略　　2. 略

第 5 章　Excel 在财务管理中的应用

一、单选题

1.D　2.A　3.B　4.B　5.C　6.A　7.A　8.C　9.D　10.A
11.C　12.D　13.A　14.B　15.C　16.D　17.A　18.B　19.C　20.D
21.A　22.B　23.C　24.D　25.A　26.B　27.A　28.D　29.A　30.B

二、多选题

1.ABC　2.ABCD　3.ABD　4.BC　5.AD

三、判断题

1.错　2.对　3.对　4.错　5.错

四、简述题

1.略　　2.略

第 6 章　Excel 在国民经济管理中的应用

一、单选题

1.A　2.B　3.C　4.D　5.A　6.B　7.C　8.D　9.A　10.B
11.C　12.D　13.A　14.B　15.C　16.D　17.A　18.B　19.C　20.D
21.A　22.B　23.C　24.D　25.A　26.B　27.C　28.D　29.A　30.B

二、多选题

1.AB　2.BD　3.AC　4.CD　5.ABC

三、判断题

1.对　2.错　3.错　4.对　5.对

四、简述题

1.略　　2.略

附　录

附录 A) Excel 工作表函数列表

表附-A-1~表附-A-13 列出了 Excel 2013 的工作表函数。

表附-A-1 兼容性函数

函　数	功　　能
BETADIST	返回累积 beta 概率密度
BETAINV	返回累积 beta 分布概率累积密度函数区间点
BINOMDIST	返回一元二项式分布的概率
CEILING	将数字向上舍入到指定基数最接近的倍数
CHIDIST	返回 x^2 分布的右尾概率
CHIINV	返回具有给定概率的右尾 x^2 分布的区间点
CHITEST	返回独立性检验结果：针对统计和自由度返回卡方分布值
CONFIDENCE	使用正态分布，返回总体平均值的置信区间
COVAR	返回协方差，即每对偏差乘积累积的均值
CRITBINOM	返回一个数值，使得累积二项式分布函数值大于等于临界值
EXPONDIST	返回指数分布
FDIST	返回两组数据的（右尾）F 概率分布（自由度）
FINV	返回（右尾）F 概率分布的逆函数值
FLOOR	将数字向下舍入到指定基数最接近的倍数
FTEST	返回 F 检验的结果
GAMMADIST	返回 Y 分布
GAMMAINV	返回具有给定概率的 Y 累积分布的区间点
HYPGEOMDIST	返回超几何分布
LOGINV	返回对数正态累积分布函数的区间点
LOGNORMDIST	返回累积对数正态分布
MODE	返回一组数据或数据区域中的众数（出现频率最高的数）
NEGBINOMDIST	返回二项式分布
NORMDIST	返回指定平均值和标准方差的正态累积分布
NORMINV	返回指定平均值和标准方差的正态累积分布的区间点
NORMSDIST	返回标准正态累积分布
NORMSINV	返回标准正态累积分布的区间点
PERCENTILE	返回数组或单元格区域的 K 百分点值
PERCENTRANK	返回特定数值在一组数中百分比排名

续表

函　　数	功　　能
POISSON	返回泊松分布
QUARTILE	返回一组数据的四分位点
STDEV	估算基于给定样本的标准偏差
RANK	返回某数字在一组数列数字中相对于其他数值大小的排名
STDEV	估算基于给定样本的标准偏差
STDEVP	计算基于给定样本总体的标准偏差
TDIST	返回学生 t–分布
TINV	返回给定自由度和双尾概率的学生 t–分布的区间点
TTEST	返回学生 t–检验的概率值
VAR	估算基于给定样本的方差
VARP	计算基于给定样本总体的方差
WEIBULL	返回 weibull 分布（概率密度）
ZTEST	返回 z 测试的单尾 P 值

注：兼容性类别中的这些函数具有在 Excel 2010 或 Excel 2013 中引入了新版本，但旧版本仍可用。

表附-A-2　财务函数

函　　数	功　　能
ACCRINT	返回定期支付利息的债券的应计利息
ACCRINTM	返回在到期日支付利息的债券的应计利息
AMORDEGRC	返回每个记账期内资产分配的线性折旧
AMORLINC	返回每个记账期内资产分配的线性折旧（折旧系数取决于资产的使用寿命）
COUPDAYBS	返回从票息期开始到结算日之间的天数
COUPDAYS	返回票息期的天数（包含结算日）
COUPDAYSNC	返回从结算日到下一票息支付日之间的天数
COUPNCD	返回结算日后的下一票息支付日
COUPNUM	返回结算日与到期日之间的可支付的票息数
COUPPCD	返回结算日前的上一票息支付日
CUMIPMT	返回两个付款期之间为贷款累积支付的利息
CUMPRINC	返回两个付款期之间为贷款累积支付的本金
DB	使用固定余额递减法，返回指定期间内某项固定资产的折旧值
DDB	使用双倍余额递减法或其他指定方法，返回指定期间内某项固定资产的折旧值
DISC	返回债券的贴现率
DOLLARDE	将以分数表示的货币值转换为以小数表示的货币值
DOLLARFR	将以小数表示的货币值转换为以分数表示的货币值
DURATION	返回定期支付利息的债券的年持续时间
EFFECT	返回年有效利率
FV	基于固定利率和等额分期付款方式，返回某项投资的未来值
FVSCHEDULE	返回在应用一系列复利后，初始本金的终值

续表

函　数	功　　能
INTRATE	返回完全投资型债券的利率
IPMT	返回在给定期限内为某项投资支付的利息
IRR	返回一系列现金流的内部报酬率
ISPMT	返回普通贷款的利息偿还
MDURATION	为假定票面值为100元的债券返回麦考利修正持续时间
MIRR	返回在考虑投资成本以及现金再投资利率下一系列现金流的内部报酬率
NOMINAL	返回年度的单利
NPER	基于固定利率和等额分期付款方式，返回某项投资或贷款的期数
NPV	基于一系列定期现金流和贴现率返回一项投资的净现值
ODDFPRICE	返回每张票面为100元且第一期为奇数的债券的现价
ODDFYIELD	返回第一期为奇数的债券的收益
ODDLPRICE	返回每张票面为100元且最后一期为奇数的债券的现价
ODDLYIELD	返回最后一期为奇数的债券的收益
PDURATION	返回投资达到指定的值所需的期数
PMT	计算在固定利率下，贷款的等额分期偿还额
PPMT	返回在一个给定期间内对投资本金的支付
PRICE	返回每张票面为100元且定期支付利息的债券的现价
PRICEDISC	返回每张票面为100元的已贴现债券的现价
PRICEMAT	返回每张票面为100元且在到期日支付利息的债券的现价
PV	返回某项投资的一系列将来偿还额的当前总值
RATE	返还投资或贷款的每期实际利率
RECEIVED	返回完全投资型债券在到期日收回的金额
RRI	返回某项投资增长的等效利率
SLN	返回固定资产的每期线性折旧费
SYD	返回某项固定资产按年限总和折旧法计算的每期折旧金额
TBILLEQ	返回短期国库券的等价债券收益
TBILLPRICE	返回每张票面为100元的短期国库券的现价
TBILLYIELD	返回短期国库券的收益
VDB	返回某项固定资产用余额递减法或其他指定方法计算的特定或部分时期的折旧额
XIRR	返回现金流计划的内部回报率
XNPV	返回现金流计划的净现值
YIELD	返回定期支付利息的债券的收益
YIELDDISC	返回已贴现债券的年收益，如：短期国库券
YIELDMAT	返回在到期日支付利息的债券的年收益

表附-A-3 日期与时间函数

函 数	功 能
DATE	返回特定日期的序列号
DATEVALUE	将文本形式的日期转换为序列号
DAY	将序列号转换为一个月中的第几天，范围为 1 到 31
DAYS	返回两个日期之间的天数
DAYS360	按照一年 360 天来计算两个日期之间相差的天数（每月 30 天）
EDATE	返回在开始日期之前或之后指定的月数的日期的序列号
EOMONTH	返回在指定月数之前或之后的某月最后一天的序列号
HOUR	将序列号转换为小时
ISOWEEKNUM	返回给定日期在一年内的 ISO 星期编号数字
MINUTE	返回分钟数字，是一个 1 到 59 的数字
MONTH	返回月份值，是一个 1 到 12 的数字
NETWORKDAYS	返回两个日期之间的全部工作日数
NETWORKDAYS.INTL	使用自定义周末参数返回两个日期之间的全部工作日数
NOW	返回日期时间格式的当前日期和时间
SECOND	将序列号中时间为秒的部分返回
TIME	返回特定时间的序列号
TIMEVALUE	将文本形式的时间转换为序列号
TODAY	返回当天日期的序列号
WEEKDAY	将序列号转换为一个星期中的某天
WEEKNUM	返回一年中的星期数
WORKDAY	返回指定工作日数之前或之后的日期序列号
WORKDAY.INTL	使用自定义周末参数返回指定工作日之前或之后的日期序列号
YEAR	将序列号转换为年
YEARFRAC	返回一个代表 start_date 和 end_date 之间总天数的以年为单位的分数

表附-A-4 数学与三角函数

函 数	功 能
ABS	返回数值的绝对值
ACOS	返回角度的反余弦值
ACOSH	返回角度的反双曲余弦值
ACOT	返回角度的反余切值
ACOTH	返回角度的反双曲余切值
AGGREGATE	返回一个数据列表或数据库中的聚合
ARABIC	将罗马数字转换成阿拉伯数字
ASIN	返回角度的反正弦值
ASINH	返回角度的反双曲正弦值
ATAN	返回角度的反正切值

函　数	功　　能
ATAN2	从 X 和 Y 坐标返回反正切值
ATANH	返回角度的反双曲正切值
BASE	将数字转换成具有给定基数的文本表示形式
CEILING.MATH	将参数向上舍入为最接近的整数，或最接近的指定基数的倍数
COMBIN	返回给定数目对象的组合数
COMBINA	返回给定数目对象的组合数（包含重复数）
COS	返回角度的余弦值
COSH	返回角度的双曲余弦值
COT	返回角度的余切值
COTH	返回角度的双曲余切值
CSC	返回角度的余割值
CSCH	返回角度的双曲余割值
DECIMAL	按给定基数将数字的文本表示形式转换成十进制形式
DEGREES	将弧度转换成角度
EVEN	将数值向上舍入到最接近的偶数
EXP	返回 e 的给定数值的幂
FACT	返回数值的阶乘
FACTDOUBLE	返回数值的双倍阶乘
FLOOR.MATH	将数值向下舍入到最接近的整数或最接近的指定基数的倍数
GCD	返回最大公约数
INT	将数值向下返回到最接近的整数
LCM	返回最小公倍数
LN	返回数值的自然对数
LOG	返回数值的指定底数的对数
LOG10	返回以 10 为底的数值的对数
MDETERM	返回数组的矩阵行列式
MINVERSE	返回数组的矩阵的逆
MMULT	返回两个数组的矩阵乘积
MOD	返回两数相除的余数
MROUND	返回到一个舍入到所需倍数的数字
MULTINOMIAL	返回到一组数字的多项式
MUNIT	返回指定维度的单位矩阵
ODD	将数值向上舍入到最接近的奇数
PI	返回圆周率 PI 的值
POWER	返回某数的乘幂
PRODUCT	计算所有参数的乘积
QUOTIENT	返回两数相除的整数部分
RADIANS	将角度转换成弧度

续表

函 数	功 能
RAND	返回一个介于 0 和 1 之间的随机数
RANDBETWEEN	返回一个介于所指定数字之间的随机数
ROMAN	将阿拉伯数字转换成文本式罗马数字
ROUND	按指定的位数对数值进行四舍五入
ROUNDDOWN	按指定的位数对数值向下舍入
ROUNDUP	按指定的位数对数值向上舍入
SEC	返回角度的正割值
SECH	返回角度的双曲正割值
SERIESSUM	返回基于公式的幂级数的和
SIGN	返回数字的正负号
SIN	返回给定角度的正弦值
SINH	返回角度的双曲正弦值
SQRT	返回正数的平方根
SQRTPI	返回 PI 的平方根
SUBTOTAL	返回数据列表或数据库的分类汇总
SUM	对数值型数据进行求和
SUMIF	按给定的条件对指定单元格区域求和
SUMIFS	按多重条件对指定单元格区域求和
SUMPRODUCT	返回对应的数组部分的乘积的和
SUMSQ	返回参数的平方和
SUMX2MY2	返回两个数组中对应值的平方差之和
SUMX2PY2	返回两个数组中对应值的平方和之和
SUMXMY2	返回两个数组中对应值之差的平方和
TAN	返回数字的正切值
TANH	返回数字的双曲正切值
TRUNC	将数字结为整数（指定截断精度）

表附-A-5 统 计 函 数

函 数	功 能
AVEDEV	返回一组数据点到其算术平均值的绝对偏差的平均值
AVERAGE	返回其参数的平均值
AVERAGEA	返回其参数的平均值，包括文本和逻辑值的求值
AVERAGEIF	返回由给定的条件指定单元格区域的平均值
AVERAGEIFS	返回由多重条件指定单元格区域的平均值
BETA.DIST	返回累积 beta 概率密度
BETA.INV	返回累积 beta 分布概率累积密度函数区间点
BINOM.DIST	返回一元二项式分布的概率

续表

函　数	功　　　能
BINOM.DIST.RANGE	使用二项式分布返回试验结果的概率
BINOM.INV	返回一个数值，使累积二项式分布函数值大于等于临界值 α 的最小整数
CHISQ.DIST	返回 X^2 分布的左尾概率
CHISQ.DIST.RT	返回 X^2 分布的右尾概率
CHISQ.INV	返回具有给定概率的左尾 X^2 分布的区间点
CHISQ.INV.RT	返回具有给定概率的右尾 X^2 分布的区间点
CHISQ.TEST	返回检验相关性
CONFIDENCE.NORM	使用正态分布，返回总体平均值的置信区间
CONFIDENCE.T	使用学生 t–分布，返回总体平均值的置信区间
CORREL	返回两个数据集之间的相关系数
COUNT	计算参数列表中数字的个数
COUNTA	计算参数列表中非空参数的个数
COUNTBLANK	计算引用区域中空白单元格的个数
COUNTIF	计算引用区域中满足给定条件单元格的数目
COUNTIFS	计算满足多重条件的单元格数目
COVARIANCE.P	返回总体协方差，即两组数值中每对变量的偏差成绩的平均值
COVARIANCE.S	返回样本协方差，即两组数值中每对变量的偏差成绩的平均值
DEVSQ	返回各数据点与数据均值点之差（数据偏差）的平方和
EXPON.DIST	返回指数分布
F.DIST	返回两组数据的（左尾）F 概率分布
F.DIST.RT	返回两组数据的（右尾）F 概率分布
F.INV	返回两组数据的（左尾）F 概率分布的逆
F.INV.RT	返回两组数据的（右尾）F 概率分布的逆
F.TEST	返回 F 检验的结果
FISHER	返回 FISHER 变换
FISHERINV	返回 FISHER 变换的逆
FIRECAST	通过一条线性回归拟合线返回一个预测值
FREQUENCY	以一列垂直数组返回一组数据的频率分布
GAMMA	返回伽马函数值
GAMMA.DIST	返回 γ 分布
GAMMA.INV	返回具有给定概率的 γ 累积分布概率的区间点
GAMMALN	返回 γ 函数的自然对数
GAMMALN.PRECISE	返回 γ 函数的自然对数
GAUSE	返回比标准正态累积分布小于 0.5 的值
GEOMEAN	返回几何平均数
GROWTH	返回指数回归拟合曲线的一组纵坐标值
HARMEAN	返回一组正数的调和平均数：所有参数倒数平均值的倒数
HYPGEOM.DIST	返回超几何分布

函　数	功　　　能
INTERCEPT	返回线性回归拟合线方程的截距
KURT	返回一组数据的峰值
LARGE	返回数据集中第 K 个最大值
LINEST	返回线性回归方程的参数
LONGEST	返回指数回归拟合曲线方程的参数
LOGNORM.DIST	返回对数正态分布
LOGNORM.INV	返回具有给定概率的对数正态分布函数的区间点
MAX	返回一组数值中的最大值，忽略逻辑值及文本
MAXA	返回一组数值中的最大值，不忽略逻辑值及文本
MEDIAN	返回一组数的中值
MIN	返回一组数值中的最小值，忽略逻辑值及文本
MINA	返回一组数值中的最小值，不忽略逻辑值及文本
MODE.MULT	返回一个数组或区域中出现频率最高的数值或以数组输出多个相同的数值
MODE.SNGL	返回一个数组或区域中出现频率最高的数值
NEGBINOM.DIST	返回负二项式分布
NORM.DIST	返回正态分布
NORM.INV	返回具有给定概率正态分布的区间点
NORM.S.DIST	返回标准正态分布
NORM.S.INV	返回标准正态分布的区间点
PEARSON	返回皮尔逊积矩法的相关系数
PERCENTILE.EXC	返回一个数组或区域的 K 百分比数值点，K 介于 0 和 1 之间，不含 0 和 1
PERCENTILE.INV	返回一个数组或区域的 K 百分比数值点，K 介于 0 和 1 之间，含 0 和 1
PERCENTRANK.EXC	返回特定数值在一组数中的百分比排位，介于 0 和 1 之间，不含 0 和 1
PERCENTRANK.INC	返回特定数值在一组数中的百分比排位，介于 0 和 1 之间，含 0 和 1
PERMUT	返回给定数目对象的集合的排列数
PERMUTATIONA	返回可以从对象总数中选取的给定数目对象（包含重复项）的排列数
PHI	返回标准正态分布的密度函数值
POISSON.DIST	返回泊松分布
PROB	返回一概率事件组中符合指定条件的事件集所对应的概率之和
QUARTILE.EXC	基于从 0 到 1 之间（不含 0 与 1）的百分点值，返回数据集的四分位点
QUARTILE.INC	基于从 0 到 1 之间（含 0 与 1）的百分点值，返回数据集的四分位点
RANK.AVG	返回某个数值在一列数值中相对于其他数值的大小排名；如果多个数值排名相同，则返回平均值排名
RANK.EQ	返回某个数值在一列数值中相对于其他数值的大小排名；如果多个数值排名相同，则返回平均值排名
RSQ	返回皮尔逊积矩法的相关系数的平方
SKEW	返回一个分布的不对称度，用来体现某一分布相对其平均值的不对称度
SKEW.P	基于总体返回分布的不对称度，用来体现某一分布相对其平均值的不对称度

续表

函　数	功　　　能
SLOPE	返回线性回归方程的斜率
SMALL	返回一个数据集中第 K 个最小值
STANDARDIZE	通过平均值和标准方差返回正态分布概率值
STDEV.P	返回基于给定样本总体的标准偏差
STDEV.S	返回基于给定样本的标准偏差
STDEVA	返回基于给定样本的标准偏差，包括文本和逻辑值
STDEVPA	返回基于给定样本总体的标准偏差，包括文本和逻辑值
STEYX	返回通过线性回归法计算纵坐标预测值所产生的标准偏差
T.DIST	返回左尾学生 t–分布
T.DIST.2T	返回双尾学生 t–分布
T.DIST.RT	返回右尾学生 t–分布
T.INV	返回学生 t–分布的左尾区间点
T.INV.2T	返回学生 t–分布的双尾区间点
T.TEST	返回学生 t–检验的概率值
TREND	返回线性回归拟合线的一组纵坐标值
TRIMMEAN	返回一组数据集的修剪平均值
VAR.P	计算基于给定样本总体的方差
VAR.S	计算基于给定样本的方差
VARA	计算基于给定样本的方差，包括逻辑值和字符串
VARPA	计算基于给定样本总体的方差，包括逻辑值和字符串
WEIBULL.DIST	返回 Weibull 分布
Z.TEST	返回 z 测试的单尾概率值

表附-A-6　查找与引用函数

函　数	功　　　能
ADDRESS	以文本格式返回对工作表中指定行列交叉单元格地址的引用
AREAS	返回引用中涉及的区域个数
CHOOSE	根据给定的索引值，从参数串中选出相应值或操作
COLUMN	返回引用区域第一列的列号
COLUMNS	返回引用区域中包含的列数
FORMULATEXT	以字符串形式返回引用单元格中的公式
GETPIVOTDATA	提取出数据透视表中存储的数据
HLOOKUP	在引用区域的第一行搜索值，然后在同一列中返回在区域中所指定的行中的值
HYPERLINK	创建一个链接，用于打开硬盘、服务器或 Internet 上的文档
INDEX	在给定的单元格区域中，返回特定行列交叉处单元格的值或引用
INDIRECT	返回文本值表示的引用
LOOKUP	从单行或单列中或数组中查找一个值
MATC H	返回查找值在单元格区域引用或数组中的相对位置

续表

函　数	功　　　能
OFFSET	以指定的引用为参照系，通过给定的偏移量返回新的引用
ROW	返回引用单元格区域中第一行的行号
ROWS	返回引用单元格区域中包含的行数
RTD	从支持 COM 自动化的程序返回实时数据
TRANSPOSE	转置单元格区域
VLOOKUP	在引用区域的第一列搜索值，然后在同一行中返回在区域中所指定的列中的值

表附-A-7　数据库函数

函　数	功　　　能
DAVERAGE	计算满足指定条件的列表或数据库的列中数值的平均值
DCOUNT	从满足指定条件的列表或数据库记录的字段（列）中计算数值单元格数目
DCOUNTA	从满足指定条件的列表或数据库记录的字段（列）中计算非空单元格数目
DGET	从满足指定条件的数据库列中提取唯一存在的单元格的值
DMAX	返回满足指定条件的数据库指定列中的最大值
DMIN	返回满足指定条件的数据库指定列中的最小值
DPRODUCT	返回满足指定条件的数据库指定列中的数值的乘积
DSTDEV	以满足指定条件的数据库指定列中的数值为样本，计算数据的标准偏差
DETDEVP	以满足指定条件的数据库指定列中的数值为样本总体，计算数据的标准偏差
DSUM	返回满足指定条件的数据库指定列中的数值之和
DVAR	以满足指定条件的数据库指定列中的数值为样本，计算数据的方差
DVARP	以满足指定条件的数据库指定列中的数值为样本总体，计算数据的总体方差

表附-A-8　文　本　函　数

函　数	功　　　能
ASC	将双字节字符转换为单字节字符
BATHTEXT	将数字转为泰语文本
CHAR	根据本机的字符集，返回由代码数字指定的字符
CLEAN	删除文本中所有非打印字符
CODE	返回文本字符串中第一个字符的数字代码
CONCATENATE	将多个文本字符串合并成一个
DOLLAR	以美元货币格式将数值转换成文本字符
EXACT	检查两个文本值是否相同，区分大小写
FIND	返回一个字符串在另一个字符串中的起始位置，区分大小写
FINDB	返回一个字符串在另一个字符串中的起始位置，区分大小写，与双字节字符集一起使用
FIXED	将数字格式设置为具有固定小数位的文本
LEFT	返回指定文本字符串中最左边开始的若干个字符
LEFTB	返回指定文本字符串中最左边开始的若干个字符，与双字节字符集一起使用
LEN	返回指定文本字符串中包含的字符数量

函　数	功　　　　　能
LENB	返回指定文本字符串中包含的字符数量，与双字节字符集一起使用
LOWER	将文本字符串中的所有字母都转换为小写
MID	返回文本字符串中从指定位置开始的指定数量的字符
MIDB	返回文本字符串中从指定位置开始指定数量的字符，与双字节字符集一起使用
NUMBERVALUE	按独立于区域设置的方式将文本转换为数字
PROPER	将文本字符串中每一个单词的第一个字母转换为大写
REPLACE	将一个字符串中的一部分字符用另一个字符替换
REPLACEB	将一个字符串中的一部分字符用另一个字符替换，与双字节字符集一起使用
REPT	返回根据指定次数重复文本的字符串
RIGHT	返回指定文本字符串中最右边开始的若干个字符
RIGHTB	返回指定文本字符串中最右边开始的若干个字符，与双字节字符集一起使用
RMB	以人民币货币格式将数值转换成文本字符
SEARCH	返回一个字符串在另一个字符串中的起始位置，不区分大小写
SEARCHB	返回一个字符串在另一个字符串中的起始位置，不区分大小写，与双字节字符集一起使用
SUBSTITUTE	将字符串中的部分字符用新字符串替换
T	检测给定的值是否为文本，如果是文本则返回文本，否则返回空字符
TEXT	根据给定的数字格式，将数值转换为文本
TRIM	删除字符串中多余的空格，但会在英文字符串之间保留一个空格
UNICHAR	返回给定数值所对应的 Unicode 字符
UPPER	将文本字符串中的所有字母都转换为大写
VALUE	将一个代表数值的文本字符串转换成数值
WIDECHAR	将单字节字符转换成双字节字符

表附-A-9　逻 辑 函 数

函　数	功　　　　　能
AND	检查所有参数是否都为 TRUE，如果都为 TRUE，则返回 TRUE，否则返回 FALSE
FALSE	返回逻辑值 FALSE
IF	判断是否满足某个条件，满足返回一个值，不满足返回另一个值
IFERROR	如果第一个参数正确，则返回该该参数的值，否则返回第二个参数的值
IFNA	如果第一个参数正确，则返回该参数的值；如果第一个参数为#NA，则返回指定的值
NOT	对参数的逻辑值求反。逻辑值为 TRUE 返回 FALSE，逻辑值为 FALSE 返回 TRUE
OR	检查所有参数是否都为 FALSE，如果都为 FALSE，则返回 FALSE，否则返回 TRUE
TRUE	返回逻辑值 TRUE
XOR	返回所有参数的逻辑"异或"值

表附-A-10　信 息 函 数

函　数	功　　　　　能
CELL	返回引用区域中第一个单元格的格式、位置或内容的有关信息
ERROR.TYPE	返回对应于某个错误类型的数字
INFO	返回有关当前操作环境的信息
ISBLANK	引用的单元格如果为空，则返回 TRUE，否则返回 FALSE
ISERR	检查参数是否为#N/A 以外的错误(#VALUE!、#REF!、#DIV/0!、#NUM!、#NAME!、#NULL!)，如果是返回 TRUE，否则返回 FALSE
ISERROR	如果参数为任何错误值，返回 TRUE，否则返回 FALSE
ISEVEN	如果数值为偶数，则返回 TRUE，否则返回 FALSE
ISFORMULA	检查引用是否包含公式的单元格，如果是则返回 TRUE，否则返回 FALSE
ISLOGICAL	如果参数是逻辑值，返回 TRUE，否则返回 FALSE
ISNA	如果参数是#N/A 错误值，则返回 TRUE，否则返回 FALSE
ISNONTEXT	如果参数不是文本型数据，则返回 TRUE，否则返回 FALSE
ISNUMBER	如果参数是数值型数据，则返回 TRUE，否则返回 FALSE
ISODD	如果数值为奇数，则返回 TRUE，否则返回 FALSE
ISREF	如果参数为引用，则返回 TRUE，否则返回 FALSE
ISTEXT	如果参数是文本型数据，则返回 TRUE，否则返回 FALSE
N	将不是数值型的数据转换为数值型，如日期转换为序列号，逻辑值转换为 1 或 0
NA	返回错误值#N/A
PHONETIC	获取代表拼音信息的字符串
SHEET	返回引用工作表的工作表编号
SHEETS	返回引用中工作表的数目
TYPE	以整数的形式返回参数的数据类型

表附-A-11　工 程 函 数

函　数	功　　　　　能
BESSELI	返回修正的贝塞尔函数 In(x)
BESSELJ	返回贝塞尔函数 Jn(x)
BESSELK	返回修正的贝塞尔函数 Kn(x)
BESSELY	返回贝塞尔函数 Yn(x)
BIN2DEC	将二进制数转换为十进制数
BIN2HEX	将二进制数转换为十六进制数
BIN2OCT	将二进制数转换为八进制数
BITAND	返回两个数字"按位与"的计算结果
BITLSHIFT	返回向左移 Shift_amount 位的数值
BITOR	返回两个数字"按位或"的计算结果
BITRSHIFT	返回向右移 Shift_amount 位的数值

函 数	功 能
BITXOR	返回两个数字"按位异或"的计算结果
COMPLEX	将实部系数和虚部系数转换为复数
CONVERT	将数字从一个度量系统转换到另一个度量系统
DEC2BIN	将十进制数转换为二进制数
DEC2HEX	将十进制数转换为十六进制数
DEC2OCT	将十进制数转换为八进制数
DELTA	计算两个数字是否相等
ERF	返回误差函数
ERF.PRECISE	返回误差函数
ERFC	返回补余误差函数
ERFC.PRECISE	返回补余误差函数
GESTEP	测试某一数值是否大于阈值
HEX2BIN	将十六进制数转换为二进制数
HEX2DEC	将十六进制数转换为十进制数
HEX2OCT	将十六进制数转换为八进制数
IMABS	返回复数的绝对值（模）
IMAGINARY	返回复数的虚部系数
IMARGUMENT	返回辐角 δ（以弧度表示的角度）
IMCONJUGATE	返回复数的共轭复数
IMCOS	返回复数的余弦值
IMCOSH	返回复数的双曲余弦值
IMCOT	返回复数的余切值
IMCSC	返回复数的余割值
IMCSCH	返回复数的双曲余割值
IMDIV	返回两个复数之商
IMEXP	返回复数的指数值
IMLN	返回复数的自然对数值
IMLOG10	返回以 10 为底的复数的对数
IMLOG2	返回以 2 为底的复数的对数
IMPOWER	返回复数的整数幂
IMPRODUCT	返回复数的乘积，复数的数量最多 255 个
IMREAL	返回复数的实部系数
IMSEC	返回复数的正割值
IMSECH	返回复数的双曲正割值
IMSIN	返回复数的正弦值
IMSINH	返回复数的双曲正弦值

续表

函 数	功 能
IMSQRT	返回复数的平方根
IMSUB	返回两个复数的差
IMSUM	返回两个复数的和
IMTAN	返回复数的正切值
OCT2BIN	将八进制数转换为二进制数
OCT2DEC	将八进制数转换为十进制数
OCT2HEX	将八进制数转换为十六进制数

表附-A-12　多维数据集函数

函 数	功 能
CUBEKPIMEMBER	返回关键绩效指标属性并在单元格中显示 KPI 名称
CUBEMEMBER	从多维数据集返回成员或元组
CUBEMEMBERPROPERTY	从多维数据集返回成员属性的值
CUBERANKEDMEMBER	返回集合中的第 n 个成员
CUBESET	通过向服务器上多维数据集发送一组表达式来定义成员或元组的计算集
CUBESETCOUNT	返回集合中的项数
CUBEVALUE	从多维数据集返回聚合值

表附-A-13　网络类函数

函 数	功 能
ENCODEURL	返回 URL 编码的字符串
FILTERXML	使用指定的 Xpath 从 XML 内容返回特定数据
WEBSERVICE	从 Web 服务返回数据

附录 B Excel 快捷键

在 Excel 2013 中，可以使用键盘访问所有功能区命令。当按下【Alt】键时，Excel 会在每个命令旁边显示"键"提示，只需按下所需命令对应的键即可访问相应命令。例如，用于切换工作表网格线显示的命令是：单击"视图"选项卡→"显示"组→"网格线"复选框命令。等效的快捷键是先按下【Alt】键并松开，然后再依次按【W】、【V】、【G】键。

除上面访问功能区的快捷键以外，还有一些操作工作表的快捷键，表附-B-1～表附-B-7列举一些常用的快捷键，供读者参考。

表附-B-1 在工作表中移动

按 键	功 能
←、→、↑、↓	左移、右移、上移、下移一个单元格
Home	移动到行首
PgUp	移动到上一个屏幕
PgDn	移动到下一个屏幕
Ctrl+ PgUp	移动到上一个工作表
Ctrl+ PgDn	移动到下一个工作表
Alt+ PgUp	向左移动一个屏幕
Alt+ PgDn	向右移动一个屏幕
Ctrl+ Home	移动到工作表中的第一个单元格（A1）
Ctrl+End	移动到工作表中的最后一个非空单元格
Ctrl+←、→、↑、↓	移动到数据块的边缘。如果单元格为空，则移动到第一个非空单元格
Ctrl+Backspace	滚动屏幕以显示活动单元格
End 后跟 Home	移动到工作表上的最后一个非空单元格
Ctrl+Tab	移动到下一个窗口
Ctrl+Shift+Tab	移动到上一个窗口

表附-B-2 选择工作表中单元格

按 键	功 能
Shift+←、→、↑、↓	以箭头指示的方向扩展选择内容
Shift+空格键	选择当前单元格（也称活动单元格）所在的整行
Ctrl+空格键	选择当前单元格所在的整列

续表

按　键	功　　　　能
Ctrl+Shift+空格键	如果当前单元格在含有数据的区域中，则选择数据区域，再次按 Ctrl+Shift+空格键将选择整个工作表；如果当前单元格在含有数据的区域上方相邻的空白单元格，则只选择该区域；如果当前单元格在含有数据的区域下方任何的空白单元格，将选择整个工作表
Shift+Home	将选择范围扩展到当前行的开始处
Ctrl+*	如果当前单元格在一个多单元格区域内，则选择当前单元格周围的数据快
Ctrl+G	弹出"定位"对话框，输入要选择的区域或区域名称
Ctrl+A	如果当前单元格在含有数据的区域中，则选择数据区域，再次按 Ctrl+A 将选择整个工作表；如果当前单元格在含有数据的区域上方相邻的空白单元格，则只选择该区域；如果当前单元格在含有数据的区域下方任何的空白单元格，将选择整个工作表
Shift+Backspace	取消某个区域的选择，并仅选择当前单元格

表附-B-3　在单元格区域内移动

按　键	功　　　　能
Enter	移动单元格指针。方向取决于"选项"对话框中"编辑"选项卡中的设置
Shift+Enter	将单元格指针向上移动到前一个单元格
Tab	将单元格指针向右移动到下一个单元格
Shift+Tab	将单元格指针向左移动到上一个单元格
Ctrl+.（句点）	将单元格指针移动到选中单元格区域的下一角

表附-B-4　编辑栏中的编辑键

按　键	功　　　　能
←、→、↑、↓	将光标沿箭头方向移动一个字符
Home	将光标移动到行首
End	将光标移动到行末
Ctrl+→	将光标向右移动一个单词
Ctrl+←	将光标向左移动一个单词
F3	在创建公式时显示"粘贴名称"对话框
Ctrl+A	显示"函数参数"对话框（在公式中输入函数名之后）
Del(ete)	删除光标右侧的字符
Backspace	删除光标左侧的字符
Esc	取消编辑

表附-B-5　格　式　设　置

按　键	功　　　　能
Ctrl+1	显示选择对象的"格式"对话框
Ctrl+B	设置或删除粗体格式
Ctrl+I	设置或删除斜体格式

按　键	功　　　能
Ctrl+U	设置或删除下划线
Ctrl+5	设置或移除删除线
Ctrl+Shift+~	应用常规数字格式
Ctrl+Shift+!	应用带有两位小数、千位分隔符的数值格式
Ctrl+Shift+#	应用日期格式
Ctrl+Shift+@	应用时间格式
Ctrl+Shift+$	应用具有两个小数位的货币格式
Ctrl+Shift+%	应用不带小数位的百分比格式
Ctrl+Shift+&	应用外部边框
Ctrl+Shift+_	删除所有边框

表附-B-6　其他快捷键

按　键	功　　　能
Alt+=	插入自动求和公式
Alt+Backspace	撤销前一操作
Alt+Enter	在当前单元格内插入一个新行
Ctrl+;	输入当前日期
Ctrl+Shift+:	输入当前时间
Ctrl+0 (零)	隐藏列
Ctrl+6	在工作表中循环切换各种对象显示方式
Ctrl+8	切换分级显示符号的显示
Ctrl+9	隐藏行
Ctrl+[	选择直接引用单元格
Ctrl+]	选择直接从属单元格
Ctrl+C	复制选中内容到剪贴板
Ctrl+D	在选中的区域向下填充内容
Ctrl+F	打开"查找"对话框
Ctrl+H	打开"替换"对话框
Ctrl+K	打开"插入超链接"对话框
Ctrl+N	新建一个工作簿文档
Ctrl+O	显示"文件"→"打开"界面
Ctrl+P	显示"打印"对话框
Ctrl+R	向右填充
Ctrl+T	打开"创建表"对话框
Ctrl+Shift+T	切换表格中的汇总行
Ctrl+Shift+L	切换表格中的"自动筛选"控件
Ctrl+S	保存文件

续表

按 键	功 能
Ctrl+Alt+V	打开"选择性粘贴"对话框
Ctrl+Shift+9	取消隐藏选择范围内的行
Ctrl+Shift+0	取消隐藏选择范围内的列
Ctrl+Shift+A	插入参数名称和函数的括号（在公式输入有效的函数名称之后）
Ctrl+V	粘贴
Ctrl+X	剪切
Ctrl+Z	撤销
Ctrl+`	交替显示工作表区域的所有公式和结果。"`"符号是! 符号左边的键。

表附-B-7 功 能 键

按 键	功 能
F1	显示"帮助"对话框
Alt+F1	插入使用选定区域数据的默认图表对象
Alt+Shift+F1	插入一个新工作表
Ctrl+F1	切换功能区显示
F2	编辑当前单元格
Alt+F2	打开"另存为"对话框
Alt+Shift+F2	保存文件
Shift+F2	编辑单元格批注
F3	在公式中粘贴名称
Ctrl+F3	打开"名称管理器"对话框
Ctrl+Shift+F3	打开"以选定区域创建名称"对话框
Shift+F3	打开"插入函数"对话框
F4	重复上一个动作
Shift+F4	在工作表有效数据区域内依次移动单元格，查找内容
Ctrl+F4	关闭工作簿文档
Alt+F4	关闭 Excel 程序
F5	打开"定位"对话框
Shift+F5	打开"查找"对话框
Ctrl+F5	还原最小化或最大化的工作簿窗口
Alt+F5	刷新活动查询或数据透视表
F6	移动到已拆分窗口的下一个窗格
Shift+F6	移动到已拆分窗口的上一个窗格
Ctrl+F6	移动到下一个窗口
Ctrl+Shift+F6	移动到上一个窗口
F7	进行拼写检查
Ctrl+F7	允许使用箭头移动窗口

续表

按　键	功　　能
F8	可以使用←、→、↑、↓扩展选择范围，再次按 F8 返回正常的选择模式
Shift+F8	将其他不相邻的单元格添加到选择范围。再次按 Shift+F8 结束添加模式
Ctrl+F8	允许使用箭头键调整窗口大小
Alt+F8	打开“宏”对话框
F9	计算所有打开工作簿中的所有工作表
Shift+F9	计算当前工作表
Ctrl+Alt+F9	全局计算
Ctrl+F9	最小化工作簿窗口
Ctrl+Alt+Shift+F9	重建所有相关项并重新计算
F10	显示功能区的按键提示
Shift+F10	弹出右键快捷菜单
Ctrl+F10	最大化或恢复工作簿窗口
F11	创建图表并放置到新工作表
Shift+F11	插入一个新工作表
Ctrl+F11	插入“宏”工作表
Alt+F11	启动 Microsoft Visual Basic for Applications 窗口
F12	打开“另存为”对话框
Shift+F12	保存文件
Ctrl+F12	显示“打开”对话框
Ctrl+Shift+F12	显示“打印”对话框

参 考 文 献

[1] John Walkenbach 著，冉豪，崔杰，崔婕，译. 中文版 Excel 2013 宝典 [M]. 8 版. 北京：清华大学出版社，2014.

[2] John Walkenbach 著，靳晓辉，孙波翔，译. 中文版 Excel 2013 公式与函数应用宝典[M]. 6 版.北京：清华大学出版社，2015.

[3] 邓多辉，教传艳，著. Excel 2013 使用详解[M]. 北京：人民邮电出版社，2014.

[4] 张士主编. Excel 在生产计划中的应用[M]. 北京：北京师范大学出版社，2011.

[5] 朱俊，吴松松，陈健，编著. Excel 在市场营销与销售管理中的应用[M]. 北京：清华大学出版社，2015.

[6] 周贺来，编著. Excel 在市场营销与销售管理中的应用 [M]. 北京：中国水利水电出版社，2010.

[7] Excel Home，编著. Excel 人力资源与行政管理[M]. 北京：人民邮电出版社，2008.

[8] 陈长伟，编著. Excel 在人力资源管理中的应用[M]. 北京：清华大学出版社，2013.

[9] 神龙工作室，著. Word-Excel 2013 在文秘与人力资源管理中的应用[M]. 北京：人民邮电出版社，2015.

[10] 神龙工作室，宋正强，编著. Excel 2010 在会计与财务管理日常工作中的应用[M]. 北京：人民邮电出版社，2014.

[11] 王俊清，编著. 财务报表分析一点通[M]. 北京：中国宇航出版社，2013.

[12] 赵威，著. 会计报表编制与分析[M]. 上海：立信会计出版社，2013.

[13] 姬昂，崔婕，穆乐福，等，编著. Excel 在会计和财务中的应用 [M].2 版. 北京：清华大学出版社，2012.

[14] 李正伟，主编. 财务报表分析[M]. 江苏：江苏大学出版社，2012.

[15] 杰诚文化，编著. Excel 在财务管理中的应用[M]. 北京：中国青年出版社，2005.

[16] 陈斌，高彦梅，编著. Excel 在统计分析中的应用[M]. 北京：清华大学出版社，2013.

[17] 刘颖，李婉琼，姜燕，编著. Excel 在会计和统计中的应用[M]. 南京：南京大学出版社，2013.